高等职业教育计算机系列教材

信息技术

（拓展模块）

武春岭　惠　宇　主　编
邓　裴　林雪纲　副主编

电子工业出版社

Publishing House of Electronics Industry
北京·BEIJING

内 容 简 介

本书充分贯彻《高等职业教育专科信息技术课程标准（2021年版）》要求，编写时结合最新计算机科学技术的发展成果，充分考虑大学生的知识结构和学习特点，注重信息技术基础知识的介绍和学生动手能力的培养。

本书为高职高专院校信息技术课程拓展模块教材，主要介绍了信息安全、项目管理、程序设计基础、人工智能、大数据技术、云计算应用、数字媒体、虚拟现实、机器人流程自动化（RPA）、现代通信技术、物联网技术、区块链初探等内容，其中，机器人流程自动化（RPA）、现代通信技术、物联网技术和区块链初探的内容以电子教材形式呈现。各章先介绍相关理论，再设置学习子项目及任务，以满足高职项目化教学要求，适应大学生的学习习惯。同时，在每个学习项目中都有与之对应的实践内容，以提高大学生解决问题的能力。

本书可作为高等职业教育计算机公共基础课程教材，也可作为计算机基础知识和全国计算机等级考试一级考试的培训教材。

未经许可，不得以任何方式复制或抄袭本书之部分或全部内容。
版权所有，侵权必究。

图书在版编目（CIP）数据

信息技术：拓展模块／武春岭，惠宇主编．—北京：电子工业出版社，2023.5
高等职业教育计算机系列教材
ISBN 978-7-121-45391-5

Ⅰ．①信… Ⅱ．①武… ②惠… Ⅲ．①电子计算机－高等职业教育－教材 Ⅳ．①TP3

中国国家版本馆 CIP 数据核字（2023）第 062484 号

责任编辑：徐建军　　　文字编辑：徐云鹏
印　　刷：天津千鹤文化传播有限公司
装　　订：天津千鹤文化传播有限公司
出版发行：电子工业出版社
　　　　　北京市海淀区万寿路 173 信箱　邮编 100036
开　　本：787×1 092　1/16　印张：14.25　字数：364.8 千字
版　　次：2023 年 5 月第 1 版
印　　次：2023 年 5 月第 1 次印刷
印　　数：3 000 册　定价：57.00 元

凡所购买电子工业出版社图书有缺损问题，请向购买书店调换。若书店售缺，请与本社发行部联系，联系及邮购电话：（010）88254888，88258888。
质量投诉请发邮件至 zlts@phei.com.cn，盗版侵权举报请发邮件至 dbqq@phei.com.cn。
本书咨询联系方式：（010）88254570，xujj@phei.com.cn。

前言 Preface

2021 年 4 月 1 日教育部办公厅印发的《高等职业教育专科信息技术课程标准（2021 年版）》（简称《国标》）中强调，信息技术涵盖信息的获取、表示、传输、存储、加工、应用等。信息技术已成为经济社会转型发展的主要驱动力，是建设创新型国家、制造强国、网络强国、数字中国、智慧社会的基础支撑。提升国民信息素养，增强个体在信息社会的适应力与创造力，对个人的生活、学习和工作，对全面建设社会主义现代化国家具有重大意义。

高等职业教育专科信息技术课程是各专业大学生必修或限定选修的公共基础课程。大学生通过学习本课程，能够增强信息意识、提升计算思维、促进数字化创新与发展能力、树立正确的信息社会价值观和责任感，为其职业发展、终身学习和服务社会奠定基础。

本书由国家级名师武春岭教授主持编写，力求以国家软件应用为指导思想，强力推动国家信息技术应用创新产业发展。本书强调基础性与实用性，突出"能力导向，学生主体"原则，采取任务化课程设计，注重综合应用能力的培养，重点培养学生解决问题能力及团队协作能力。

本书基于教育部新课标，涵盖基本模块和拓展模块两部分，分两册出版。本书为"拓展模块"部分，主要介绍信息安全、项目管理、程序设计基础、人工智能、大数据技术、云计算应用、数字媒体、虚拟现实、机器人流程自动化（RPA）、现代通信技术、物联网技术、区块链初探等内容，其中，机器人流程自动化（RPA）、现代通信技术、物联网技术和区块链初探的内容以电子教材形式呈现，以满足不同学校对相关内容的选择，体现个性与普适性。

本书以任务驱动的方式逐步展开，有利于适应高职"教学做"一体化教学模式，更贴近学生的学习习惯。另外，教材还采用了虚实结合的方式，实现纸质教材+虚拟电子教材形式，适应不同学生的个性化需要，奠定学生新一代信息技术技能的基础，并注重培养学生解决实际问题的能力，从而达到提高学生综合素质的教学目标。此外，为加快推进党的"二十大"精神进教材、进课堂、进头脑，把立德树人作为基本要求，教材中融入素质目标，培养学生爱国情操，以贯彻"教育、科技、人才是全面建设社会主义现代化国家的基础性、战略性支撑"等"二十大"精神。

本书由重庆电子工程职业学院的武春岭和惠宇担任主编，重庆电子工程职业学院的邓裴和奇安信有限公司的林雪纲担任副主编，重庆电子工程职业学院的熊鹏和唐珊珊等老师参与了编写。第 1 章和第 12 章由武春岭编写；第 2 章和第 4 章由唐珊珊编写；第 3 章和第 5 章由熊鹏编写；第 6～9 章由惠宇编写；第 10 章和第 11 章由邓裴编写；林雪纲和张浩淼等老师给予了实践部分的支持。

教材建设是一项系统工程，需要在实践中不断加以完善及改进。由于时间仓促、编者水平有限，书中难免有疏漏和不足之处，敬请同行专家和广大读者给予批评和指正。

联系邮箱：xujj@phei.com.cn。

编　者

目 录
Contents

第1章 信息安全 (1)
1.1 信息安全意识 (2)
1.1.1 信息安全的概念 (2)
1.1.2 信息安全的基本要素 (3)
1.1.3 信息安全等级保护 (4)
1.1.4 常见的网络欺骗攻击 (4)
1.2 信息安全技术 (6)
1.2.1 信息系统的弱点和面临的威胁 (6)
1.2.2 信息安全相关技术 (8)
1.2.3 网络安全设备 (8)
1.2.4 网络信息安全保障 (12)
1.3 信息安全应用 (12)
1.3.1 信息安全在汽车行业中的应用 (12)
1.3.2 信息安全在气象行业中的应用 (13)
1.4 任务实践：网络扫描应用 (13)
1.4.1 任务1：实施环境 (13)
1.4.2 任务2：实施过程 (13)
习题 (20)

第2章 项目管理 (22)
2.1 项目管理基础知识 (23)
2.1.1 项目 (23)
2.1.2 项目的三要素 (23)
2.1.3 项目管理的定义、目标和范围 (24)
2.1.4 项目的生命周期 (27)
2.1.5 项目管理的四个阶段 (27)
2.1.6 项目管理的五个过程组 (28)
2.2 项目管理要素 (31)
2.2.1 项目计划管理 (31)

　　　　2.2.2　项目成本管理 …………………………………………………………(33)
　　　　2.2.3　项目质量管理 …………………………………………………………(35)
　　　　2.2.4　项目风险管理 …………………………………………………………(36)
　　2.3　任务实践：使用禅道进行项目管理 ……………………………………………(39)
　　　　2.3.1　任务1：项目初始阶段 ………………………………………………(39)
　　　　2.3.2　任务2：项目计划阶段 ………………………………………………(43)
　　　　2.3.3　任务3：项目执行和监视阶段 ………………………………………(45)
　　习题 ………………………………………………………………………………………(46)

第3章　程序设计基础 …………………………………………………………………(48)

　　3.1　程序设计概述 ………………………………………………………………………(49)
　　　　3.1.1　程序 ……………………………………………………………………(49)
　　　　3.1.2　计算机语言 ……………………………………………………………(49)
　　　　3.1.3　编程语言发展历程和未来趋势 ………………………………………(50)
　　　　3.1.4　主流编程语言 …………………………………………………………(50)
　　3.2　程序设计的基本思路与流程 ………………………………………………………(54)
　　　　3.2.1　程序设计方法 …………………………………………………………(54)
　　　　3.2.2　程序设计流程 …………………………………………………………(55)
　　3.3　Python程序实例解析 ………………………………………………………………(56)
　　　　3.3.1　Python环境配置 ………………………………………………………(56)
　　　　3.3.2　PyCharm的安装与使用 ………………………………………………(58)
　　　　3.3.3　基本语法 ………………………………………………………………(60)
　　　　3.3.4　数据类型 ………………………………………………………………(62)
　　　　3.3.5　运算符 …………………………………………………………………(65)
　　　　3.3.6　程序结构 ………………………………………………………………(67)
　　　　3.3.7　函数与模块 ……………………………………………………………(76)
　　　　3.3.8　文件操作 ………………………………………………………………(79)
　　3.4　任务实践：Python编程实践 ………………………………………………………(82)
　　　　3.4.1　任务1：温度转换 ………………………………………………………(82)
　　　　3.4.2　任务2：绘制图形 ………………………………………………………(83)
　　习题 ………………………………………………………………………………………(85)

第4章　人工智能 …………………………………………………………………………(87)

　　4.1　人工智能基本概念 …………………………………………………………………(88)
　　　　4.1.1　什么是人工智能 ………………………………………………………(88)
　　　　4.1.2　人工智能的三大要素 …………………………………………………(88)
　　　　4.1.3　人工智能与机器学习、深度学习 ……………………………………(89)
　　4.2　人工智能的燃料——数据 …………………………………………………………(90)
　　　　4.2.1　数据采集 ………………………………………………………………(90)
　　　　4.2.2　数据预处理 ……………………………………………………………(92)
　　　　4.2.3　数据标注 ………………………………………………………………(93)
　　4.3　人工智能的核心——算法 …………………………………………………………(94)

  4.3.1 人工智能算法 …………………………………………………………………（94）
  4.3.2 机器学习算法 …………………………………………………………………（95）
  4.3.3 机器学习分类 …………………………………………………………………（95）
4.4 人工智能技术的实现 ……………………………………………………………………（96）
  4.4.1 人工智能开发过程 ……………………………………………………………（96）
  4.4.2 特征工程 ………………………………………………………………………（97）
  4.4.3 模型构建 ………………………………………………………………………（99）
  4.4.4 模型训练 ………………………………………………………………………（100）
4.5 任务实践：模型运行 ……………………………………………………………………（102）
  4.5.1 任务1：开发环境搭建 ………………………………………………………（102）
  4.5.2 任务2：深度模型的实现 ……………………………………………………（106）
习题 ………………………………………………………………………………………………（110）

第5章 大数据技术 (111)

5.1 大数据基础知识 …………………………………………………………………………（112）
  5.1.1 大数据的发展背景 ……………………………………………………………（112）
  5.1.2 大数据的概念和核心特征 ……………………………………………………（113）
5.2 大数据系统架构 …………………………………………………………………………（114）
  5.2.1 大数据计算系统组成 …………………………………………………………（114）
  5.2.2 大数据分析的概念和任务 ……………………………………………………（115）
  5.2.3 大数据分析的流程 ……………………………………………………………（116）
5.3 大数据分析算法 …………………………………………………………………………（117）
  5.3.1 分类 ……………………………………………………………………………（118）
  5.3.2 聚类 ……………………………………………………………………………（118）
  5.3.3 关联规则 ………………………………………………………………………（119）
  5.3.4 时间序列预测 …………………………………………………………………（119）
  5.3.5 常用的数据分析工具 …………………………………………………………（119）
5.4 大数据应用及发展趋势 …………………………………………………………………（121）
  5.4.1 大数据的应用场景 ……………………………………………………………（121）
  5.4.2 大数据的发展趋势 ……………………………………………………………（123）
  5.4.3 大数据应用中常见的安全问题 ………………………………………………（123）
  5.4.4 大数据安全防护方法建议 ……………………………………………………（125）
5.5 任务实践：基于关联规则的网站智能推荐服务 ………………………………………（125）
  5.5.1 任务1：背景与分析目标 ……………………………………………………（125）
  5.5.2 任务2：分析方法与过程 ……………………………………………………（127）
  5.5.3 任务3：数据抽取 ……………………………………………………………（128）
  5.5.4 任务4：数据预处理 …………………………………………………………（128）
  5.5.5 任务5：构建模型 ……………………………………………………………（130）
习题 ………………………………………………………………………………………………（131）

第6章 云计算应用 (132)

6.1 云计算基础知识和模式 …………………………………………………………………（133）

| 6.1.1　云计算简述 …………………………………………………………（133）
| 6.1.2　云计算的基本特征 …………………………………………………（134）
| 6.1.3　云计算的应用场景 …………………………………………………（134）
| 6.1.4　云计算的部署模式及应用领域 ……………………………………（135）
| 6.2　技术原理和架构 ………………………………………………………………（136）
| 6.2.1　虚拟化技术 …………………………………………………………（136）
| 6.2.2　海量数据管理技术 …………………………………………………（137）
| 6.2.3　分布式存储技术 ……………………………………………………（137）
| 6.2.4　编程模型 ……………………………………………………………（137）
| 6.2.5　容错技术 ……………………………………………………………（138）
| 6.2.6　云计算架构 …………………………………………………………（138）
| 6.3　基础设施即服务（IaaS）……………………………………………………（139）
| 6.3.1　IaaS 概述 ……………………………………………………………（139）
| 6.3.2　IaaS 体系架构 ………………………………………………………（139）
| 6.3.3　IaaS 资源虚拟化 ……………………………………………………（140）
| 6.4　平台即服务（PaaS）…………………………………………………………（141）
| 6.4.1　PaaS 概述 ……………………………………………………………（141）
| 6.4.2　PaaS 体系架构 ………………………………………………………（141）
| 6.4.3　PaaS 与 IaaS 的区别 ………………………………………………（142）
| 6.5　软件即服务（SaaS）…………………………………………………………（143）
| 6.5.1　SaaS 概述 ……………………………………………………………（143）
| 6.5.2　SaaS 体系架构 ………………………………………………………（144）
| 6.5.3　SaaS 的特征及优点 …………………………………………………（145）
| 6.6　主流产品和应用 ………………………………………………………………（146）
| 6.6.1　ISDM 平台 …………………………………………………………（146）
| 6.6.2　云办公 ………………………………………………………………（147）
| 6.6.3　云存储 ………………………………………………………………（148）
| 6.6.4　云教育 ………………………………………………………………（150）
| 6.7　任务实践：HDFS 应用服务 …………………………………………………（151）
| 6.7.1　任务 1：环境准备 …………………………………………………（151）
| 6.7.2　任务 2：连接虚拟机 ………………………………………………（152）
| 6.7.3　任务 3：启动集群 …………………………………………………（154）
| 6.7.4　任务 4：通过浏览器访问 Hadoop …………………………………（155）
| 6.7.5　任务 5：系统检查 …………………………………………………（156）
| 6.7.6　任务 6：HDFS 基本功能实践 ……………………………………（157）
| 习题 …………………………………………………………………………………（162）
|第 7 章　数字媒体 ……………………………………………………………………（163）
| 7.1　数字媒体基础知识 ……………………………………………………………（164）
| 7.1.1　数字媒体简述 ………………………………………………………（164）
| 7.1.2　数字媒体的特性 ……………………………………………………（165）

目 录

　　7.1.3　数字媒体的分类 ……………………………………………………（166）
　　7.1.4　数字媒体的发展历程 ………………………………………………（167）
　　7.1.5　数字媒体的关键技术 ………………………………………………（170）
7.2　数字图像 ………………………………………………………………………（170）
　　7.2.1　Photoshop ……………………………………………………………（170）
　　7.2.2　图像文件的基本操作 ………………………………………………（171）
　　7.2.3　选区的编辑 …………………………………………………………（173）
　　7.2.4　图层的使用 …………………………………………………………（174）
　　7.2.5　图像的色彩调整 ……………………………………………………（176）
　　7.2.6　滤镜 …………………………………………………………………（177）
7.3　数字声音 ………………………………………………………………………（178）
　　7.3.1　音频处理软件 ………………………………………………………（178）
　　7.3.2　音频处理 ……………………………………………………………（178）
7.4　数字视频 ………………………………………………………………………（183）
　　7.4.1　视频处理软件 ………………………………………………………（183）
　　7.4.2　视频处理 ……………………………………………………………（184）
7.5　任务实践：HTML5 网页应用 …………………………………………………（188）
　　7.5.1　任务 1：HTML5 基础 ………………………………………………（188）
　　7.5.2　任务 2：HTML 文本标记 …………………………………………（189）
　　7.5.3　任务 3：HTML 图像标记 …………………………………………（190）
　　7.5.4　任务 4：HTML 音视频标记 ………………………………………（192）
习题 ……………………………………………………………………………………（193）

第 8 章　虚拟现实 ……………………………………………………………………（194）

8.1　虚拟现实基础知识 ……………………………………………………………（195）
　　8.1.1　虚拟现实简述 ………………………………………………………（195）
　　8.1.2　虚拟现实发展史 ……………………………………………………（196）
　　8.1.3　虚拟现实的特点 ……………………………………………………（199）
　　8.1.4　虚拟现实系统的构成 ………………………………………………（200）
8.2　虚拟现实应用开发流程和工具 ………………………………………………（201）
　　8.2.1　VR 内容显示设备 ……………………………………………………（201）
　　8.2.2　VR 辅助设备 …………………………………………………………（204）
　　8.2.3　VR 应用开发流程 ……………………………………………………（207）
　　8.2.4　VR 应用开发工具 ……………………………………………………（207）
8.3　任务实践：虚拟现实应用程序开发 …………………………………………（209）
　　8.3.1　任务 1：Unity 安装 …………………………………………………（209）
　　8.3.2　任务 2：Unity 基础 …………………………………………………（212）
　　8.3.3　任务 3：Unity 案例搭建及演示 ……………………………………（213）
习题 ……………………………………………………………………………………（215）

附录　信息技术拓展内容（第 9～12 章） …………………………………………（217）
参考文献 ……………………………………………………………………………（218）

第1章 信息安全

学习目标

- ◇ 了解网络攻击的一般过程
- ◇ 掌握控制和破坏目标系统的常用方法
- ◇ 掌握网络后门和日志清除技术
- ◇ 了解计算机与网络面临的安全威胁和相关网络安全法律法规

引导案例

目前，网上一些利用"网络钓鱼"手法，如建立假冒网站或发送含有欺诈信息的电子邮件，盗取网上银行、网上证券或其他电子商务用户的账户密码，从而窃取用户资金的违法犯罪活动不断增多。如何识别网络钓鱼网站和网络上潜在的威胁？本章将全面揭示网络攻击和网站假冒钓鱼技术的真面目。

1.1 信息安全意识

随着互联网的迅猛发展，很多人感受到了信息化给生活带来的便利与实惠。信息化带动了工业化，并由此带动全球经济以前所未有的惊人速度向前发展。然而任何事情都有两面性，信息化也是如此，其在给经济带来实惠的同时，也带来了威胁。目前，"信息战"已是现代战争克敌制胜的法宝，美国"9·11事件"给世界各国的信息安全问题再次敲响了警钟，因为恐怖组织摧毁的不仅是世贸大厦，随之消失的还有众多公司的数据。

2017年5月12日22点30分左右，英国16家医院遭到大范围网络攻击，医院的内网被攻陷，导致这16家医院基本中断了与外界的联系，内部医疗系统几乎停止运转，很快又有更多医院的计算机遭到攻击，这场网络攻击迅速席卷全球。这场网络攻击的罪魁祸首就是一种叫WannaCrypt的勒索病毒。此外，随着工业化和信息化的迅速发展，传统工业融合了信息技术和通信网络技术，已经在逐步改变世界产业的发展格局。据统计，目前世界上已有超过80%的涉及国计民生的关键基础设施需要依靠工业控制系统来实现自动化，使用工业控制系统进行自动化生产，极大地提高了工作效率，节省了大量人工劳动力，创造了数倍的生产价值。全球工控网络安全事件在近几年呈现逐步增长的趋势，仅在2015年被美国ICS-CERT收录的针对工控系统的攻击事件就高达295起。

据权威机构调查显示，计算机攻击事件正在以每年64%的速度增加。据统计，全球大约每20秒就有一次计算机入侵事件发生，Internet上的网络防火墙大约1/4被突破，70%以上的网络信息主管人员报告因机密信息泄露造成经济损失。

信息安全涉及计算机科学、网络技术、通信技术、密码技术、信息安全技术、应用数学、数论、信息论等学科。由于目前信息的网络化，信息安全主要表现在网络安全上，所以，目前许多人将网络安全等同于信息安全。

信息安全已成为一个关系国家安全和主权、社会的稳定、民族文化的继承和发扬的重要问题，引起各国政府的高度重视。我国政府相关部门积极应对新形势的信息安全，建立了专门的机构，并出台了相关标准与法规，以加强监管、实时监控，树立信息安全思想意识，共筑信息安全防线。

1.1.1 信息安全的概念

信息安全的概念是随着计算机化、网络化、信息化的发展而提出来的，包括计算机安全、计算机信息系统安全、网络安全、信息安全。事实上，它们是有区别的，应该说它们是计算机化、网络化、信息化发展到一定阶段的产物，各自的侧重点不同。

国际标准化组织（ISO）对计算机系统安全的定义是：为数据处理系统建立和采用的技术和管理的安全保护，保护计算机硬件、软件和数据不因偶然和恶意的原因遭到破坏、更改和泄漏。由此可以将计算机网络的安全理解为：通过采用各种技术和管理措施，使网络系统正常运行，从而确保网络数据的可用性、完整性和保密性。所以，建立网络安全保护措施的目的是确保经过网络传输和交换的数据不会发生增加、修改、丢失和泄露等。

针对信息安全目前还没有出现公认的权威定义。美国国家安全电信和信息系统安全委员会

（NSTISSC）对信息安全做如下定义：信息安全是对信息、系统以及使用、存储和传输信息的硬件的保护。一般认为，信息安全主要包括物理安全、网络安全和操作系统安全，网络安全是目前信息安全的核心，本书不对网络安全和信息安全加以严格区分。

1.1.2 信息安全的基本要素

虽然网络安全与单个计算机安全在目标上并没有本质区别，但由于网络环境的复杂性，网络安全比单个计算机安全要复杂得多。①网络资源的共享范围更加宽泛，难以控制。共享既是网络的优点，也是风险的根源，它会导致更多的用户（友好与不友好的）从远地访问系统，使数据遭到拦截与破坏，以及对数据、程序和资源进行非法访问。②网络支持多种操作系统，这使网络系统更为复杂，安全管理与控制更为困难。③网络的扩大使网络的边界和网络用户群变得不确定，对用户的管理比计算机单机困难得多。④单机用户可以从自己的计算机中直接获取敏感数据，但网络中用户的文件可能存放在远离自己的服务器上，在文件传送的过程中，可能经多个主机转发，因而沿途可能受到多次攻击。⑤由于网络路由选择的不固定性，很难确保网络信息在一条安全通道上传输。

通过对上述 5 个特点的分析可知，保证计算机网络的安全，就是要保护网络信息在存储和传输过程中的可用性、机密性、完整性、可控性和不可抵赖性。

（1）可用性。可用性是指得到授权的实体在需要时可以得到所需要的网络资源和服务。由于网络最基本的功能就是为用户提供信息和通信服务，而用户对信息和通信的需求是随机的（内容的随机性和时间的随机性）、多方面的（文字、语音、图像等），有的用户还对服务的实时性有较高的要求。网络必须能够保证所有用户的通信需求，一个授权用户无论何时提出要求，网络必须是可用的，不能拒绝用户的要求。攻击者常会采用一些手段来占用或破坏系统的资源，以阻止合法用户使用网络资源，这就是对网络可用性的攻击。对于针对网络可用性的攻击，一方面要采取物理加固技术，保障物理设备安全、可靠地工作；另一方面要通过访问控制机制，阻止非法访问进入网络。

（2）机密性。机密性是指网络中的信息不被非授权实体（包括用户和进程等）获取与使用。这些信息不仅包括国家机密，也包括企业和社会团体的商业秘密和工作秘密，还包括个人秘密（如银行账号）和个人隐私（如邮件、浏览习惯）等。网络在生活中的广泛使用，使人们对网络机密性的要求越来越高。用于保障网络机密性的主要技术是密码技术。在网络的不同层次上用不同的机制来保障机密性。在物理层上，主要采用电磁屏蔽技术、干扰及跳频技术来防止电磁辐射造成的信息外泄；在网络层、传输层及应用层主要采用加密、路由控制、访问控制、审计等方法来保证信息的机密性。

（3）完整性。完整性是指网络信息的真实可信性，即网络中的信息不会被偶然或者蓄意地进行删除、修改、伪造、插入等破坏，保证授权用户得到的信息是真实的。具有修改权限的实体才能修改信息，如果信息被未经授权的实体修改了或在传输的过程中出现了错误，那么信息的使用者应该能判断出信息是否真实可靠。

（4）可控性。可控性是指控制授权范围内的信息流向和行为方式的特性，如对信息的访问、传播及内容具有控制能力。首先，系统要能控制谁能访问系统或网络上的数据，以及如何访问，是可以修改数据还是只能读取数据。这要通过采用访问控制等授权方法来实现。其次，即使拥有合法的授权，系统仍需要对网络上的用户进行验证。通过握手协议和口令进行身份验证，以确保他确实是所声称的那个人。最后，系统还要将用户的所有网络活动记录在案，包括网络中计算机的使用时间、敏感操作和违法操作等，为系统进行事故原因查询、定位，事故发生前的预测、报警，以及为事故发生后的实时处理提供详细、可靠的依据或支持。审计对用户的正常操作也有记载，可以实现统计、计费等功能，而且有些如修改数据的"正常"操作恰恰是攻击系统的非法操作，因此需要加以警惕。

（5）不可抵赖性。不可抵赖性也称不可否认性，是指通信的双方在通信过程中，对于自己所发送或接收的消息不可抵赖。发送者不能抵赖其发送过消息和消息内容，接收者也不能抵赖其接收到消息的事实和消息内容。

1.1.3　信息安全等级保护

《信息安全等级保护管理办法》规定，国家信息安全等级保护坚持自主定级、自主保护的原则。信息系统的安全保护等级应当根据信息系统在国家安全、经济建设、社会生活中的重要程度，信息系统遭到破坏后对国家安全、社会秩序、公共利益以及公民、法人和其他组织的合法权益的危害程度等因素确定。

信息系统的安全保护等级分为以下五级，一至五级等级逐级增高：

第一级，信息系统受到破坏后，会对公民、法人和其他组织的合法权益造成损害，但不损害国家安全、社会秩序和公共利益。第一级信息系统运营、使用单位应当依据国家有关管理规范和技术标准进行保护。

第二级，信息系统受到破坏后，会对公民、法人和其他组织的合法权益产生严重损害，或者对社会秩序和公共利益造成损害，但不损害国家安全。国家信息安全监管部门对该级信息系统安全等级保护工作进行指导。

第三级，信息系统受到破坏后，会对社会秩序和公共利益造成严重损害，或者对国家安全造成损害。国家信息安全监管部门对该级信息系统安全等级保护工作进行监督、检查。

第四级，信息系统受到破坏后，会对社会秩序和公共利益造成特别严重损害，或者对国家安全造成严重损害。国家信息安全监管部门对该级信息系统安全等级保护工作进行强制监督、检查。

第五级，信息系统受到破坏后，会对国家安全造成特别严重损害。国家信息安全监管部门对该级信息系统安全等级保护工作进行专门监督、检查。

1.1.4　常见的网络欺骗攻击

1. IP 欺骗攻击原理与实例

IP 欺骗是指在服务器不存在任何漏洞的情况下，利用 TCP/IP 的缺陷进行攻击。因此需要掌握相关协议的工作原理和具体的攻击方法。这里不对相关协议的工作细节做过多描述，只通过一个简单例子加以阐述。

假设同一网段内有两台主机 A、B，另一网段内有主机 X。B 授予 A 某些特权，X 为获得与 A 相同的特权，所做的欺骗攻击如下：

首先，X 冒充 A，向主机 B 发送一个带有随机序列号的 SYN 包。主机 B 响应，回送一个应答包给 A，该应答号等于原序列号加 1。假如此时主机 A 已被主机 X 利用拒绝服务攻击"淹没"了，导致主机 A 服务失效，结果主机 A 没有收到主机 B 发来的包。主机 X 利用 TCP 三次握手的漏洞，主动向主机 B 发送一个冒充主机 A 的应答包，其序列号等于主机 B 向主机 A 发送的序列号加 1。此时主机 X 并不能检测到主机 B 的数据包（因为不在同一网段），只有利用 TCP 顺序号估算法来预测应答包的顺序号并将其发送给目标主机 B。如果序列号正确的话，则 B 认为收到的 ACK 来自内部主机 A。此时 X 获得了主机 A 在主机 B 上所享有的特权，并开始对这些服务实施攻击。

2. ARP 欺骗攻击原理与实例

ARP（Address Resolution Protocol，地址解析协议）是一个位于 TCP/IP 协议栈中的底层协议，其负责将某个 IP 地址解析成对应的 MAC 地址。ARP 的基本功能是通过目标设备的 IP 地址，查询目标设备的 MAC 地址，以保证通信顺利进行。

ARP 攻击就是通过伪造 IP 地址和 MAC 地址实现 ARP 欺骗，能够在网络中产生大量的 ARP 通信量使网络阻塞，攻击者只要持续不断地发出伪造的 ARP 响应包就能更改目标主机 ARP 缓存中的 IP-MAC 条目，造成网络中断或中间人攻击。

ARP 攻击主要存在于局域网中，局域网中如果有一台计算机感染 ARP 木马，则感染该 ARP 木马的机器将会试图通过"ARP 欺骗"手段截获所在网络内其他计算机的通信信息，以造成网内其他计算机的通信故障。

下面举一个攻击实例来阐述 ARP 攻击。

"网络执法官"是一款功能非常强大的局域网管理辅助软件，采用网络底层协议，能穿透各客户端防火墙对网络中的每台主机进行监控、控制等操作，该软件的部分功能具有模仿 ARP 攻击的能力，因此，用该软件来演示 ARP 地址欺骗攻击。

打开网络执法官，软件启动后会显示整个局域网中的上线主机，如图 1.1 所示。

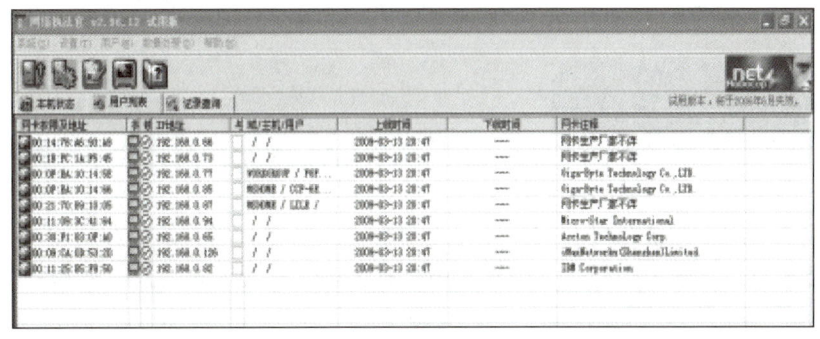

图 1.1　显示整个局域网中的上线主机

（1）选择要攻击的主机。将鼠标放在第二个主机上，右击，在弹出的快捷菜单中选择"手工管理"命令，如图 1.2 所示。

（2）选择管理方式。为验证 ARP 攻击的效果勾选"IP 冲突"复选框，在攻击频率选项中选择默认的每秒一次，如图 1.3 所示。

（3）确认无误后单击"开始"按钮，被攻击的主机会显示如图 1.4 所示的信息，随后该主机不能正常上网，ARP 攻击成功。

在这个例子中，仅是为了演示 ARP 攻击的方式及产生的效果，如果对局域网的网关进行攻击。则会影响整个局域网的上线主机。网络执法官这款软件的主要功能是管理和维护局域网，而不是破坏局域网的恶意软件，读者一定要小心使用，以防止对正常上网的主机产生破坏作用。

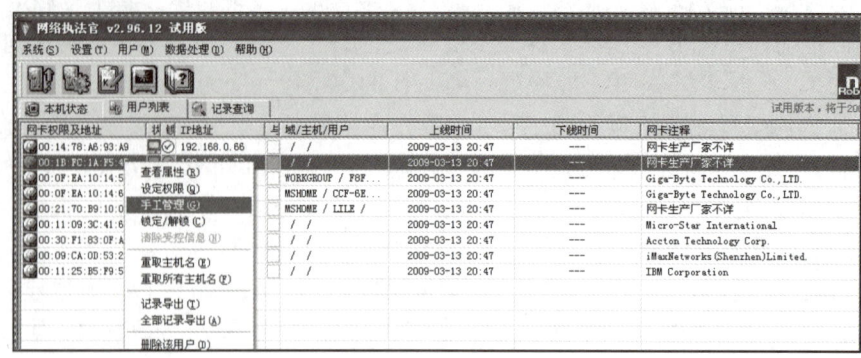

图 1.2　选择"手工管理"命令

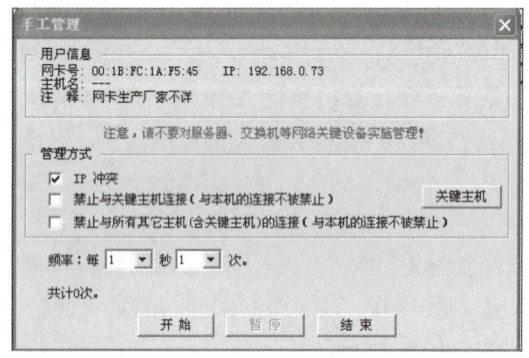

图 1.3　选择管理方式

图 1.4　主机被攻击后显示的信息

1.2　信息安全技术

目前，网络安全领域的研究趋势越来越注重攻防结合，追求动态安全。在信息安全技术的研究上，形成了两个不同的角度和方向——攻击技术和防御技术，两者相辅相成，互为补充。要确保网络及信息系统的安全，必须先研究和熟悉各种攻击技术及方法，做到知己知彼，百战不殆。

1.2.1　信息系统的弱点和面临的威胁

信息系统的弱点和漏洞通常指各种操作系统和应用软件因为设计的疏忽、配置不当或编码的缺陷造成系统存在可以被黑客利用的"后门"或者"入口"。没有绝对安全的系统，任何系统都可能存在各种漏洞或弱点，这些漏洞或弱点往往被黑客所利用。黑客在攻击一个目标系统时，通常先采用各种手段来探测目标系统可能存在的漏洞或弱点。

如果操作系统存在漏洞或弱点，那么往往是非常危险的，大部分黑客攻击都利用网络操作系统的漏洞。对于现在主流的网络操作系统 Windows，由于使用广泛，其很多漏洞被发现并被黑客所利用，如 IIS 漏洞、Unicode 漏洞、输入法漏洞等。

现在几乎所有计算机都连接在互联网上，属于 Internet 的一部分，这就为网络攻击创造了条件。今天的信息系统面临的威胁比过去任何时期都大，这些威胁包括物理威胁、身份鉴别威胁、线缆连接威胁、有害程序威胁等。

1. 物理威胁

物理威胁包括偷窃、废物搜寻、间谍行为和身份识别错误。

（1）偷窃。网络安全中的偷窃包括偷窃设备、偷窃信息和偷窃服务等内容。如果他们想偷的信息在计算机中，那么他们一方面可以将整台计算机偷走，另一方面可以通过监视器读取计算机中的信息。

（2）废物搜寻。废物搜寻就是在废物（如一些打印出来的材料或废弃的软盘）中搜寻所需要的信息。在微机上，废物搜寻可能包括从未抹掉有用东西的软盘或硬盘上获得有用资料。

（3）间谍行为。间谍行为是一种为了获取有价值的机密，采用不道德的手段获取信息的行为。

（4）身份识别错误。非法建立文件或记录，企图把它们作为有效的、正式生产的文件或记录。对具有身份鉴别特征的物品，如护照、执照、出生证明或加密的安全卡进行伪造，属于身份识别错误的范畴。这种行为对网络数据构成了巨大威胁。

2. 身份鉴别威胁

身份鉴别威胁包括口令圈套、口令破解、算法考虑不周和编辑口令。

（1）口令圈套。口令圈套是网络安全中的一种诡计，与冒名顶替有关。常用的口令圈套通过一个编译代码模块实现，其运行后出现的屏幕和登录屏幕一模一样，被插入正常登录过程之前，最终用户看到的只是先后两个登录屏幕，第一次登录失败后，用户被要求再次输入用户名和口令。实际上，第一次登录并没有失败，登录数据，如用户名和口令只是被写入某个数据文件中，留待使用。

（2）口令破解。口令破解就像猜测自行车密码锁的数字密码一样，在该领域中已形成许多能提高成功率的技巧。

（3）算法考虑不周。口令输入过程必须在满足一定条件下才能正常进行，这个过程通过某些算法实现。在一些攻击入侵案例中，入侵者采用超长的字符串来破坏口令算法，成功地进入系统。

（4）编辑口令。编辑口令需要依靠操作系统漏洞，如果公司内部人员建立了一个虚设的账户或修改了一个隐含账户的口令，那么任何知道该账户的用户名和口令的人员便可以访问该机器。

3. 线缆连接威胁

线缆连接威胁包括窃听、拨号进入和冒名顶替。

（1）窃听。对通信过程进行窃听可达到收集信息的目的，用于电子窃听的窃听设备不用安装在电缆上，可以通过检测从连线上发射出来的电磁辐射就能拾取所要的信号。为了使机构内部的通信有一定的保密性，可以使用加密手段来防止信息被解密。

（2）拨号进入。拥有一个调制解调器和一个电话号码，每个人都可以试图通过远程拨号来访问网络，尤其是拥有所期望攻击的网络的用户账户时，就会对网络造成很大威胁。

（3）冒名顶替。通过使用别人的密码和账号，获得对网络及其数据、程序的使用能力。这种办法实现起来并不容易，且一般需要机构内部了解网络和操作过程的人员参与。

4. 有害程序威胁

有害程序威胁包括病毒、代码炸弹和特洛伊木马。

（1）病毒。病毒是一种把自己的备份附着于机器中另一程序上的一段代码。通过这种方式，病毒可以进行自我复制，并随着它所附着的程序在机器之间传播。

（2）代码炸弹。代码炸弹是一种具有杀伤力的代码，其原理是一旦到达设定的时间或在机器中发生了某种操作，代码炸弹就被触发并开始产生破坏性操作。代码炸弹不必像病毒那样四处传播，程序员将代码炸弹写入软件中，使其产生一个不能被轻易找到的安全漏洞，一旦该代码炸弹被触发后，这个程序员便会被请回来修正这个错误，并赚一笔钱，这种高技术敲诈的受害者甚至不知道他们被敲诈了，即便他们有疑心也无法证实自己的猜测。

（3）特洛伊木马。特洛伊木马程序一旦被安装到机器上，便可按编制者的意图行事。特洛伊木马能够摧毁数据，有时伪装成系统上已有的程序，有时创建新的用户名和口令。

1.2.2 信息安全相关技术

安全技术措施是计算机网络信息安全的重要保证，是方法、工具、设备、手段乃至需求、环境的综合，也是整个系统安全的物质技术基础。计算机网络安全技术涉及的内容很多，尤其是在网络技术高速发展的今天，不仅涉及计算机及其外设、通信和网络系统实体，还涉及数据安全、软件安全、网络安全、数据库安全、运行安全、防病毒技术、站点的安全，以及系统结构、工艺和保密、压缩技术等。其核心技术是加密、病毒防治及安全评价。安全技术措施的实施应贯穿于从系统规划、系统分析、系统设计、系统实施、系统评价到系统的运行、维护及管理的各个阶段。在网络安全的实施过程中，常用的网络安全技术主要包括以下 9 个方面：

（1）主机安全技术；

（2）身份认证技术；

（3）访问控制技术；

（4）密码技术；

（5）防火墙技术；

（6）网络入侵检测技术；

（7）安全审计技术；

（8）安全管理技术；

（9）系统漏洞检测技术。

1.2.3 网络安全设备

1. 防火墙

防火墙的应用广泛，它是内部网络和外部网络之间的第一道闸门，被用来保护计算机网络免受非授权人员的骚扰与黑客的入侵。这些防火墙犹如一道"护栏"隔在被保护的内部网络与不安全的非信任网络之间。防火墙在网关的位置过滤各种进出网络的数据，以保护内部网络主机。因此，防火墙被寄予很高的期望。人们希望防火墙能对数据包进行过滤，能抗击各种入侵行为，能记录各种异常的访问行为，能进行带宽分配，能过滤恶意代码和数据内容等。人们甚至希望防火墙能解决所有网络安全问题。

网络术语中所说的防火墙（Firewall）是指隔离在内部网络与外部网络之间的一道防御系统，它能挡住来自外部网络的攻击和入侵，保障内部网络的安全。防火墙示意图如图 1.5 所示。

从实现方式上看，防火墙可以分为硬件防火墙和软件防火墙两类，硬件防火墙通过硬件和软件的结合来达到隔离内部网络、外部网络的目的；软件防火墙是通过纯软件的方式来实现的。

防火墙的基本功能如下。

（1）包过滤。包过滤是防火墙所要实现的最基本功能，现在的防火墙已经由最初的地址、端口判定控制，发展到判断通信报文协议头的各部分，以及通信协议的应用层命令、内容、用户认证、用户规则甚至状态检测等。

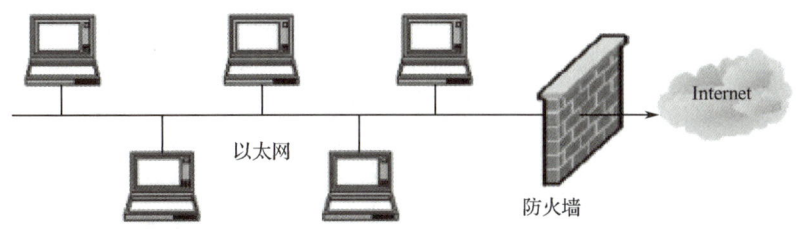

图1.5　防火墙示意图

特别要提到的是状态检测技术，一般是加载一个检测模块，在不影响网络正常工作的前提下，模块在网络层截取数据包，然后在所有通信层上抽取有关的状态信息，据此判断该通信是否符合安全策略。由于它是在网络层截获数据包的，所以它可以支持多种协议和应用程序，并可以很容易地实现应用的扩充。

目前，国内防火墙大多号称已实现状态检测技术，然而据说这些所谓的"状态检测"防火墙并不是真正的状态检测技术。

审计和报警机制在防火墙结合网络配置和安全策略对相关数据完成分析以后，就要做出接受、拒绝、丢弃或加密等决定。如果某个访问违反安全规定，审计和报警机制就开始起作用，并进行记录和报告等操作。

审计是一种重要的安全措施，用以监控通信行为和完善安全策略，检查安全漏洞和错误配置，并对入侵者起到一定的威慑作用。报警机制在通信违反相关策略后，以声音、邮件、电话、手机短信等方式及时告知管理人员。

防火墙的审计和报警机制在防火墙体系中是很重要的，只有有了审计和报警，管理人员才能知道网络是否受到了攻击。该功能有很大发展空间，如日志的过滤、抽取、简化等。日志还可以进行统计、分析、存储，稍加扩展便是一个网络分析与查询模块。

日志由于数据量比较大，主要通过两种方式解决，一种是将日志挂接在内网的一台专门存放日志的日志服务器上；另一种是将日志直接存放在防火墙本身的存储器上。虽然日志单独存放这种方式配置较为麻烦，但是存放的日志量可以很大；日志存放在防火墙本身时，要做额外配置，然而由于防火墙的容量一般很有限，所以存放的日志量往往较小。目前，这两种方案在国内、国外都有使用者。

（2）远程管理。管理界面一般完成对防火墙的配置、管理和监控等工作。管理界面的设计直接关系到防火墙的易用性和安全性。目前，防火墙主要有两种远程管理界面，即Web界面和GUI界面。对于硬件防火墙，一般还有串口配置模块或控制台控制界面。

管理主机和防火墙之间的通信一般经过加密。国内普遍采用自定义协议、一次性口令管理主机与防火墙之间的通信（适用GUI界面）。

GUI界面可以设计得比较美观和方便（GUI界面只需要一个简单的后台进程就可以），并且可以自定义协议，被多数防火墙厂商使用。一般使用 VB、VC 语言开发，也有部分厂家使用 Java 语言开发，并将此作为一个卖点（所谓跨平台）。Web 界面也有厂商使用，然而由于要增加一个 CGI 解释部分，减少了防火墙的可靠性，故应用不太广泛。部分厂家增加了校验功能，即系统会自动识别用户配置上的错误，防止因配置错误而造成安全隐患。

目前，国内大部分防火墙厂商均是在管理界面上做文章，管理界面固然很重要，然而它毕竟不是一个防火墙的全部，一个系统功能设计完善的防火墙的管理部分应当是设计的重点。

（3）NAT 技术。NAT 技术能透明地对所有内部地址做转换，使外部网络无法了解内部网络的内部结构，同时使用 NAT 的网络，与外部网络的连接只能由内部网络发起，极大地提高了内部网络的安全性。NAT 的另一个显而易见的用途是解决 IP 地址匮乏问题。

网络地址转换似乎成了防火墙的"标配"，大多数防火墙都加入了该功能。目前，防火墙一般采用双向 NAT，即 SNAT 和 DNAT。SNAT 用于对内部网络地址进行转换，对外部网络隐藏内部的结构，使得对内部的攻击更加困难，并可以节省 IP 资源，有利于降低成本。

（4）代理。代理包括透明代理和传统代理。

① 透明代理。透明代理实质上属于 DNAT 的一种，它主要指内网主机需要访问外网主机时，不需要做任何设置，完全意识不到防火墙的存在而完成内外网的通信，但其基本原理是防火墙截取内网主机与外网的通信，由防火墙本身完成与外网主机的通信，然后把结果传回给内网主机。在这个过程中，无论内网主机还是外网主机都意识不到它们其实是在和防火墙通信，而从外网只能看到防火墙，这就隐藏了内网网络，提高了安全性。

② 传统代理。传统代理工作原理与透明代理相似，所不同的是它需要在客户端设置代理服务器。如前所述，代理能实现较高的安全性，不足之处是响应变慢。

（5）MAC 与 IP 地址的绑定。MAC 与 IP 地址绑定，主要用于防止受控（不可访问外网）的内部用户通过更换 IP 地址访问外网。因为它实现起来太简单了，内部只需要两个命令就可以实现，所以大多数防火墙都提供了该功能。

（6）流量控制（带宽管理）和统计分析、流量计费。流量控制可以分为基于 IP 地址的控制和基于用户的控制。基于 IP 地址的控制是对通过防火墙各个网络接口的流量进行控制，基于用户的控制是通过用户登录来控制每个用户的流量，从而防止某些应用或用户占用过多的资源，并且通过流量控制可以保证重要用户和重要接口的连接。

流量统计是建立在流量控制基础上的。一般防火墙对基于 IP、服务、时间、协议等进行统计，并可以与管理界面实现挂接，实时或者以统计报表的形式输出结果。流量计费同理也是非常容易实现的。

（7）VPN。在以往的网络安全产品中 VPN 是作为一个单独产品出现的，现在大多数防火墙将其捆绑在一起。

（8）URL 级信息过滤。它是代理模块的一部分，大多数防火墙把这个功能单独提取出来，它实现起来其实是和代理结合在一起的。URL 过滤用来控制内部网络对某些站点的访问，如禁止访问某些站点、禁止访问站点下的某些目录、只允许访问某些站点或其下目录等。

（9）其他特殊功能。如限制同时上网的人数，限制使用时间，只有特定使用者才能发送 E-mail，FTP 只能下载文件不能上传文件，阻塞 Java、ActiveX 控件等。有些防火墙加入查毒功能，一般与防病毒软件搭配。

2. 入侵检测系统（IDS）

入侵检测是指"通过对行为、安全日志、审计数据或其他网络上可以获得的信息进行审计检查，检测到针对系统的闯入或闯入的企图"。入侵检测是检测和响应计算机误用的学科，其作用包括威慑、检测、响应、损失情况评估、攻击预测和起诉支持。入侵检测技术是为保证计算机系统的安全而设计与配置的能够及时发现并报告系统中未授权或异常现象的技术，是用于检测计算机网络中违反安全策略行为的技术，进行入侵检测的软件与硬件的组合便是入侵检测系统。

IDS根据系统的安全策略可以检测对计算机系统的非授权访问；可以对系统的运行状态进行监视，发现各种攻击企图、攻击行为或攻击结果，以保证系统资源的机密性、完整性和可用性；可以识别出针对计算机和网络系统的非法探测或内部合法用户的越权使用的非法行为。如图1.6所示为通用入侵检测系统模型。

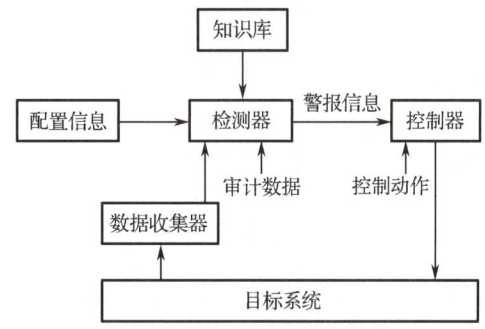

图1.6 通用入侵检测系统模型

数据收集器（或称探测器）主要负责收集数据，即收集或捕获所有可能的与入侵行为有关的数据，包括网络数据包、系统或应用程序的日志和系统调用记录等，然后将数据送到检测器进行处理。

检测器（或称分析器）负责分析和检测入侵行为，并发出报警信号。

知识库提供必要的数据信息支持，如用户的历史活动档案、检测规则集合等。

控制器根据报警信号，以人工或自动方式做出反应动作。

另外，大多数流行的入侵检测系统都包括用户接口组件，用户通过用户接口组件对系统进行配置和控制。

目前，大多数入侵检测系统主要由两大部分构成，即探测器和控制台。探测器主要用于捕获入侵信息，在一些低级的入侵检测产品（如 Snort）中，探测器可以由网卡充当，但网卡充当探测器时必须工作于混杂模式下。在商用入侵检测系统中，探测器往往是一台单独的嵌入式设备。控制器包括分析器、知识库、控制台和用户接口等部分，由安装IDS控制软件的计算机充当。如图1.7所示为入侵检测系统的构成。

一个合格的入侵检测系统能大大简化管理员的工作，并保证网络安全运行。具体来说，入侵检测系统应该具有以下功能：

① 监测并分析用户和系统的活动；
② 核查系统配置的漏洞；
③ 评估系统关键资源和数据文件的完整性；
④ 识别已知的攻击行为；
⑤ 统计分析异常行为；
⑥ 审计操作系统日志并识别用户违反安全策略的活动。

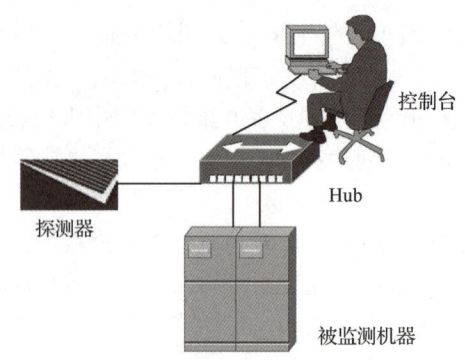

图 1.7 入侵检测系统的构成

1.2.4 网络信息安全保障

网络上的信息不像存到银行保险箱里的东西能确保万无一失，只要黑客技术够厉害，就能轻而易举地拿到任何信息。20 世纪 70 年代至 90 年代后期，计算机和网络改变了一切，新世纪信息技术应用于人类社会的方方面面。人们意识到技术很重要，但技术不是一切；信息系统很重要，但只有服务于组织业务时才有意义。

信息系统安全保障是指在信息系统的整个生命周期中，通过对信息系统的风险分析，制定并执行相应的安全保障策略，从技术、管理、工程和人员等方面提出安全保障要求，确保信息系统的保密性、完整性和可用性，降低安全风险到可接受的程度，从而保障系统实现组织机构的使命。

1.3 信息安全应用

通过前面介绍的各种信息收集和分析技术，找到目标系统的漏洞或者弱点后，就可以有针对性地对目标系统进行各种攻击。对目标系统进行攻击时，常见的手段是破解对方的管理员账号或绕过目标系统的安全机制进入并控制目标系统或让目标系统无法提供正常的服务。

1.3.1 信息安全在汽车行业中的应用

福田汽车是一个大型的汽车制造企业，其 2008 年产销量约为 40.9 万辆，销售收入达 300 多亿元，在规模上处于全国汽车制造业的第五名。福田汽车的主要数据信息运行在网络的核心层面，在信息安全方面主要有用户的上网行为管理系统。北京总部有一个很大的厂区，该厂区内的上网行为由这个管理系统来控制，其分支机构正在逐步推广，大多数分支机构设置了上网行为监控系统。在总部设置的邮件网关可以对一些邮件系统进行防护。在防火墙后面设置了 AKS 系统。在每个分支机构，所有互联网接入的地方都设置了防病毒、防火墙、VPN、防垃圾邮件、内容过滤等产品，这些常用功能都集中在一台机器里。在链路方面设置了专门的负载平衡系统。公司事业部和总部之间，几乎都通过数字专线连接在一起，个别非常小的分支机构通过 VPN 方式接入。

1.3.2　信息安全在气象行业中的应用

随着大数据技术的发展，世界已经步入大数据时代，在新技术的不断开发应用下，所有行业都开始进行自动化改革。目前，我国对气象信息网络的管理和监控工作基本实现了自动化。从我国气象信息网络的构建情况来看，能够覆盖全国范围的大气控测网络已经基本建成，这为我国气象检测预警及各项业务的正常运行提供了技术保障和硬件保障。气象信息网络的安全非常重要，只有保障气象信息网络的安全性，排除安全隐患，才能实现气象信息网络的正常运行，为我国的气象检测控制提供更好的服务。

1.4　任务实践：网络扫描应用

1.4.1　任务 1：实施环境

在 Windows 操作系统环境下，安装部署 Nmap 和 Nessus 扫描软件，熟悉这些软件的使用方法。

1.4.2　任务 2：实施过程

1. Nmap 网络扫描软件的安装使用

（1）Nmap 简介。

Nmap（Network Mapper）最早是 Linux 下的网络扫描和嗅探工具包，是网络管理员必用的软件之一，用以评估网络系统安全。使用 Nmap 可以检测网络上的存活主机（主机发现）、主机开放的端口（端口发现或枚举）、相应端口的软件和版本（服务发现）、操作系统（系统检测）和硬件地址。

（2）Nmap 安装部署。

Nmap 是一款开源软件，可从官网免费下载对应操作系统的版本并安装（nmap.org）使用。如图 1.8 所示为安装 Nmap 界面。

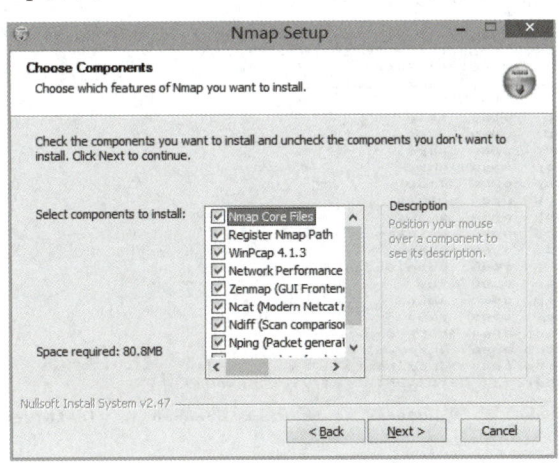

图 1.8　安装 Nmap 界面

（3）Nmap 配置使用。

① Nmap 基本命令。

使用 Nmap 基本命令（见表 1.1）可以扫描单个目标、多个目标、一个范围内的目标、一个子网等。如图 1.9 所示为扫描指定目标的特定端口。

表 1.1　Nmap 基本命令的使用方法及说明

使用方法（实际使用时请将下述 IP 地址替换为实际 IP 地址）	说　　明
nmap 192.168.1.2（或域名）	扫描单个目标
nmap 192.168.1.2 192.168.1.5	扫描多个目标
nmap 192.168.1.2-192.168.1.100	扫描一个范围内的目标
nmap 192.168.1.1/24	扫描一个子网
nmap 192.168.1.1/24 -exclude 192.168.1.1	扫描除某个 IP 的所有子网主机
nmap -iL target.txt	从文件中读取需扫描的目标地址
nmap -p 特定端口 目标 IP	扫描指定目标的特定端口

```
C:\>nmap -p 80,21,23 10.10.107.222

Starting Nmap 7.12 ( https://nmap.org ) at 2018-06-26 09:19
Nmap scan report for 10.10.107.222
Host is up (0.00053s latency).
PORT    STATE  SERVICE
21/tcp  closed ftp
23/tcp  closed telnet
80/tcp  open   http
MAC Address: C8:D3:FF:0D:E4:95 (Unknown)

Nmap done: 1 IP address (1 host up) scanned in 9.43 seconds
```

图 1.9　Nmap 扫描指定目标的特定端口

② Nmap 各种扫描方式。

● Tcp connect() scan(sT)扫描：nmap -sT 目标 IP

Tcp connect()扫描是 Nmap 默认的扫描方式，扫描过程中需要完成三次握手，并且要求调用系统的 connect()。Tcp connect()扫描只适用于找出 TCP 和 UDP 端口，如图 1.10 所示。

```
C:\>nmap -sT 10.10.107.222

Starting Nmap 7.12 ( https://nmap.org ) at 2018-06-26 10:00 ?
Nmap scan report for 10.10.107.222
Host is up (0.96s latency).
Not shown: 984 closed ports
PORT     STATE SERVICE
25/tcp   open  smtp
80/tcp   open  http
110/tcp  open  pop3
119/tcp  open  nntp
143/tcp  open  imap
443/tcp  open  https
465/tcp  open  smtps
515/tcp  open  printer
563/tcp  open  snews
587/tcp  open  submission
631/tcp  open  ipp
993/tcp  open  imaps
995/tcp  open  pop3s
8080/tcp open  http-proxy
8291/tcp open  unknown
9100/tcp open  jetdirect
MAC Address: C8:D3:FF:0D:E4:95 (Unknown)

Nmap done: 1 IP address (1 host up) scanned in 218.26 seconds
```

图 1.10　Nmap Tcp connect()扫描

- Tcp SYN scan (sS)扫描：nmap -sS 目标 IP

这种半开放扫描使得 Nmap 无须通过完整的握手，就能获得远程主机上的信息。这种扫描不会产生任何会话，因此不会在目标主机上产生任何日志记录，如图 1.11 所示。

图 1.11　Nmap Tcp SYN 扫描

- FIN scan (sF)扫描：nmap -sF 目标 IP

当目标主机上有 IDS 和 IPS 系统存在时，可能会阻止 SYN 数据包，这时可以采用 FIN scan 扫描，如图 1.12 所示。

图 1.12　Nmap FIN 扫描

- Udp scan (sU)扫描：nmap -sU 目标 IP

这种扫描用于寻找目标主机打开的 UDP 端口，无须发送任何 SYN 数据包。UDP 扫描发送 UDP 数据包到目标主机，并等待响应，如果返回 ICMP 不可达的错误消息，则说明端口是关闭的，如果得到正确的回应，则说明端口是开放的，如图 1.13 所示。

图 1.13　Nmap Udp 扫描

- PING scan (sP)扫描：nmap -sP 目标 IP

PING 扫描不同于其他扫描，这种扫描只用于找出主机是否是存在于网络中。PING 扫描需要 ROOT 权限，如果用户没有 ROOT 权限，则 PING 扫描会使用 connect()调用，如图 1.14 所示。

```
C:\>nmap -sP 10.10.107.222

Starting Nmap 7.12 ( https://nmap.org ) at 2018-06-26 10:17
Nmap scan report for 10.10.107.222
Host is up (0.0010s latency).
MAC Address: C8:D3:FF:0D:E4:95 (Unknown)
Nmap done: 1 IP address (1 host up) scanned in 9.15 seconds
```

图 1.14　Nmap PING 扫描

- 版本检测(sV)：nmap -sV 目标 IP

版本检测用于扫描目标主机和端口上运行的软件的版本，需要从开放的端口获取信息来判断软件的版本。使用版本检测扫描之前需要先用 TCP SYN 扫描开放了哪些端口。如图 1.15 所示为 Nmap 版本检测。

```
C:\>nmap -sV 10.10.107.222

Starting Nmap 7.12 ( https://nmap.org ) at 2018-06-26 10:20 ?D1ú±ê×?ê±??
Nmap scan report for 10.10.107.222
Host is up (0.0058s latency).
Not shown: 993 closed ports
PORT     STATE SERVICE      VERSION
80/tcp   open  soap         gSOAP 2.7
443/tcp  open  tcpwrapped
515/tcp  open  printer
631/tcp  open  soap         gSOAP 2.7
8080/tcp open  soap         gSOAP 2.7
8291/tcp open  unknown
9100/tcp open  jetdirect?
MAC Address: C8:D3:FF:0D:E4:95 (Unknown)

Service detection performed. Please report any incorrect results at https://nmap
.org/submit/ .
Nmap done: 1 IP address (1 host up) scanned in 35.09 seconds
```

图 1.15　Nmap 版本检测

- OS 检测(O)：nmap -O 目标 IP

Nmap 的 OS 检测技术在渗透测试中用来了解远程主机的操作系统和软件是非常有用的，利用 Nmap 的操作系统指纹识别技术可以识别设备类型（路由器，工作组等）、运行的操作系统、操作系统的详细信息、目标和攻击者之间的距离。如果远程主机有防火墙、IDS 和 IPS 系统，则可以使用-PN 命令来确保不 ping 远程主机。为准确地检测远程操作系统，可以使用 -osscan-guess 猜测最接近目标的匹配操作系统类型。如图 1.16 所示为 Nmap 操作系统检测。

```
C:\>nmap -O -PN -osscan-guess 10.10.107.222

Starting Nmap 7.12 ( https://nmap.org ) at 2018-06-26 10:29 ?D1ú±ê×?ê±??
Nmap scan report for 10.10.107.222
Host is up (0.0017s latency).
Not shown: 993 closed ports
PORT     STATE SERVICE
80/tcp   open  http
443/tcp  open  https
515/tcp  open  printer
631/tcp  open  ipp
8080/tcp open  http-proxy
8291/tcp open  unknown
9100/tcp open  jetdirect
MAC Address: C8:D3:FF:0D:E4:95 (Unknown)
Device type: printer
Running: HP embedded
OS CPE: cpe:/h:hp:laserjet_cp4525 cpe:/h:hp:laserjet_m451dn
OS details: HP LaserJet M451dn, CM1415fnw, or CP4525
Network Distance: 1 hop

OS detection performed. Please report any incorrect results at https://nmap.org/
submit/ .
Nmap done: 1 IP address (1 host up) scanned in 11.48 seconds
```

图 1.16　Nmap 操作系统检测

2．Nessus 漏洞扫描软件的安装使用

（1）Nessus 安装部署。

可从官网免费下载对应操作系统的版本并安装（tenable.com）使用，如图 1.17 和图 1.18 所示。

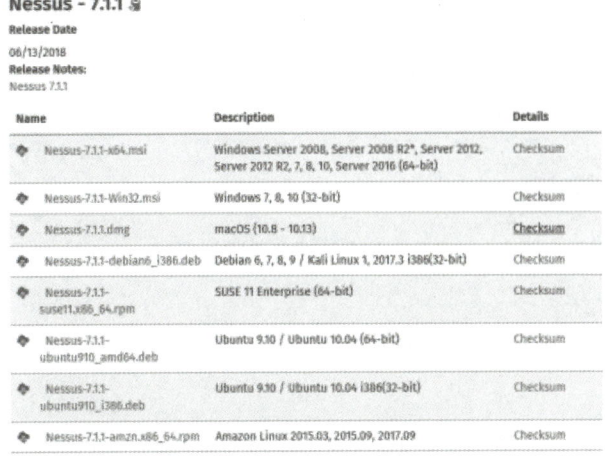

图 1.17　选择 Nessus 安装版本

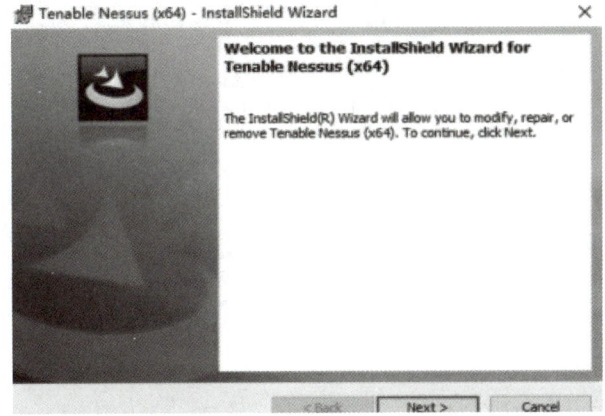

图 1.18　安装 Nessus

（2）Nessus 配置使用。

① 获取激活 Nessus 系统的激活码。

从官网注册后获取激活 Nessus 系统的激活码，如图 1.19 所示。

图 1.19　注册后获取激活 Nessus 系统的激活码

② 访问并激活 Nessus。

使用浏览器访问本机地址，输入获取的激活码激活 Nessus 系统，如图 1.20 所示。

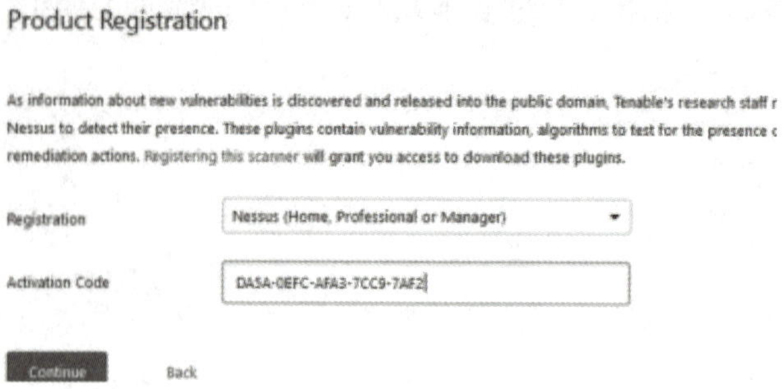

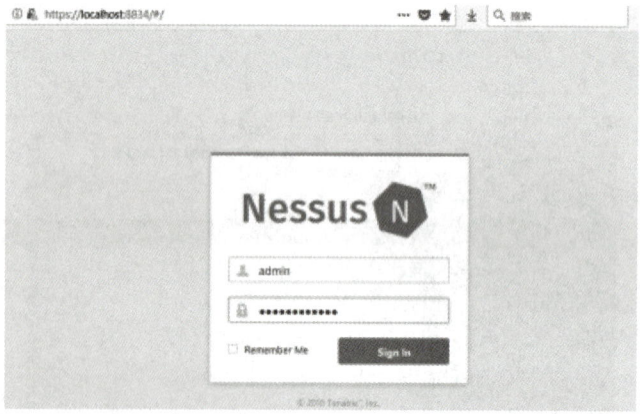

图 1.20　激活 Nessus 系统

③ 登录 Nessus 系统。

使用浏览器访问本机地址，输入安装时配置的用户名、口令登录 Nessus 系统，如图 1.21 所示。

图 1.21　登录 Nessus 系统

④ 配置 Nessus 并实施漏洞扫描。

● 新建扫描任务

在系统主界面单击"New Scan"按钮，新建扫描任务，如图 1.22 所示。

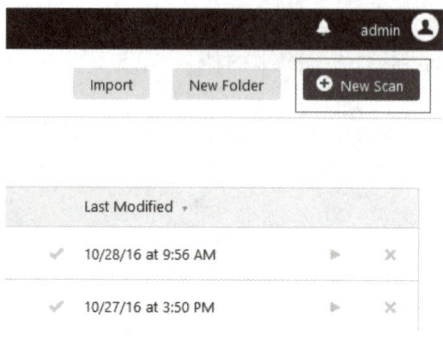

图 1.22　新建扫描任务

- 选择扫描模板

选择一个可用的扫描模板，一般选择"Advanced Scan"，如图 1.23 所示。

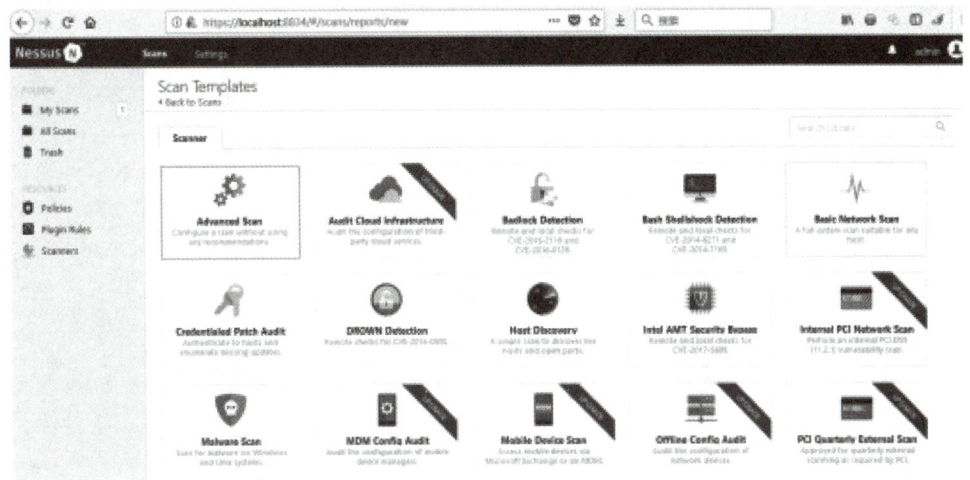

图 1.23　选择扫描模板

- 配置扫描参数

在扫描参数配置主界面，填写扫描任务的名称（Name）、任务的描述（Description）、任务存放路径（Folder）、扫描目标（Targets），其他参数可以采用系统默认参数，配置完成单击"Save"按钮，保存配置信息，如图 1.24 所示。

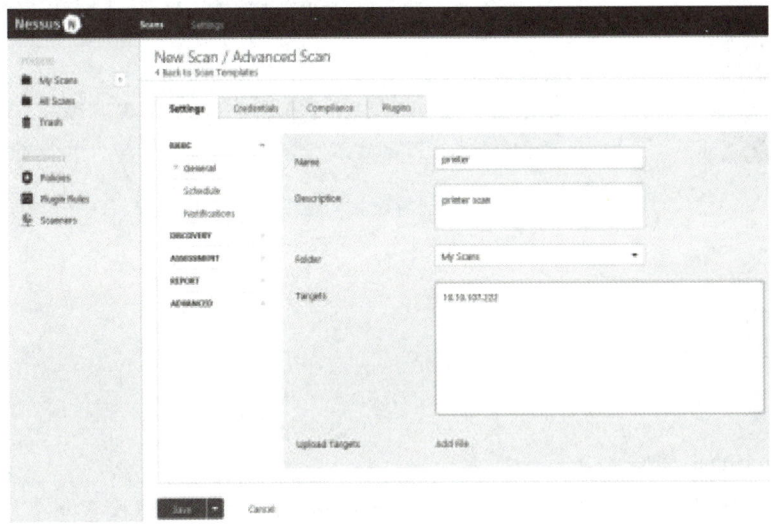

图 1.24　配置扫描参数

- 执行扫描任务

配置完成后，在扫描任务界面单击"执行任务"按钮，开始执行扫描任务，如图 1.25 所示。

- 查看扫描进度和结果

任务开始执行后，可以单击任务列表查看任务的扫描进度和扫描结果。扫描结束后可以导出扫描结果，Nessus 支持将扫描结果导出为 pdf、html、cvs 等格式，如图 1.26 所示。

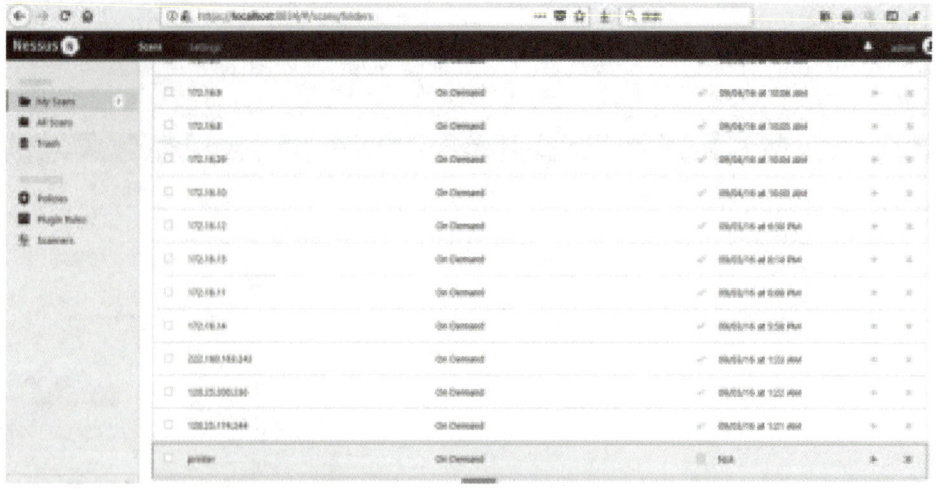

图 1.25　执行扫描任务

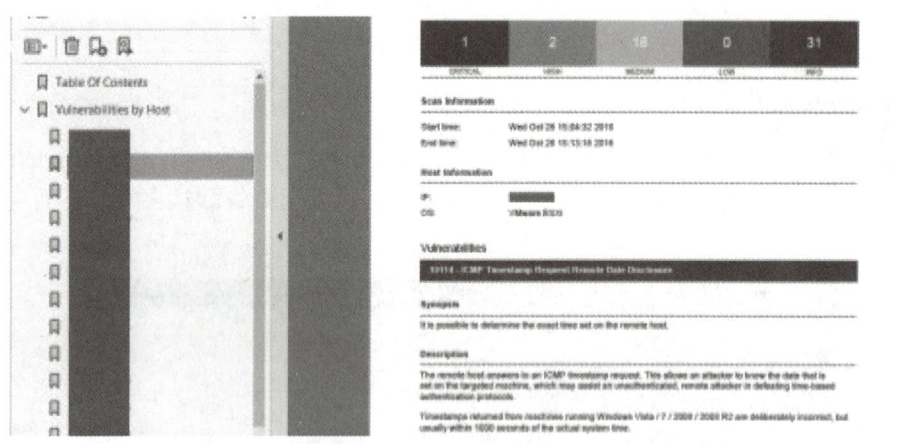

图 1.26　导出扫描结果

习　题

一、填空题

1．网络攻击的步骤为_____、_____、_____、_____、_____。

2．_____是 Windows 系列自带的一个可执行命令，利用它可以检查网络是否能够连通。

3．_____主要通过人工或网络手段间接获取攻击对象的信息资料。

4．常见搜索引擎主要有_____、_____、_____等。

5．_____指令显示所有 TCP/IP 网络配置信息、刷新动态主机配置协议（Dynamic Host Configuration Protocol，DHCP）和域名系统（DNS）设置。

6．_____指令在网络安全领域通常用来查看计算机上的用户列表、添加和删除用户、与对方计算机建立连接、启动或停止某网络服务等。

二、思考题

1．为什么要研究网络攻击技术？
2．简述网络攻击的一般过程。
3．常见的信息收集方法有哪些？试用社交工程方法收集信息。
4．为什么要清除目标系统的日志？
5．简述扫描的技术原理。
6．简述 Ping 指令的用途。
7．简述穷举测试的技术原理。

三、实践题

试从微软网站下载 Windows XP 的漏洞扫描工具，查看自己的计算机有哪些漏洞，然后用 Windows XP 自动更新工具给操作系统打上相应补丁程序。

第 2 章 项目管理

学习目标

- ◆ 了解项目管理的基本概念
- ◆ 了解项目的生命周期
- ◆ 了解项目管理过程
- ◆ 了解项目管理的要素
- ◆ 培养理论联系实际的能力

引导案例

"项目管理"是美国曼哈顿计划初期的名称,后来由著名数学家华罗庚教授在 20 世纪 50 年代引进中国。项目管理是指对于一个项目要实现的目标、要执行的任务与进度及资源所做的管理,它包含如何制定目标、安排日程以及跟踪及管理等。

一个项目没有系统的管理,可能会因遇到风险而夭折,或完成质量不高。那么,如何进行项目管理呢?这将是本章讲述的内容。

2.1 项目管理基础知识

2.1.1 项目

1. 项目的定义

项目是为创造独特的产品、服务或成果而进行的临时性工作。当项目目标达成时，或者当项目因不会或不能达到目标而中止时，或者当项目需求不复存在时，或者当用户（或发起人）希望终止项目时，项目就被终止了。项目所创造的产品、服务或成果一般不具有临时性，项目所产生的社会、经济和环境影响，往往比项目本身长久得多。任何工作，只要涉及以下几个方面，就可以视为项目。

（1）明确的结果（目的）。每个项目都应该有一个定义明确的目标，如一个期望的产品或服务，或者是谋求利润和创造有益的变化等。

（2）资源（包括人力和其他要素）。项目需要使用资源，资源的类型和来源一般会有很多种，包括人、硬件设施、软件配置等。

（3）一段时间。项目是一次性的或临时性的，每个项目都有明确的开始和结束时间。

项目具有独特性，尽管某些项目的可交付成果或活动中可能存在重复的元素，但这种重复并不会改变项目工作本质上的独特性。例如，即便采用相同或相似的材料，由相同或不同团队来建设，但每个建设项目都因不同位置、不同设计、不同干系人、不同环境和情况等而具备独特性。由于项目的独特性，其所创造的产品、服务或成果可能存在不确定性或差异性。项目的产出可能是有形的，也可能是无形的。

项目还具有不确定性。因为每个项目都是唯一的，有时很难确切地定义项目目标，或者准确估计完成项目所需的时间和成本支出。这种不确定性是项目管理具有挑战性的主要原因之一，这种情况在新技术项目中更为突出。

2. 软件项目的定义

软件项目是指为实现一个特定目标而开发软件的过程。除了创造新产品，软件项目经常升级现有软件产品，集成一组现有软件组件，扩展软件产品的功能或升级一个组织的软件基础设施。软件项目可满足服务请求、维护需求或提供操作支持，当它们被认定为提供可交付成果和结果的临时性工作时，可将其视为项目。本文后续的项目管理均以软件项目为例进行说明。

2.1.2 项目的三要素

建立项目时，重要的是把握每个项目的三个基本要素，即时间、费用和范围。这三个因素构成了项目三角形（见图2.1），调整其中任何一个因素都会影响其他两个因素。

（1）时间指完成项目所需要的时间。它在大多数项目里是一个很重要的因素，并反映在项目的日程中。项目的日程就是项目中任务的完成时间和顺序安排。日程主要由任务、任务相关性、工期、限制和面向时间的项目信息构成。

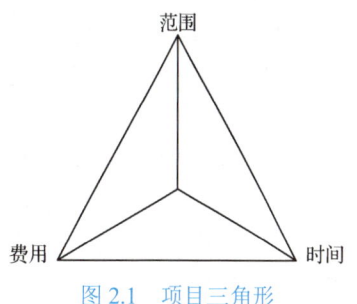

图 2.1 项目三角形

（2）费用即项目的预算，是指通过比较基准计划所设定的预计项目成本，它取决于资源成本。项目中的资源不仅指金钱，还包括人力、原材料与设备等。

（3）范围包含产品范围和项目范围，即项目的目标和任务，以及完成这些目标和任务所需要的工时。产品范围是指产品应有的功能与特性，项目范围是依据所要生产出来的产品或要服务的范围来定义项目的。例如，"研制开发、生产出来的产品必须具备抗菌功能"，这句话规定了项目范围，同时也可看出产品范围。

项目三角形在最初是平衡的，但受许多条件的限制，在项目实施的过程中，平衡状况会发生改变。例如，因为某种原因造成项目完成时间缩短了，费用可能就要增加；如果费用无法增加，那么只能缩减项目范围。如果费用缩减了，那么要完成该项目可能需要花费很多时间，如果无法延长项目完成时间，那么只能缩减项目范围。如果项目范围扩大了，那么必须增加完成项目的时间，或者增加项目费用才能完成项目。

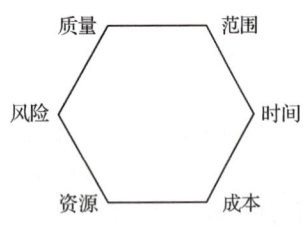

图 2.2　项目的约束关系六边形

与项目三角形类似，项目管理中的约束关系是指项目受到范围、时间、成本和质量因素的制约。在这些制约因素之外，加上风险和资源因素，就形成项目的约束关系六边形（见图 2.2），并且最终要让客户满意。这些制约因素之间的关系是任何一个因素发生变化，都会影响至少一个其他因素。

由于可能发生变更，项目管理计划需要在整个项目生命周期中反复修正、渐进明细。渐进明细指随着信息越来越详细和估算越来越准确，而持续改进和细化计划，它能使项目管理团队随着项目的进展而进行更加深入的管理。

2.1.3　项目管理的定义、目标和范围

1. 项目管理的定义

"项目管理"是美国曼哈顿计划初期的名称，后来由著名数学家华罗庚教授在 20 世纪 50 年代引进中国。项目管理是指将知识、技能、工具与技术应用于项目活动以满足项目要求，它包含如何制定目标、安排日程以及跟踪及管理等。按照《PMBOK®指南》的定义，项目管理是通过合理运用与整合 47 个项目管理过程来实现的。可以根据其逻辑关系，把这 47 个过程归类成五大过程组，即启动过程组、规划过程组、执行过程组、监控过程组和收尾过程组。软件的独特性允许五大过程组中的 47 个过程元素以各种方式重叠、交错和重复。

项目经理要努力实现项目范围、时间、成本和质量等目标，还必须协调整个项目过程，以满足项目参与者及其他利益相关者的需要和期望。如图 2.3 所示为项目管理框架图，其上方的四大知识领域是范围管理、时间管理、成本管理和质量管理（因其形成具体的项目目标，也称核心知识领域）。知识领域是指项目经理必须具备一些重要的知识和能力。

（1）范围管理：为成功完成项目所要做的全部工作。

（2）时间管理：项目所需时间的估算，确保项目及时完工而制定的项目进度计划。

（3）成本管理：项目预算的准备和管理工作。

（4）质量管理：确保项目满足明确约定的或各方默认的需要。

其他五大知识领域包括人力资源管理、沟通管理、风险管理、采购管理和干系人管理（也称辅助知识领域），项目目标是通过它们来实现的。

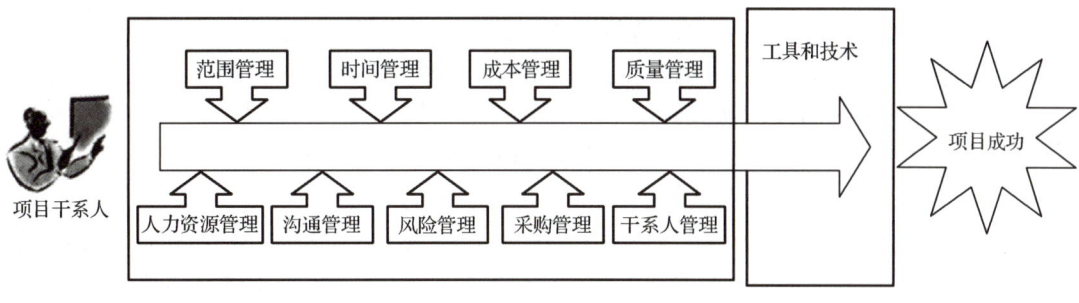

图 2.3　项目管理框架图

（1）人力资源管理：指有效地组织和利用参与项目的人员。
（2）沟通管理：包括产生、收集、发布和保存项目信息。
（3）风险管理：包括对项目相关的风险进行识别、分析和应对。
（4）采购管理：指根据项目的需要从项目执行组外部获取和购进产品和服务。
（5）干系人管理：包括识别能影响项目或受项目影响的全部人员、群体或组织，制定合适的管理策略来有效调动干系人参与项目决策和执行等。

项目管理工具和技术用来帮助项目经理和项目组成员进行范围、时间、成本和质量管理。另外，有一些工具可以帮助项目经理和项目组成员进行人力资源、沟通、风险、采购和干系人等方面的管理及实现项目整合管理，常用的时间管理工具和技术有一般的表格工具、甘特图、时标网状图等。

2. 项目管理的目标

项目管理的最终目的是项目取得成功。通常认为，项目管理目标应该包括以下几个方面：

（1）达到项目预期的软件产品功能和性能要求，软件产品达到用户已认可的需求规格说明要求。除了与用户直接相关的软件产品使用质量，还有一些质量因素是用户不容易顾及的，或者用户一时发现不了的，如软件的维护性、可移植性等软件的内部质量属性。

（2）达到时限要求。项目应在合同规定的期限内完成，产品应在期限内交付。当然，在取得用户谅解的情况下，交付期适当顺延也是可以的，但不能一再拖延，长时间拖延会给用户造成损失。在项目实施的过程中，做好工期管理可以避免这种现象的发生。

（3）将项目开销限制在预算之内。

为项目的实施设置这三个目标，也是三条管理防线，但在实际项目中突破这三条防线的情况时有发生，甚至大型项目、重要项目也会在这些关键目标上出现问题。1998 年，美国 *IEEE Software* 杂志中的一篇文章指出，据统计有 26%的软件项目彻底失败，46%的项目成本和进度超出计划的预定期限，从中可见项目管理的必要性。

3. 项目管理的范围

软件项目管理的范围主要包括人员、产品、过程和项目。

（1）人员。

项目管理是对软件工作的管理，但归根结底是对人员的管理。众所周知，人的因素是软件工程的核心因素，对于该核心因素的把握决定项目的成败。在项目的人员管理上需要考虑以下几个问题：

① 利益相关方。与软件项目相关的人员必须在项目实施的过程中始终受到关注，忽视其中的任何人都将造成损失，这正是利益相关方一词的含义所在。其中包括：

- 项目的高级管理者　负责项目商务问题的决策。
- 项目经理　负责项目的计划制定与实施及开发人员的组织与管理。
- 开发人员　项目开发的实施者。
- 客户　提出需求并代表用户与开发人员交往的人员。
- 最终用户　直接使用项目成果（产品）的人员。

② 团队负责人。在小型项目中，项目经理就是团队负责人，而大型项目也许会有若干个开发设计团队和测试团队。团队负责人除了担负团队日常工作的安排、组织和管理职责，还应特别注意激发团队成员的潜能。事实证明，不能充分调动和发挥团队成员的积极性，团队工作就不可能顺利完成，项目也不可能如期完成。显然，其中团队负责人的作用是至关重要的。

③ 团队集体。软件项目，尤其是复杂的大型项目，绝不是少数人凭借个人技能就能胜任的，项目的成功靠的是团队成员的集体作战能力。因此，团队的集体建设及集体力量的发挥起重要作用。团队内部需要分工协作，做到步调一致。因此必须强调：

- 个人的责任心是团队完成工作的基本条件。
- 互相信任、尊重及互相支持。
- 通过充分地交流与沟通，使团队成员之间互相理解。在理解的前提下才能很好地配合，也只有在理解的基础上才能解决差异、分歧甚至出现的矛盾。

做到这几点，就能使团队逐渐形成具有凝聚力的、团结一致的集体，并能够克服难题取得成功。

（2）产品。

软件产品是软件项目的成果和预期目标，然而，软件这种无形的产品在开发出来以前，要想准确地描述它的规模、工作量，甚至它的功能和性能是困难的。除此之外，软件需求的稳定性问题会增加项目实施的难度。尽管如此，项目经理必须明确项目目标，包括：

① 产品的工作环境。
② 产品的功能和性能。
③ 产品工作处理的是什么数据，经它处理后得到什么数据。

显然，只有明确项目目标才能着手项目管理的各项工作，如项目估算、风险分析、项目计划的制定等。

（3）过程。

过程在软件项目中是重要的因素，它决定项目中开展哪些活动，以及对活动的要求和开展活动的顺序。对于成熟的软件组织，其通常已经建立组织内部使用的标准软件过程。在软件项目开始实施时，需要针对项目特点对标准软件过程进行剪裁，进而得到项目适用的软件过程。

（4）项目。

项目管理的任务是如何利用已有资源，组织实施既定的项目，提交给用户适用的产品。项目管理要开展的主要工作分为以下3类：

① 计划及计划管理，包括项目策划与计划制定、项目估算、风险分析及风险管理、进度管理、计划跟踪与监督；
② 资源管理，包括人员管理、成本管理；
③ 成果要求管理，包括需求管理、配置管理、质量管理。

2.1.4　项目的生命周期

项目的生命周期是指项目从启动到收尾所经历的一系列阶段。项目阶段通常按顺序排列，阶段的名称和数量取决于参与项目的一个或多个组织的管理与控制需要、项目本身的特征及其所在的应用领域。可以在总体工作范围内或根据财务资源的可用性，按中间结果或可交付成果，或者特定的里程碑来划分阶段。阶段通常都有时间限制，有一个开始点、结束点或控制点。

虽然每个项目都有明确的起点和终点，但具体的可交付成果及项目期间的活动会因项目不同而有很大差异。不论项目涉及的具体工作是什么，生命周期都可以为管理项目提供基本框架。项目的规模和复杂性各不相同，但不论其大小繁简，所有项目都呈现通用的生命周期结构，即启动项目→组织与准备→执行工作→结束项目。

图 2.4 给出了在项目生命周期中典型的成本与人力投入水平，描绘了项目成本和人力投入的框架，其在启动和计划阶段起步，在执行和监控阶段达到最高，并在收尾阶段减少。此框架是通用的预测性软件项目生命周期。适应性软件项目生命周期趋向于降低执行和监控阶段的成本和人力投入水平的峰值，从而将整体投入转向早期阶段。

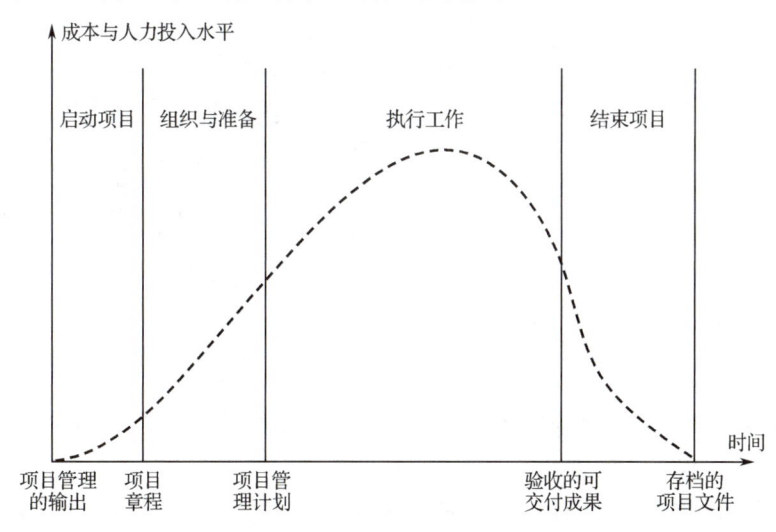

图 2.4　在项目生命周期中典型的成本与人力投入水平

2.1.5　项目管理的四个阶段

根据项目的生命周期可以将项目管理分为以下 4 个阶段：
- 初始阶段　找出用户的确切要求并分析是否具有完成项目所需的资源；
- 计划阶段　根据启动阶段的情况，制定确切的行动计划；
- 执行和监视阶段　准备可交付成果并控制项目的发展；
- 结束阶段　成果验收和项目复盘，为将来的项目做准备。

1. 初始阶段

初始阶段需要确定用户的目标和要求，确定项目是否具有成功完成所需的资源。可以使用项目管理的 5W2H 原则（见图 2.5）来梳理思路，厘清要实现的目标、执行的计划、交付的成果、负责人和参与人员、起止时间、实施方案等内容。

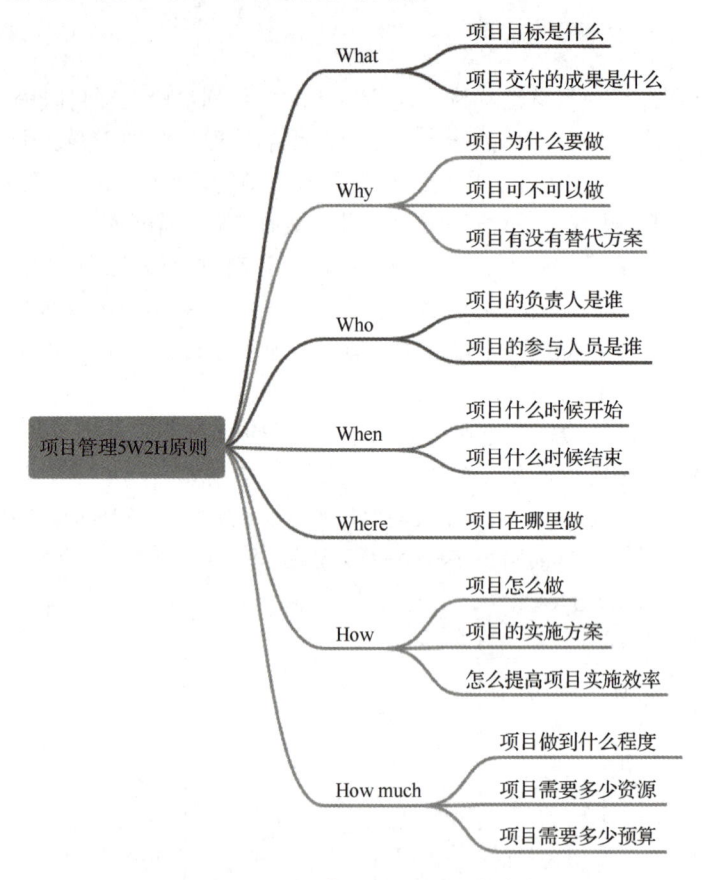

```
项目管理5W2H原则
├── What
│   ├── 项目目标是什么
│   └── 项目交付的成果是什么
├── Why
│   ├── 项目为什么要做
│   ├── 项目可不可以做
│   └── 项目有没有替代方案
├── Who
│   ├── 项目的负责人是谁
│   └── 项目的参与人员是谁
├── When
│   ├── 项目什么时候开始
│   └── 项目什么时候结束
├── Where
│   └── 项目在哪里做
├── How
│   ├── 项目怎么做
│   ├── 项目的实施方案
│   └── 怎么提高项目实施效率
└── How much
    ├── 项目做到什么程度
    ├── 项目需要多少资源
    └── 项目需要多少预算
```

图 2.5　项目管理的 5W2H 原则

2. 计划阶段

在项目初始阶段想清楚要做的事情后，就可以开始项目计划阶段。项目计划阶段第一个任务是制定项目计划，用项目计划去推动项目目标的落地，优化各个角色的协同过程。第二个任务是先将项目目标层层拆解为任务，再将任务拆解为子任务，直到任务拆解到最小颗粒度，然后交给具体的人员去执行。

3. 执行和监视阶段

在项目执行和监视阶段，项目团队将依据项目计划进行工作，主要目标是准备可交付成果。在此阶段一定要善用进展汇报。填写进展汇报，以简要的方式呈现项目全貌，客观展示项目执行中遇到的问题，这样可以更好地解决问题，确保最终能够顺利交付项目。

4. 结束阶段

项目结束阶段有两个主要工作，即成果验收和项目复盘。将项目成果交付给用户且用户完成验收，项目才算完成。除此之外，为了下次能够更高质量地完成项目，还需要进行项目复盘，总结经验与不足，并提出改进措施。

2.1.6　项目管理的五个过程组

过程是为创建预定的产品、成果或服务而执行的一系列相互关联的行动和活动。每个过程都有各自的输入、工具和技术以及相应的输出。为了实现对项目管理知识的应用，需要对过程进行有效管理。为此，项目团队应该做以下工作：
- 选择适用的过程来实现项目目标。
- 使用经定义的方法来满足要求。
- 建立并维持与干系人的适当沟通与互动。
- 遵守要求以满足干系人的需要和期望。
- 在范围、进度、预算、质量、资源和风险等相互竞争的制约因素之间寻求平衡，以完成特定的产品、服务或成果。

项目管理是一项整合性工作，要求每个项目过程和产品过程都与其他过程恰当地配合与联系，以便彼此协调。过程之间的相互作用经常要求对项目需求和目标进行折中平衡。具体的平衡方法因项目而异、因组织而异。有些情况下，为获得所需要的结果，必须反复执行某个或某组过程。

项目管理过程适用于各行各业，以提高各类项目成功的可能性。为了取得项目成功，对于任何一个项目，项目经理都要在项目团队的协作下，认真考虑每个过程及其输入和输出，决定应该采用哪些过程及每个过程的使用程度，对具体项目所必需的过程做必要调整。

从过程之间的整合和相互作用及各过程的目的等方面，来描述项目管理过程的性质。项目管理过程包括五大项目管理过程组，即启动过程组、规划过程组、执行过程组、监控过程组、收尾过程组。

1. 启动过程组

启动过程组是定义一个新项目或项目的一个新阶段，授权开始该项目或阶段的一组过程。在启动过程中，定义初步范围和落实初步财务资源，识别那些将相互作用并影响项目总体结果的内外部干系人，选定项目经理。

本过程组的主要目的：保证干系人的期望与项目目标的一致性，让干系人明了项目范围和目标，同时让干系人明白他们在项目和项目阶段中的参与将有助于实现他们的期望。本组过程有助于设定项目愿景——需要完成什么。让发起人、用户和其他干系人参与启动过程，可以建立对成功标准的共同理解，降低参与费用，提升可交付成果的可接受性，提高用户和其他干系人的满意度。

2. 规划过程组

规划过程组包含明确项目范围、定义和优化目标、为实现目标制定行动方案的一组过程。规划过程组制定用于指导项目实施的项目管理计划和项目文件。由于项目管理的复杂性，可能需要通过多次反馈来做进一步分析。随着收集和掌握的项目信息或特性不断增多，项目很可能需要进一步规划。项目生命周期中发生的重大变更可能引发重新进行一个或多个规划过程，甚至某些启动过程。这种项目管理计划的逐渐细化叫做渐进明细，表明项目规划和文档编制是反复进行的持续性过程。

规划过程组的主要作用是为成功完成项目或阶段任务而确定战略、战术及行动方案或路线。对规划过程组进行有效管理，可以更容易地获取干系人的认可和参与。规划过程组的输出为项目管理计划和项目文件，这些文档将对项目范围、时间、成本、质量、人力资源、沟通、风险、采购和干系人参与等所有方面做出规定。

3. 执行过程组

执行过程组包含完成项目管理计划中确定的工作，以满足项目规范要求的一组过程。这个过程组需要按照项目管理计划来协调人员和资源，以及整合并实施项目活动。

项目执行期间的结果可能需要更新规划和重定基准，包括变更预期的活动持续时间、变更资源可用性，以及考虑未曾预料到的风险。执行中的偏差可能影响项目管理计划或项目文件，需要加以仔细分析，并制定适当的项目管理应对措施。执行期间发生变更对于大多数软件项目而言是常态。

4. 监控过程组

监控过程组包含跟踪、审查和调整项目进展与绩效、识别必要的计划变更并启动相应变更的一组过程。监控过程组的主要作用是定期（或在特定事件发生时）对项目绩效进行测量和分析，从而识别与项目管理计划的偏差。监控过程组涉及以下工作内容：

（1）控制变更，或者对可能出现的问题推荐预防措施；

（2）对照项目管理计划和项目绩效测量基准，监督正在进行中的项目活动；

（3）确保只有经批准的变更才能付诸执行。

监控过程组要监控整个项目的工作，持续的监督使项目团队得以洞察项目的健康状况。在多阶段项目中，监控过程组要对各项目阶段进行协调，以便采取纠正或预防措施，使项目的实施符合项目管理计划。监控过程组可能提出并批准对项目管理计划的更新。例如，未按期完成某项活动，可能导致对预算和进度目标的调整和平衡。

5. 收尾过程组

收尾过程组包含为完成项目管理过程组的所有活动，正式结束项目或合同责任的一组过程。当本过程组完成时，标志着项目或项目阶段正式结束。

本过程组也用于正式处理项目提前结束的情形。提前结束的项目可能包括中止的项目、取消的项目或有严重问题的项目。在特定情况下，如果合同无法正式关闭，或者需要向其他部门转移某些活动，则需要安排和落实具体的交接手续。

项目或阶段收尾时，可能需要做以下工作：

（1）获得用户或发起人的验收，以正式结束项目或阶段；

（2）进行项目后评价或阶段结束评价；

（3）记录裁剪任何过程的影响；

（4）记录经验教训；

（5）对组织过程资产进行适当更新；

（6）将所有相关项目文件在项目管理信息系统中归档，以便作为历史数据使用；

（7）结束所有采购活动，确保所有相关协议的完结；

（8）对团队成员进行评估，释放项目资源。

6. 项目管理过程组之间的相互作用

在实践中，项目管理各过程会以某些方式相互重叠和作用。在项目实施期间，应该在项目管理过程组中，恰当地应用项目管理知识和技能，迭代地应用项目管理过程。项目管理的整合性要求监控过程组与其他所有过程组相互作用构成项目管理过程组（见图2.6），监控过程与其他过程同时进行。

各项目管理过程组以其所产生的输出相互联系。一个过程的输出通常成为另一个过程的输入，或者成为项目、子项目或项目阶段的可交付成果。规划过程组为执行过程组提供项目管理计划和项目文件，并随项目进展不断更新这些计划和文件。如图2.7所示为各过程组在项目或阶段中的相互作用及在不同时间的重叠程度。如果将项目划分为几个阶段，则各过程组会在每个阶段内相互作用。

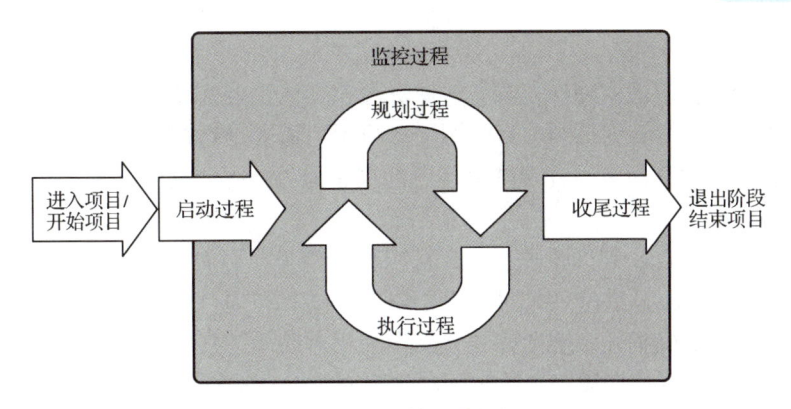

图 2.6　项目管理过程组

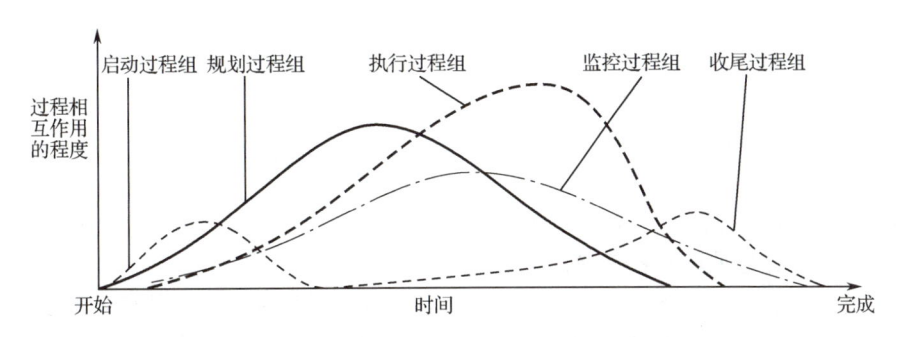

图 2.7　各过程组在项目或阶段中的相互作用及在不同时间的重叠程度

当项目被划分成若干阶段时，应该合理采用过程组，有效推动项目以可控的方式完成。在多阶段项目上，这些过程会在每个阶段内重复进行，直到符合阶段完成标准。

2.2　项目管理要素

2.2.1　项目计划管理

项目计划是一个项目进入实施的启动阶段主要做的工作，包括确定详细的项目实施范围、定义最终的工作成果、评估实施过程中主要的风险，以及制定项目实施的时间计划、成本和预算计划、人力资源计划等。

1. 项目计划的内容

项目计划的目标是为项目团队提供一个框架，使之能合理地估算项目完成所需的资源、经费和开发进度，并有效地控制项目实施过程，使实施过程能够按此计划进行。在制定计划时，必须就需要的人力、项目持续时间及成本做出估算。

项目计划其实就是一个用来协调项目中其他所有计划，指导项目团队对项目进行执行和监控的文件。一个好的项目计划可为项目的成功实施打下坚实的基础。项目计划的主要内容如下。

（1）项目范围。

项目范围就是对项目进行综合描述，定义项目所要做的工作，包括对项目目标、主要功能、性能限制、项目的特殊要求等内容进行概述。

(2)项目资源。

项目资源包括人员资源、硬件资源、软件资源和其他可能需要的资源。着重强调对项目规模和资源的估算，是因为低质量的项目资源估算将不可避免地造成资源短缺、进度延迟和预算超支。低质量的规模估算是出现许多项目问题的根本原因。

(3)项目进度安排。

项目进度安排是项目计划的重要内容，直接影响整个项目能否按期完成，因此，这个环节是十分重要的。在进行项目进度安排时，主要依据合同书和项目计划。通常的做法是把复杂的项目分解成许多可以准确描述、度量并独立操作的相对简单的任务，然后安排这些任务的执行顺序，确定每个任务的完成期限、开始时间和结束时间。在进行项目进度安排时需考虑的主要因素如下：

① 项目可以支配的人力及资源。
② 项目的关键路径。
③ 生存周期各个阶段工作量的划分。
④ 工程进展如何度量。
⑤ 各个阶段任务完成标志。
⑥ 如何自然过渡到下一阶段的任务等。

(4)制定项目计划要注意的事项。

由于项目有其特殊性，不确定因素多，工作量估计困难，因此，项目初期难以制定一个科学、合理的项目计划，需要在计划实施的过程中不断修正和细化。

2. 项目进度管理

项目进度计划安排是一项困难的任务，进度安排的好坏会影响整个项目能否按期完成。因此，在安排项目进度时，既要考虑各个子任务之间的相互联系，尽可能并行地安排任务，又要预见潜在的问题，提出对意外事件的处理意见。

对于较大项目的进度计划，为了表示各项任务之间的进度的相互依赖关系，可以采用下面介绍的几种工具来描述计划进度，即一般的表格工具、甘特图、时标网状图。

(1)一般的表格工具。

一般采用表格描述进度表，简单明了。表2.1直观地给出了一个需要一年时间开发的软件项目各项子任务的进度安排。

表2.1 进度按排

任务＼月份	1	2	3	4	5	6	7	8	9	10	11	12
需求分析	▲	▲	▲									
总体设计		▲	▲									
详细设计			▲	▲	▲							
编码					▲	▲	▲	▲				
软件测试						▲	▲	▲	▲	▲	▲	

(2)甘特图。

先把任务分解成子任务，再用水平线段描述各个任务的工作阶段，线段的起点和终点分别表示任务的开始和完成时间，线段的长度表示完成任务所需要的时间这样绘制的图叫甘特图。如图2.8所示为具有5个任务的甘特图。

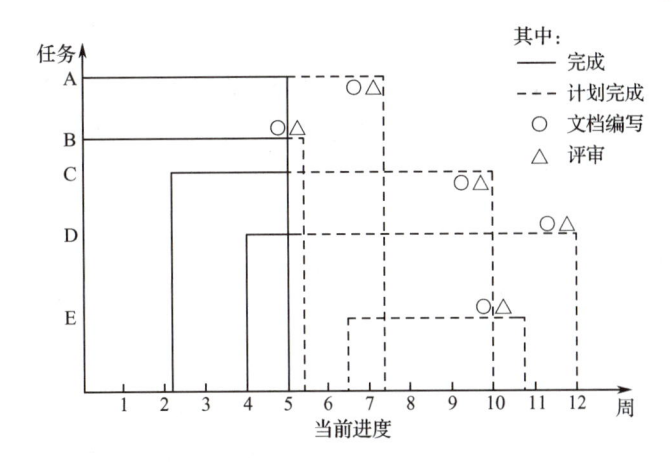

图 2.8　具有 5 个任务的甘特图

甘特图只能表示任务之间的并行和串行关系，它标明各任务的计划进度和当前进度，能够动态反映软件开发的进展情况，但是它不能反映多个任务之间的复杂逻辑关系。

（3）时标网状图。

时标网状图也称改进的甘特图，主要增加了各子任务之间的逻辑依赖关系。如图 2.9 所示的时标网状图表示 A～E 共 5 个任务之间在进度上的依赖关系，如 E2 的开始取决于 A3 的完成，虚线箭头表示虚任务。

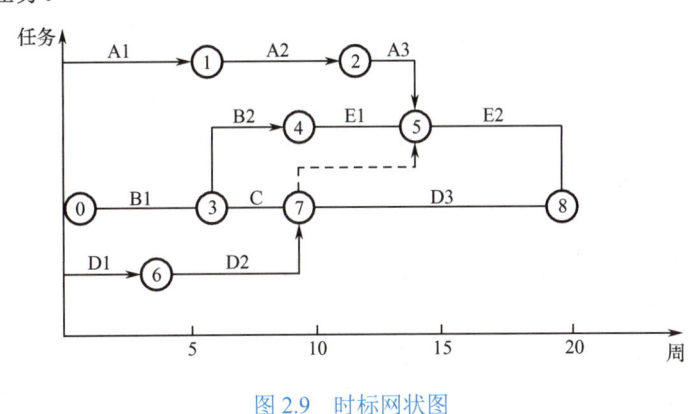

图 2.9　时标网状图

在项目中必须处理好进度与质量的关系。在项目实施的过程中，常常会遇到在追求进度时赶任务的情况，需要注意的是，不能影响产品质量。同时，产品质量和生产率也有着密切的关系。

2.2.2　项目成本管理

项目成本估算是可行性分析的重要依据，也是项目管理的重要内容，直接影响项目的实施。项目成本和工作量的估算从来都没有成为一门精确的科学，因为变化和影响的因素太多，人、技术、环境等都会影响项目的最终成本和工作量。但是项目的成本估算又非常重要，因此，人们不断地从理论和统计等方面归纳总结出一些估算方法和技术，尽可能降低盲目实施项目带来的风险。

在项目管理过程中，为使时间、费用和工作范围内的资源得到最佳利用，人们开发出了不少成本估算方法，以尽量得到较好的估算。这里简要介绍以下几种估算法。

（1）经验估算法。

进行估计的人应具有相关的专业知识和丰富的经验，据此提出一个近似数字，这种方法是一种最原始的方法，还称不上估算，只是一种近似的猜测。它对要求很快拿出一个大概数字的项目是可行的，但对要求详细估算其显然不能满足要求。

（2）因素估算法。

因素估算法是比较科学的一种传统估算方法，它利用数学知识，以过去为根据来预测未来。因素估算法的基本方法是利用规模和成本图。该成本估算法的前提是有过去类似项目的资料，而且这些资料应在同一基础上，才具有可比性。

在如图 2.10 所示的成本规模图中，点根据过去类似项目中的数据而描绘，由这些点画出的线体现了规模与成本之间的基本关系。成本规模图中的线既可能是直线，也可能是曲线。成本包括不同组成部分，如材料、人工和运费等，这些都可以有不同曲线。知道项目规模以后，就可以利用这些线找出成本各个不同组成部分的近似数字。

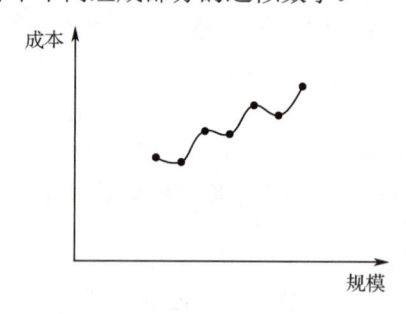

图 2.10　成本规模图

需要注意的是，找这些点要有一个基准年，目的是消除通货膨胀的影响，成本规模图中的点应该是经过调整的数字。例如，以 2000 年为基准年，其他年份的数字都以 2000 年为准进行调整，然后才能描点画线。项目规模确定之后，从线上找出相应的点，但这个点是以 2000 年为基准的数字，还需要再调整到当年，才是估算出的成本数字。另外，如果项目周期较长，则应考虑今后几年可能发生的通货膨胀、材料涨价等因素。

（3）工作分解结构 WBS 基础上的全面详细估算。

利用工作分解结构 WBS 方法，先把项目任务进行细分，分到可以确认的程度，如某种材料、某种设备、某一活动单元等，再估算每个 WBS 要素的费用。采用该方法的前提条件或先决步骤是：

① 对项目需求做出一个完整的限定；

② 制定完成任务所必需的逻辑步骤；

③ 编制 WBS 表。

项目需求的完整限定应包括工作报告书、规格书及总进度表。工作报告书是指项目实施中所需的各项工作的叙述性说明，应确认必须达到的目标。如果有资金等限制，则该信息也应包括在内。规格书是对工时、设备及材料标价的根据，它应该是项目人员和用户了解工时、设备及材料估价的依据。

一旦项目需求被勾画出来，就应确定完成任务所必需的逻辑步骤。在复杂的大型项目中，通常用箭头图来表明项目任务的逻辑程序，并以此作为下一步绘制 WBS 表的根据。进度表和 WBS 表完成之后，就可以进行成本估算。在复杂的大型项目中，成本估算的结果最后应以下述的报告形式表述出来：

① 对每个 WBS 要素的详细费用进行估算，还应有一个各项分工作、分任务的费用汇总表，以及项目和整个计划的累积报表；

② 每个部门的计划工时曲线，如果部门工时曲线含有"峰"和"谷"，应考虑对进度表做若干改变，以得到工时的均衡性；

③ 逐月的工时费用总结，以便在项目费用必须削减时，项目负责人能够利用此表和工时曲线做权衡性研究；

④ 逐年费用分配表，此表以 WBS 要素来划分，表明每年（或每季度）所需费用，此表实质上是对每项活动的项目现金流量的总结；

⑤ 原料及支出预测，表明供货商的供货时间、支付方式、承担义务以及支付原料的现金流量等。

采用这种方法估算成本需要进行大量计算，工作量较大，仅计算本身也需要花费一定的时间和费用。但这种方法的准确度较高，做出的这些报表不仅是对成本估算的表述，还可以用来作为项目控制的依据。最高管理层可以用这些报表来选择和批准项目，并评定项目的优先性。

2.2.3 项目质量管理

项目质量是贯穿项目生存期的一个极为重要的问题，是项目实施的过程中所使用的各种开发技术和验证方法的最终体现。

1. 项目质量的定义

有多种关于软件项目质量的定义。ANSI/IEEE Std729—1983 定义软件质量为"与软件产品满足规定的和隐含的需求的能力有关的特征或特性的全体"。M.J.Fisher 定义软件质量为"所有描述计算机软件优秀程度的特性的组合"。可见，项目质量反映了以下 3 个方面的问题：

（1）项目需求是度量项目质量的基础，不符合需求的项目不具备质量。

（2）在各种标准中定义了一些准则，用来指导项目团队用工程化的方法来完成项目，如果不遵守这些准则，那么项目质量就得不到保证。

（3）往往会有一些隐含的需求没有明确地提出来，如软件应具备良好的可维护性。如果软件只满足那些精确定义了的需求而没有满足这些隐含的需求，那么项目质量就得不到保证。

2. 项目质量要素

项目质量可以分成 6 个要素，它们是项目的基本特征。

（1）功能性：项目所实现的功能满足用户需求的程度。功能性反映了所开发的软件满足用户陈述的或蕴涵的需求的程度，即用户要求的功能是否全部实现。

（2）可靠性：在规定的时间和条件下，软件所能维持其性能的程度。可靠性对某些项目来说是重要的质量要求，它除了反映项目满足用户需求正常运行的程度，还反映在故障发生时能继续运行的程度。

（3）易使用性：对于一个项目，用户学习、操作、准备输入和理解输出时所努力的程度。易使用性反映与用户的友善性，即用户在使用本软件时是否方便。

（4）效率：在指定的条件下，用软件实现某种功能所需的计算机资源（包括时间）的有效程度。效率反映在完成功能要求时，有没有浪费资源。

（5）可维修性：在一个可运行软件中，为了满足用户需求、环境改变或软件错误发生时进行相应修改所努力的程度。可维修性反映在用户需求改变或软件环境发生变更时，对软件系统进行相应修改的容易程度。

（6）可移植性：从一个计算机系统或环境转移到另一个计算机系统或环境的容易程度。

3. 项目质量评价准则

评价准则可以分成 22 点，包括精确性（在计算和输出时所需精度的软件属性）、健壮性（在发生意外时，能继续执行和恢复系统的软件属性）、安全性（防止软件受到意外或蓄意的存取、使用、修改、毁坏或泄密的软件属性），以及通信有效性、处理有效性、设备有效性、可操作性、培训性、完备性、一致性、可追踪性、可见性、硬件系统无关性、软件系统无关性、可扩充性、公用性、模块性、清晰性、自描述性、简单性、结构性和产品文件完备性。评价准则的一定组合可反映某一软件质量要素，软件质量要素与评价准则的关系如图 2.11 所示。

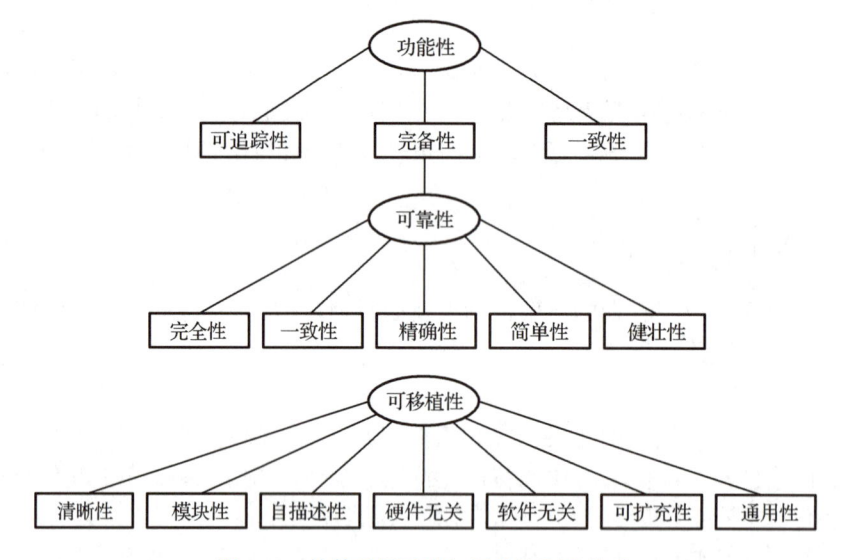

图 2.11 软件质量要素与评价准则的关系

2.2.4 项目风险管理

近年来软件开发技术和工具都有了很大进步，但是软件项目开发超时、超支，甚至不能满足用户需求而根本没有得到实际使用的情况仍然比比皆是。软件项目开发和管理中一直存在着种种不确定性，严重影响着项目的顺利完成和提交。因此，对软件风险的研究、管理已成为软件项目管理的重要内容。

1. 项目风险的定义

风险是一种潜在的危险。软件项目由于其自身的特点而存在风险，甚至是灾难性的风险。风险管理即预测、控制和管理项目风险。

软件项目风险不仅会影响项目计划的实现、影响项目的进度、增加项目的成本，甚至会使软件项目不能实现，因此，风险管理决定软件项目的成败。所以，软件项目的风险管理是软件项目管理的重要内容。在进行软件项目风险管理时要辨识风险，评估它们出现的概率及产生的影响，然后制定一个规划来管理风险。

风险管理的主要目标是预防风险。软件项目的风险体现在需求、技术、成本和进度 4 个方面。项目开发中常见的风险有以下 5 类。

（1）需求风险。

引起需求风险可能有以下几种情况。

① 需求过程中由于用户参与不够，因此需求定义不完整，或者存在二义性。

② 需求不断变化，且缺少有效的需求变化管理过程。

（2）计划编制风险。

① 计划、资源和产品定义缺乏有效依据，全凭用户或领导口头指令。

② 虽然制定了相应计划，但计划不现实。

③ 产品规模比估计的规模大，但没有相应地调整产品范围或可用资源。

④ 涉足不熟悉的产品领域，花费在设计和实现上的时间比预期的时间长。

（3）组织和管理风险。

① 仅由管理层或市场人员进行技术决策，管理层审查、决策的时间比预期的时间长，导致计划进展缓慢，计划完成时间延长。

② 低效的项目组结构降低生产率，缺乏必要的规范，导致工作失误或重复工作。

③ 非技术的第三方工作（预算批准、设备采购批准、法律方面的审查、安全保证等）时间比预期的时间长或预算削减，打乱项目计划。

（4）人员风险。

① 开发人员和管理层之间关系不佳，影响全局；项目组成员之间发生冲突，沟通不畅，导致设计开发时出现错误。

② 某些开发人员不熟悉软件工具和环境，或者项目后期加入新开发人员，使工作效率降低。

③ 既缺乏项目急需的具有特定技能的人员，又缺乏激励措施，士气低下，使生产能力降低。

（5）其他风险。

① 设施、工具等不具备的"开发环境风险"。

② 用户对于最终产品不符合其需求而要求重新设计开发的"用户风险"。

③ 质量低劣的"产品风险"。

④ 设计质量低下，有些必要的功能无法使用现有代码实现的"设计和实现风险"。

⑤ 在执行过程中出现的"过程风险"。

2. 项目风险管理过程

风险管理包括风险识别、风险估算、风险评价、风险监控和管理。

（1）风险识别。

识别风险是指系统化地识别已知的和可预测的风险，进而避免这些风险或控制这些风险。识别潜在的风险是进行项目风险管理的基础。风险识别包括确定风险的来源、风险产生的条件、描述其风险特征和确定哪些风险事件有可能影响本项目。风险识别不是一次就可以完成的，应当在项目开发过程中定期进行。

根据风险内容，通常可对以下 3 类风险进行提取和分析。

① 项目风险：与项目有关的预算、进度、人力、资源、用户需求、项目规模、复杂性等方面的问题都属于这类风险。

② 技术风险：指影响开发质量和交付时间的设计、实现、验证、维护等方面的风险。

③ 商业风险：指与产品的商业运作有关的市场风险、预算风险、决策风险、销售风险等。

识别风险的方法和工具有多种，这里介绍一种由 Keil. M 等总结的识别风险的提问单。

① 用户对该项目和待构造的系统支持吗？
② 需求已经被软件项目组和用户完全理解吗？
③ 软件开发机构的高层管理者和用户方的管理者已正式承诺支持该项目吗？
④ 用户充分参与需求定义了吗？
⑤ 用户的期望实现了吗？
⑥ 项目的需求和工作稳定吗？
⑦ 软件项目组拥有合适的技能吗？
⑧ 项目组对所需要的开发技术有经验吗？
⑨ 项目组能完成此项目吗？
⑩ 用户对该项目的重要性和系统需求有共识吗？

在识别软件项目风险时，可以根据实际情况对风险进行分类。但简单的分类并不总是行得通，某些风险根本无法预测。这里介绍另一种识别软件风险的方法，该方法要求项目管理者根据项目实际情况来标识影响软件风险因素的风险驱动因子，包括以下几个方面。

① 性能风险　产品能够满足需求和符合使用目的的不确定程度。
② 成本风险　项目预算能够被维持的不确定的程度。
③ 支持风险　软件易于纠错、适应及增强的不确定的程度。
④ 进度风险　项目进度能够被维持且产品能按时交付的不确定的程度。

每个风险驱动因子对风险因素的影响均可分为 4 个影响类别——可忽略的、轻微的、严重的及灾难性的。

（2）风险估算。

在进行风险辨识后要进行风险估算，风险估算也称风险评估，一般从以下两个方面进行估算：

① 从影响风险的因素考虑风险发生的可能性，即风险发生的概率。
② 风险发生所带来的损失的严重程度，评价如果风险一旦发生所产生的后果。

为反映风险产生的可能程度和风险产生后果的严重程度，需要建立风险度量的指标体系。一种简单的风险评估表如表 2.2 所示。

表 2.2　简单的风险评估表

成本 \ 类别		性能	支持	成本	进度
灾难性的	1	无法满足需求而导致任务失败		错误导致成本增加，资金短缺超出预算	
	2	性能严重下降，达不到技术要求	无法响应或无法支持软件	资金严重短缺，很可能超出预算	无法按期交付完成
严重的	1	无法满足需求而导致系统性能下降，任务能否完成受到质疑		错误导致运行延迟和成本增加	
	2	技术性能有所下降	在软件修改中有所延后	资金不足，可能超支	交付日期可能延后
轻微的	1	不能满足需求而导致次要任务性能下降		对成本和进度都有影响	
	2	技术性能稍微降低	能响应软件支持	有较充足的资金来源	计划进度可完成
可忽略的	1	无法满足需求而导致使用不方便或操作不易		错误对成本和进度影响不大	
	2	技术性能不会降低	易于软件支持	可能低于预算	交付日期可能提前

在表 2.2 中，按照风险产生后果的严重程度将风险分为灾难性的、严重的、轻微的和可忽略的 4 类。从性能、支持、成本和进度 4 个方面对风险进行评估，表 2.2 给出了这 4 个方面的评估标准，综合考虑后可以确定所产生风险的严重程度。

（3）风险评价。

风险评价是指在风险估算的基础上，对所确定的风险做进一步的确认。一般可将成本、性能和进度作为典型参考量。进行风险评价时，通常用下列三元组的形式描述：

$$(R_i, L_i, X_i) \quad i=1,2,3,\cdots$$

其中，R_i 为风险，L_i 为风险发生概率，X_i 为风险发生后的影响，i 为风险种类。

（4）风险监控和管理。

一个有效的策略必须考虑风险避免、风险监控和风险管理及意外事件计划。风险的策略管理可以包含在软件项目计划中，或者风险管理步骤可以组成一个独立的风险缓解、监控和管理计划。

① 风险避免。

风险避免是一种主动避免风险的活动，是指在风险发生前分析引起风险的原因，采取措施以避免风险发生。

② 风险监控。

软件开发是高风险的活动。如果项目采取积极风险管理的方式，则可以避免或降低许多风险，如果没有处理好这些风险，则可能使项目陷入瘫痪。因此，在软件项目管理中要进行风险跟踪，对已识别的风险在系统开发过程中进行跟踪管理。风险监控贯穿于软件开发的全过程，是一种项目跟踪活动。主要监控对项目风险产生主要影响的因素，并随时记录项目的执行情况，确定还会有哪些变化，以便及时修正计划。

③ 风险管理监控计划。

制定风险监控计划，按该计划记录、管理风险分析的全过程。风险监控计划将所有风险分析工作文档化，并且由项目管理者作为整个项目计划的一部分来使用。风险监控计划的大纲包括主要风险、风险管理者、项目风险清单、风险缓解的一般策略和特定步骤、监控的因素和方法、意外事件和特殊考虑的风险管理等。制定这些相应的解决方案和措施，以便在发生风险时能够主动应对。

2.3 任务实践：使用禅道进行项目管理

2.3.1 任务 1：项目初始阶段

纸上得来终觉浅，绝知此事要躬行。前文讲述了项目管理的理论知识，下面使用禅道工具进行项目管理实践，用理论指导实践，做到理论与实际相结合。在学中做，在做中学，以学促做，知行合一。

➡ 任务描述

禅道启动成功后，项目管理者要做的第一件事情就是设置部门结构，维护人员，为项目启动做准备；然后创建产品、录入需求、创建项目并关联项目团队。

🔜 任务实施步骤

1. 设置部门结构

（1）以管理员身份登录。

（2）单击"后台"→"人员"→"部门"按钮，进入"部门"页面，可以设置部门结构，即直接添加或维护部门，如图2.12所示。

图2.12 设置部门结构

2. 添加用户

创建部门后，下一步的操作就是在系统中添加用户。操作步骤如下：

（1）单击"后台"→"人员"→"用户"按钮，进入"用户"页面。

（2）单击"添加用户"按钮，即可进行添加用户的操作，如图2.13所示。

图2.13 添加用户

3. 维护权限

维护权限能够设置分组成员可以操作的具体动作，以及所有在禅道中涉及的权限。单击"后台"→"人员"→"权限"按钮，进入"权限"页面，单击操作栏中某个分组的"权限维护"按钮，即可进行相关权限的维护，如图2.14所示。

图 2.14 维护权限

4. 创建产品

完成上面步骤就可以录入客户需求。但录入客户需求的前提是创建产品，操作步骤如下：

（1）单击"后台"→"产品"按钮，进入"产品"页面。

（2）单击"产品列表"→"添加产品"按钮，如图 2.15 所示，在出现的页面中填写产品名称及相关负责人等信息，如图2.16所示。

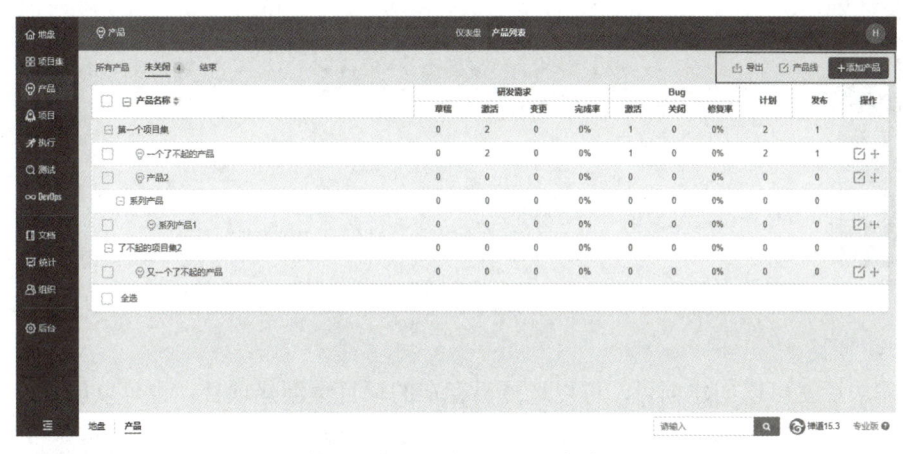

图 2.15 单击"产品列表"→"添加产品"按钮

图 2.16 填写产品详细信息

5. 创建需求

创建产品后就可以创建需求，将用户需求录入系统中，操作步骤如下：

（1）单击"产品"按钮，进入"产品"页面。

（2）单击"研发需求"→"提研发需求"按钮，如图 2.17 所示。

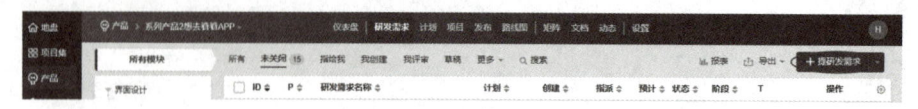

图 2.17　单击"研发需求"→"提研发需求"按钮

在出现的页面中填写需求详细信息，如图 2.18 所示。在创建需求时，可以选择需求的来源。需求名称、描述和验证标准是需求中的 3 个主要元素。在创建需求时，也可以指定需求的优先级、预计（工时）等字段。在创建需求时，还可以选择由谁来进行评审，这样创建的需求状态是草稿状态，如果勾选"不需要评审"复选框，则是激活状态。

图 2.18　填写需求详细信息

6. 创建项目

录入需求后就可以创建项目，可以选择已存在的项目集创建项目，也可以创建独立项目。操作步骤如下：

（1）单击"项目集"按钮，进入"项目集"页面，如图 2.19 所示。

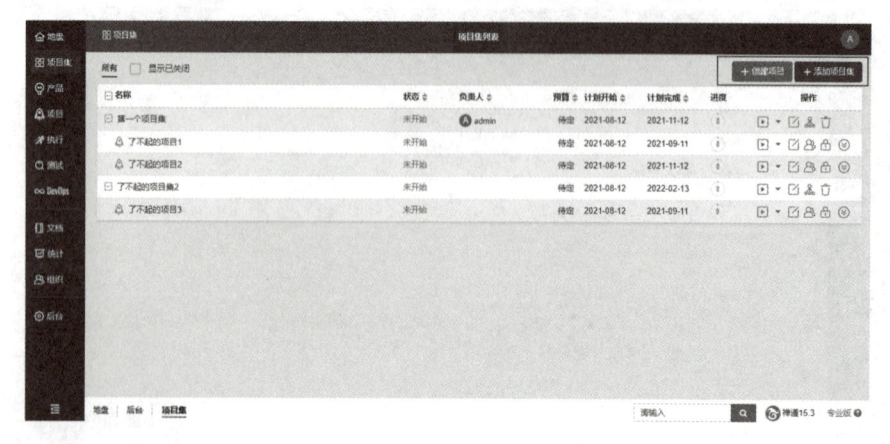

图 2.19　"项目集"页面

（2）单击"添加项目集"按钮，在出现的页面中填写项目集的相关信息。单击"创建项目"按钮，进入创建项目页面。

在创建项目页面中，填写项目名称、负责人、预算、起止日期等内容，如图 2.20 所示。

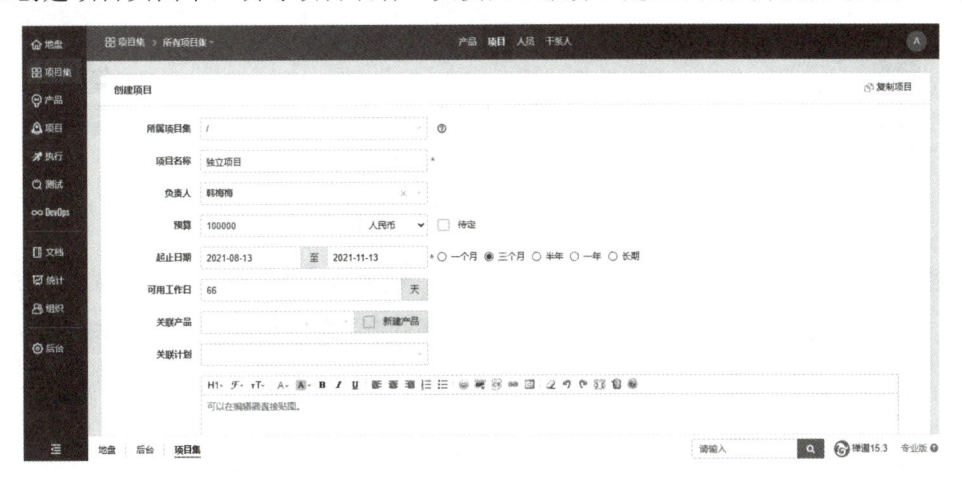

图 2.20　填写项目详细信息

7. 设置项目团队

创建项目后，可以对项目的参与成员进行维护。单击"设置"→"团队"按钮，在出现的页面中可以添加项目成员，编辑"可用工日"和"可用工时/天"，如图 2.21 所示。

图 2.21　设置项目团队

2.3.2　任务 2：项目计划阶段

▶ 任务描述

项目初始阶段准备好之后，就应根据现有资源和具体情况创建项目计划、创建任务并进行任务分解，以便开发测试人员领取任务。

▶ 任务实施步骤

1. 创建计划

在项目初始阶段想清楚要做的事情后，就可以开始创建项目计划。

(1）单击"产品"按钮，进入"产品"页面，选择某个产品。

（2）单击"计划"按钮，出现计划列表页面，单击"创建计划"按钮，如图 2.22 所示，即可出现计划增加页面。

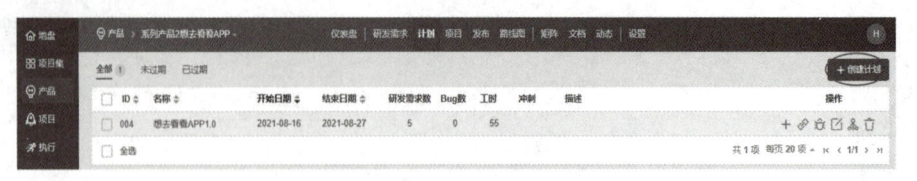

图 2.22　单击"创建计划"按钮

在计划增加页面中，设置计划名称、开始日期、结束日期和描述等字段，如图 2.23 所示。

图 2.23　填写计划详细信息

通过计划列表页面中的按钮，可以关联研发需求、关联 Bug、编辑计划、创建子计划或删除计划，如图 2.24 所示。

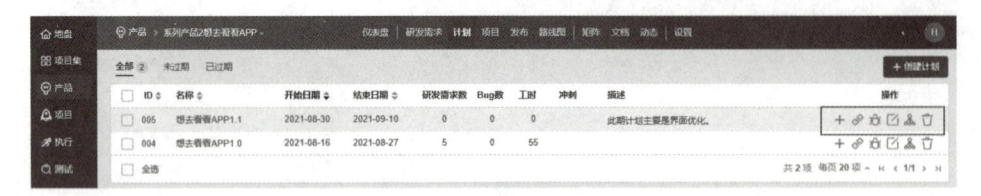

图 2.24　计划列表页面

2. 新建任务和分解任务

创建计划后，可以进行任务分解，在禅道中可以批量创建任务、子任务和多人任务，对任务进行导入和导出，以及使用报表对任务进行各个维度的统计分析，如图 2.25 所示。

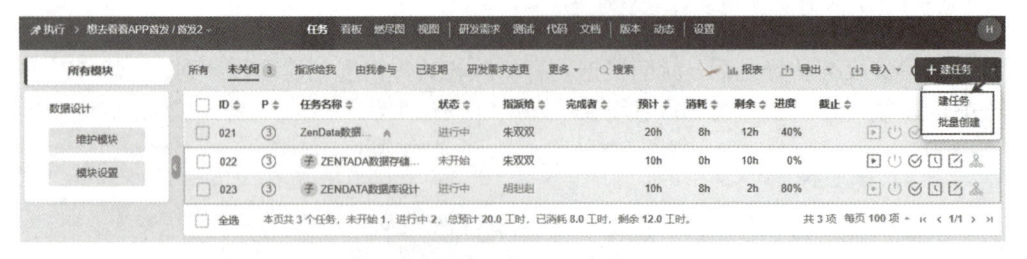

图 2.25　创建任务

单击操作栏中某个任务的"子任务"按钮，如图 2.26 所示，可以对该子任务进行分解。

图 2.26　单击"子任务"按钮

2.3.3　任务 3：项目执行和监视阶段

▶ 任务描述

完成项目计划，就可以开始项目实施。开发测试人员可以领取任务，并记录任务执行过程，记录耗费工时。在此过程中，项目管理人员可以监视项目的执行过程，以便进行质量管理和风险控制。

▶ 任务实施步骤

1．执行任务

分解任务后，每个人都应该非常清楚自己做什么事情。项目启动后，对于项目团队的成员来说，他们要做的事情就是领取任务和更新任务的进度和状态。领取任务页面如图 2.27 所示。

图 2.27　领取任务页面

在任务操作栏中单击"工时"按钮，在出现的页面中填写任务工时的总计消耗和预计剩余，完成后单击"保存"按钮，如图 2.28 所示。

在任务列表页面还具备以下功能。

（1）任务的列表：展示系统中的所有任务，可以通过各种标签方便地进行筛选。单击某个任务的名称可进入任务详情页面。

（2）任务详情页面：在任务详情页面可以看到任务的详细信息。

（3）开始任务：开始某个任务时，可以设置已经消耗的时间和预计剩余的时间。

（4）更新任务工时：单击操作栏中的"工时"按钮，通过更新工时来管理任务执行进度。

图 2.28 填写任务工时信息

（5）完成任务：完成任务时，需要设置已消耗的时间。

（6）关闭任务：完成任务后，单击操作栏中的"关闭"按钮，将该任务关闭。

2. 跟踪进度

在产品模块下，项目仪表盘展示了所有产品的概况，包括研发需求、计划及发布的数量等信息，如图 2.29 所示。根据各项目执行计划完成情况，管理者可以进行进度管理；根据测试情况、Bug 数量和解决情况，管理者可以进行质量管理；根据各项目的状态，管理者可以进行风险控制。

图 2.29 项目仪表盘

习 题

一、填空题

1．项目管理的四个阶段是_____、_____、_____、_____。
2．项目的三要素是_____、_____、_____。
3．项目管理的范围有_____、_____、_____、_____。
4．项目管理的五个过程组是_____、_____、_____、_____、_____。

二、思考题

1. 为什么要进行项目管理？
2. 软件项目管理主要对哪些方面进行管理？
3. 影响软件质量的因素有哪些？
4. 软件项目有哪些类型的风险？如何进行风险识别？
5. 项目计划的目标是什么？

第3章 程序设计基础

学习目标

- 了解程序设计的基本概念
- 了解主流程序设计语言及其发展史
- 了解和掌握程序设计方法和流程
- 了解和掌握 Python 程序设计基础知识
- 培养一丝不苟的工匠精神

引导案例

计算机日新月异的发展，给人类生活带来了深远影响。从 20 世纪 40 年代计算机诞生至今，计算机及其应用技术已经渗透到人类社会的各个领域。21 世纪信息时代的到来，要求当代大学生不但要熟练掌握计算机应用方面的知识，还应该深入了解计算机程序设计方面的基础知识，培养分析问题和运用程序设计解决问题的逻辑思维。

本章将进行程序设计基础训练，使各位同学能结合自己的专业特点编写一些程序，不断提高自身的计算机素质和应用能力，主要包括主流编程语言介绍、程序设计方法、Python 语言入门等，并进行简单编程实践。

3.1 程序设计概述

3.1.1 程序

程序就是完成或解决某一问题的方法和步骤,它是为完成某个任务而设计的,由有限步骤组成的一个有机的序列。程序应该包括两方面的内容,即做什么和怎么做。本章所讨论的"程序"是指计算机程序,它是为了使计算机完成预定任务而设计的一系列语句或指令的集合。可以说"程序"是为了解决某一特定问题而用某种计算机程序设计语言编写的代码序列。

3.1.2 计算机语言

自然语言是人类相互交流的工具,不同语言描述的形式不同。计算机程序设计语言是人与计算机交流的工具。人们使用计算机,使计算机按人们的意志进行工作,就必须使用计算机能够识别和理解的语言,并且人们也能够理解。目前,经过标准化组织产生的程序设计语言上千种。

1. 机器语言

在计算机诞生之初,人们直接用二进制形式编写程序,这种二进制形式的语言称为机器语言,如图 3.1 所示。机器语言与计算机硬件关系密切。由于机器语言是计算机硬件唯一可以直接识别和执行的语言,因而机器语言执行速度最快。同时,使用机器语言又是十分痛苦的,因为组成机器语言的符号是"0"和"1",在使用时特别烦琐费时,特别是在程序有错需要修改时,更是如此。由于每台计算机上的指令系统各不相同,所以在一台计算机上执行的程序,要想在另一台计算机上执行,就必须另外编写程序,这样就造成重复工作。

图 3.1 机器语言

2. 汇编语言

由于二进制程序看起来不直观,且很难读懂,就像"天书",于是人们便产生了用符号来代替二进制指令的想法,由此设计出了汇编语言,如图 3.2 所示。汇编语言也是直接对硬件操作,但其指令采用英文缩写的标识符,更容易识别和记忆。汇编程序的每句指令只能对应实际操作过程中的一个很细微的动作。一般汇编源程序比较冗长、复杂,容易出错,同时不同种类的计算机又有不同类别的汇编语言,因此,用汇编语言编写的程序缺乏通用性和可移植性。但是用汇编语言能完成的操作不是一般高级语言所能实现的,源程序经汇编生成的可执行文件不仅比较小,而且执行速度很快。许多系统软件的核心部分仍采用汇编语言编写。

3. 高级语言

对美好事物永无止境的追求是人类的特性。为了减轻编程的复杂性,使人们阅读和编写程序更加简单,人们又设计出了高级语言,如图 3.3 所示。高级语言是目前绝大多数编程者的选择。高级语言与汇编语言相比,不仅将许多相关机器指令合成为单条语句,而且将一些常用功能作为函数由用户调用，去掉了与具体操作有关但与完成工作无关的细节。由于高级语言省略了很多细节，用高级语言编写的程序更加简单，且易读、易懂。

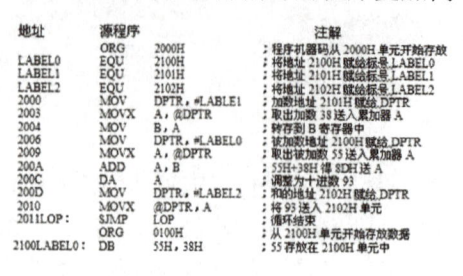

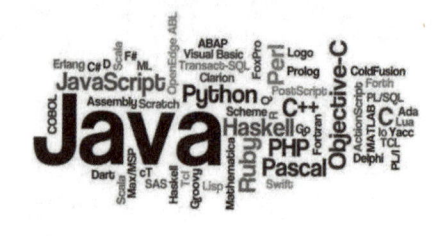

图 3.2　汇编语言

图 3.3　高级语言

3.1.3　编程语言发展历程和未来趋势

1. 编程语言的演变

计算机程序设计语言的发展，经历了从机器语言、汇编语言到高级语言的历程。1954 年，第一个完全脱离机器硬件的高级语言 Fortran 问世，之后的 60 多年中，共有几百种高级语言出现。高级语言的发展也经历了从早期的语言到结构化程序设计语言，从面向过程语言到面向对象语言的过程。其中，具有重要意义、影响较大、使用较普遍的面向过程语言有 Fortran、BASIC、C、Pascal 等，面向对象语言有 C++、Java、C#、Python 等。编程语言演变过程如表 3.1 所示。

表 3.1　编程语言演变过程

第一代语言		机器语言
第二代语言		汇编语言
第三代高级语言	面向过程语言	Fortran、BASIC、C、Pascal 等
	面向对象语言	C++、Java、C#、Python 等

2. 编程语言未来的发展趋势

第四代语言（简称 4GL）是非过程化的面向问题的语言，编码时只需说明做什么，无须描述算法细节。数据库查询和应用程序生成器是 4GL 的两个典型应用。用户可以用数据库查询语言（SQL）对数据库中的信息进行复杂操作。用户只需把要查找的内容在什么地方、根据什么条件进行查找等信息告诉 SQL，SQL 就能自动完成查找过程。应用程序生成器能自动生成满足用户需求的高级语言程序。

真正的第四代程序设计语言还没有出现。目前，所谓的第四代语言大多是指基于某种语言环境的具有 4GL 特征的软件工具产品，如 System Z、PowerBuilder、FOCUS 等。

3.1.4　主流编程语言

从 2021 年 10 月 TIOBE 编程语言排行榜（见图 3.4）可知，当时排在前三位的编程语言为 Python、C 语言和 Java。接下来将介绍这 3 种编程语言的发展历程、特点及使用场景。

Oct 2021	Oct 2020	Change		Programming Language	Ratings	Change
1	3	↑		Python	11.27%	-0.00%
2	1	↓		C	11.16%	-5.79%
3	2	↓		Java	10.46%	-2.11%
4	4			C++	7.50%	+0.57%
5	5			C#	5.26%	+1.10%
6	6			Visual Basic	5.24%	+1.27%
7	7			JavaScript	2.19%	+0.05%
8	10	↑		SQL	2.17%	+0.61%
9	8	↓		PHP	2.10%	+0.01%
10	17	⇑		Assembly language	2.06%	+0.99%

图 3.4　2021 年 10 月 TIOBE 编程语言排行榜

1．C 语言

（1）C 语言及其发展历程。

用机器语言编写的程序计算机能直接理解并执行，且执行效率高，但是机器语言不容易理解和记忆，所以不易推广。汇编语言虽然相对机器语言要容易理解和记忆，但与机器语言一样对机器的依赖很强，这也束缚了其发展和应用。能否创造一种既接近硬件又不依赖机器类型，同时使用灵活、功能强大的高级语言呢？C 语言就承担了历史重任，慢慢发展成长起来。

C 语言是一种过程化的程序设计语言。它的前身是 Martin Richards 于 20 世纪 60 年代开发的 BCPL 语言，这是一种计算机软件人员在开发系统软件时作为记述语言使用的程序语言。1970 年，美国贝尔实验室的 Ken Thompson 和 Dennis Ritchie 完成了 UNIX 的初版，与此同时，他们还改写了 BCPL 语言，形成了一种称为 B 的语言，此后 B 语言被改进和完善，形成了称之为 C 的语言，如图 3.5 所示。

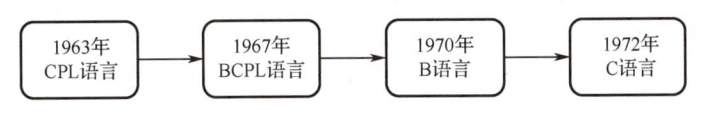

图 3.5　C 语言的发展历程

C 语言形成后，1973 年，Dennis Ritchie 把 UNIX 系统中的 90%用 C 语言进行了改写。随着 UNIX 的移植和推广，C 语言也得到移植和推广。C 语言同时具备低级语言和高级语言的特征，所以有人说它是中级语言。由于 C 语言功能强大，自面世以来备受广大程序员的青睐，并流行至今。

（2）C 语言的特点。

与其他编程语言相比，C 语言具有以下主要特点：

① C 语言简洁、紧凑，使用方便、灵活。

② C 语言是高级、低级兼容语言，既具有高级语言可读性强、容易编程和维护等优点，又具有汇编语言面向硬件和系统且可以直接访问硬件的功能。

③ C 语言是一种结构化的程序设计语言，程序层次清晰，便于调试、维护和使用。

④ C 语言是一种模块化的程序设计语言，适合大型软件的研发和调试。

⑤ C 语言可移植性好。C 语言是面向硬件和操作系统的,但它本身并不依赖于机器硬件系统,从而便于在硬件结构不同的机器间和各种操作系统间实现程序的移植。

2. Java 语言

(1) Java 语言及其发展历程。

Java 是一种高级计算机语言,由 Sun 公司(已被 Oracle 公司收购)于 1995 年 5 月推出,Java 是支持跨平台和面向对象的程序设计语言。Java 语言简单易用、安全可靠,自问世以来,与之相关的技术和应用发展迅速。在计算机、移动设备、家用电器等领域中,Java 技术无处不在。针对不同开发市场,Sun 公司将 Java 划分为 Java SE、Java EE 和 Java ME 三个技术平台。

① Java SE(标准版):为开发普通桌面和商务应用程序提供解决方案;

② Java EE(企业版):为开发企业级应用程序提供解决方案;

③ Java ME(微型版):为开发电子消费产品和嵌入式设备提供解决方案。

1991 年,Sun 公司研发人员根据嵌入式软件的要求,对 C++进行了改造,结合嵌入式系统的实时性要求,开发了一种称为 Oak 的面向对象语言。

1995 年,互联网的蓬勃发展给了 Oak 机会。为了使死板、单调的静态网页能够"灵活"起来,Sun 公司推出了可以嵌入网页并随同网页在网络上传输的 Applet,并将 Oak 更名为 Java。1995 年 5 月 23 日,Sun 公司在 Sun world 会议上正式发布 Java。IBM、Apple、HP、Oracle 和微软等公司都购买了 Java 使用许可证,并为自己的产品开发了相应的 Java 平台。

Java 的取名也有一个趣闻。有一天,Java 组的几位会员正在讨论给这个新的编程语言取什么名字。当时,他们正在咖啡馆喝 Java(爪哇)咖啡,有个人灵机一动,说就叫 Java 怎样?这个提议得到了其他人的赞赏,于是 Java 这个名字就这样传开了,而 Java 标识正是一杯冒着热气的咖啡,如图 3.6 所示。

图 3.6　Java 标识

(2) Java 语言的主要特点。

① 简单性:Java 能够实现垃圾自动回收,使用户不必为存储管理问题烦恼,能将更多的时间和精力花在研发上。

② 面向对象:Java 用类来组织 Java 程序,将一类对象共有的数据和操作数据方法封装到一个类里。类的实例就是对象,用具体的数据和方法一起描述对象的属性和行为。

③ 跨平台性:Java 语言通过 JVM(Java 虚拟机)和字节码实现跨平台。Java 程序只要"一次编写,就可到处运行"。

④ 多线程性:Java 应用程序在同一时间能够并行执行多项任务,Java 还提供多线程之间的同步机制,使程序具有更好的交互性和实时性。

3. Python 语言

(1) Python 语言及其发展历程。

Python 语言既支持面向过程的函数编程,也支持面向对象的抽象编程。Python 语言是使用 C 语言实现的,并且能够调用 C 语言的库文件。Python 自发布以来主要有三个版本:1994 年发布的 Python 1.0 版本、2000 年发布的 Python 2.0 版本和 2008 年发布的 Python 3.0 版本。

Python 的创始人 Guido 接触并使用过 Pascal、C、Fortran 等语言,但这些语言他都不满意。这些语言的基本设计原则是让机器运行得更快,这就要求程序员需要模仿计算机的思考模式来写出更符合机器口味的程序。这种编程方式让 Guido 感到苦恼,他希望开发一种既能够像 C 语言一样全面调用计算机的功能接口,又可以像 Shell 一样轻松编程的语言。

1989 年,Guido 开始使用 Python 语言。Python 这个名字来自于 Guido 所挚爱的电视剧《巨蟒剧团之飞翔的马戏团》(Monty Python's Flying Circus)。他希望创造一种介于 C 和 Shell 之间，且功能全面、易学易用、可拓展的语言。

1991 年，第一个 Python 编译器诞生。Python 将许多机器层面的细节隐藏交给编译器处理，并凸显逻辑层面的编程思考，因此，程序员使用 Python 时可以将更多时间用于思考程序逻辑，而不是具体细节的实现。这一特征使 Python 越来越受到人们的关注。

（2）Python 语言的特点。

① 面向对象：Python 以一种非常强大又简单的方式实现面向对象编程，使编程更灵活。

② 内置数据结构：Python 自带数据结构，包括列表、元组、字符串、集合、字典等内置数据结构，且它们都是可迭代对象。

③ 简单易学：Python 的语法简单优雅，甚至没有其他语言中的大括号、分号等特殊符号，代表了一种极简主义的设计思想。

④ 可移植性：Python 在编写程序时避免使用依赖于系统的特性，使得 Python 程序无须修改就可以在任何平台上运行。

⑤ 解释型：大多数计算机编程语言都是编译型语言，在运行之前需要将源代码编译为字节码。而 Python 程序不需要编译成字节码，可以直接从源代码运行程序。

⑥ 应用广泛：Python 目前广泛应用在多个领域，如 Web 应用开发、游戏编程、图像处理、机器人控制、人工智能、自然语言分析等。

4. 主流语言的适用场景

（1）C 语言的适用场景。

只要有合适的硬件驱动和 API，从理论上来说，用 C 语言可以进行任何开发，其特点是效率高，几乎是现在编译语言中效率最高的。目前，C 语言主要用来开发底层模块（如驱动、解码器、算法实现）、服务应用（如 Web 服务器）和嵌入式应用（如微波炉、电冰箱里的程序）。C 语言的部分适用场景如图 3.7 所示。

（2）Java 语言的适用场景。

Java 语言常常与企业联系在一起，因为具备很好的语言特性，以及丰富的框架，在企业应用中很受青睐，总可以听到关于 Spring、Spring MVC、MyBatis、Spring Boot 等框架的讨论。同时，Java 语言在手机领域也有一席之地，在普遍智能化之前，很多手机就是以支持 Java 应用作为卖点的，而智能手机出现之后，Java 手机主场变成了 Android，Java 也作为安卓的标准编程语言而存在。Java 语言的部分适用场景如图 3.8 所示。

图 3.7　C 语言的部分适用场景　　　　图 3.8　Java 语言的部分适用场景

（3）Python 语言的适用场景。

Python 作为一种功能强大且通用的编程语言广受好评，在越来越多的领域都有应用。Python 语言拥有一个比较完善的数据分析生态系统，可以使用 Matplotlib、NumPy、Pandas 等库进行科学计算和数据分析。Python 语言拥有很多免费。Web 网页模板系统，以及与 Web 服务器进行交互的库，可以实现 Web 开发。在爬虫领域，Python 语言几乎处于霸主地位，将网络中的一切数据作为资源，通过自动化程序进行有针对性的数据采集及处理。除此之外，Python

语言在云计算、人工智能应用、游戏编程等方面也有很多应用。Python 语言的部分适用场景如图 3.9 所示。

图 3.9　Python 语言的部分适用场景

3.2　程序设计的基本思路与流程

3.2.1　程序设计方法

20 世纪 60 年代，计算机软件、硬件发展不均衡，使开发大型软件的过程中出现了复杂程度高、研制周期长、正确性难以保证的三大难题，引发了软件危机。为了提高软件效率和质量，软件开发方法不断革新。经过几十年的研究和应用，基本形成了两种程序设计方法，即结构化程序设计和面向对象程序设计。下面对这两种程序设计方法进行介绍。

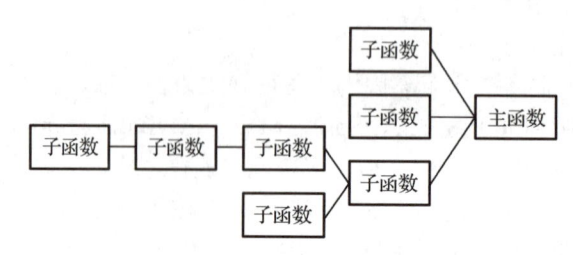

1. 结构化程序设计

结构化程序设计方法是一种面向数据和过程的设计方法。结构化程序设计要求程序设计者不能随心所欲地编写程序，而要按照一定的结构形式来设计和编写程序，如图 3.10 所示。结构化程序设计的目的是使程序具有良好的结构，让程序易于设计、易于理解、易于调试、易于修改，以提高设计和维护程序的效率。结构化程序设计方法的主要原则可以概括为"自顶向下，逐步求精和模块化"。

图 3.10　结构化程序设计

（1）自顶向下。程序设计时，应先考虑总体，后考虑细节；先考虑全局目标，后考虑局部目标。即首先把一个复杂的大问题分解为若干相对独立的小问题。如果小问题仍较复杂，则可以把这些小问题继续分解成若干子问题，这样不断分解，使小问题或子问题简单到能够直接用程序的 3 种基本结构表达为止。

（2）逐步求精。对复杂问题，应设计一些子目标作为过渡，逐步细化。

（3）模块化。把程序要解决的总目标分解为子目标，然后进一步分解为具体的小目标。把每个小目标叫作一个模块，对应每个小问题或子问题编写出一个功能上相对独立的程序块，最后统一组装，这样，对一个复杂问题的解决就变成对若干个简单问题的求解。

2. 面向对象程序设计

面向对象就是在编程时尽可能地模拟真实的现实世界，按照现实世界中的逻辑来处理问题，分析参与其中的有哪些实体，这些实体有什么属性和方法，如何通过调用这些实体的属性和方法来解决问题。面向对象程序设计以类取代模块作为基本单位；通过封装、继承和多态的机制来表征对象的数据和功能；通过对对象的管理和对象间的通信来完成信息处理与信息管理的计算和存储，实现软件功能，如图 3.11 所示。

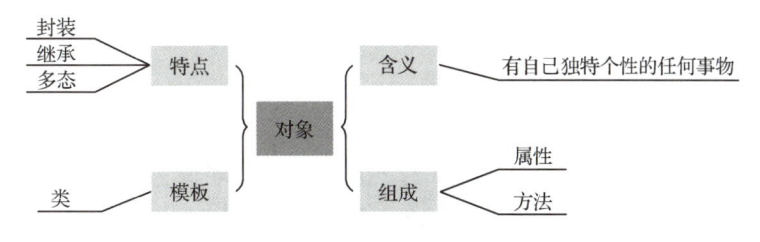

图 3.11　面向对象程序设计

采用面向对象程序设计解决问题时，可分为以下几步：
（1）分析程序是由哪些实体发出的；
（2）定义这些实体，为其增加相应的属性和功能；
（3）让实体执行相应的功能。

3. 面向过程与面向对象的区别

面向过程简单直接，易于理解；而面向对象相对于面向过程较为复杂，不易理解，模块化程度较高。可总结为以下 3 点：
（1）面向过程与面向对象都可以实现代码重用和模块化编程，但是因为面向对象具有封闭性，使其模块化更深，数据更封闭，也更安全；
（2）面向对象的思维方式更加贴近于现实生活，更容易解决大型的或复杂的业务逻辑；
（3）从前期开发角度来看，面向对象比面向过程复杂，但是从维护和扩展功能的角度来看，面向对象比面向过程简单。

3.2.2　程序设计流程

1. 需求分析

这个阶段的任务不是具体地解决问题，而是准确地确定程序必须做什么，确定程序必须具备哪些功能和性能。

2. 程序设计

这个阶段要完成程序结构的设计，将程序划分为若干子模块，并建立模块间的联系。然后对每个模块所完成的功能进行具体描述，把功能描述变为精确的、结构化的描述。

3. 编码

这个阶段要将每个模块的算法设计转换成计算机可接受的程序代码，即用特定的程序设计语言编写源程序。

4. 程序调试

这个阶段的任务是确认程序各模块的功能，并确保各模块的功能准确和完整。

5. 程序测试

这个阶段的任务是保证程序质量。传统的测试方式主要是对程序代码进行检测，而面向对象的测试则贯穿于软件开发的全过程。测试可分为模块测试、组装测试、确认测试等。

信息技术（拓展模块）

3.3 Python 程序实例解析

3.3.1 Python 环境配置

Python 作为学习编程的入门语言非常合适，目前，使用较为广泛的是 Python 3.0。可通过 Python 官网，获取 Python 3.0 的最新源码、二进制文档、新闻资讯等；可通过 Python 文档下载地址来下载 HTML、PDF 和 PostScript 等格式的 Python 文档。Python 图标如图 3.12 所示。

图 3.12 Python 图标

1. 安装 Python 开发环境

本书将基于 Windows 操作系统的 Python 3.0 进行说明，通过图文的方式演示如何在 Windows 操作系统中下载和安装 Python 开发环境。

（1）进入 Python 官网，将鼠标指针移动到菜单栏中的"Downloads"上，然后单击操作系统"Windows"，进入如图 3.13 所示的界面。

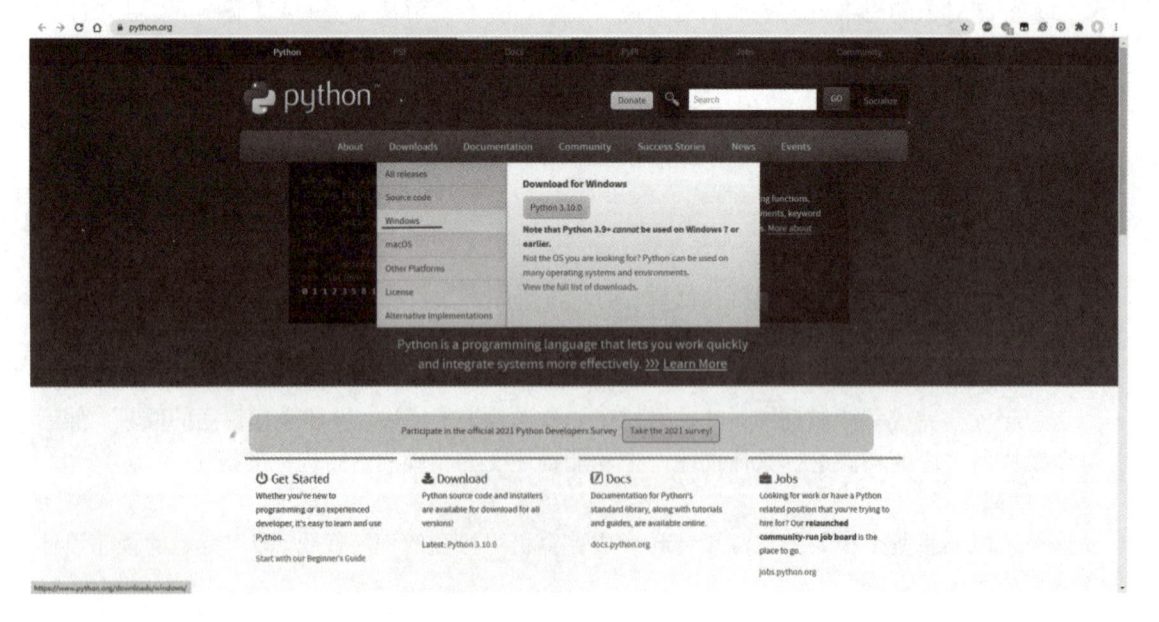

图 3.13 选择 Python 安装包的界面

（2）以 64 位 Windows 操作系统为例，单击图 3.13 中的"Windows installer (64-bit)"，下载 3.10 版本的 Python 安装包，下载后的安装包文件名为"python-3.10.0-amd64.exe"，如图 3.14 所示。

56

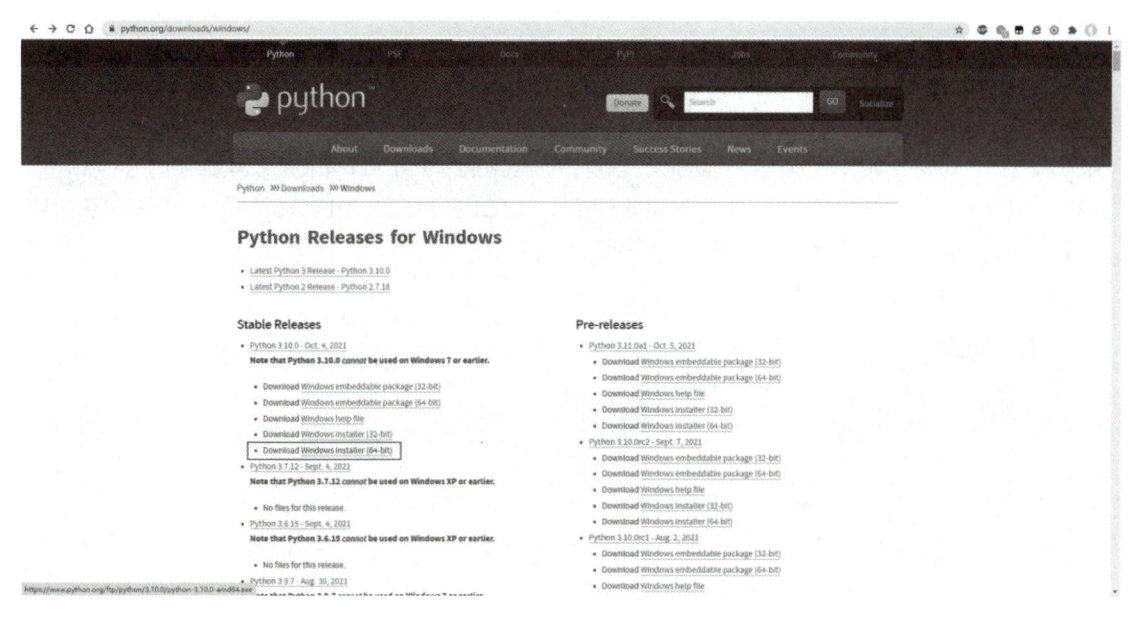

图 3.14　下载 Python 安装包

（3）双击下载完的安装包，进入安装 Python 的界面，如图 3.15 所示，勾选"Add Python 3.10 to PATH"复选框，如图 3.15 所示，将 Python 添加到环境变量中。

图 3.15　安装 Python 的界面

（4）验证 Python 是否安装成功，按"win+R"组合键，在弹出的"运行"对话框中输入"cmd"，如图 3.16（a）所示，单击"确定"按钮，即可调出命令提示符，然后输入"python --version"，即可显示已安装的 Python 版本号，如图 3.16（b）所示。

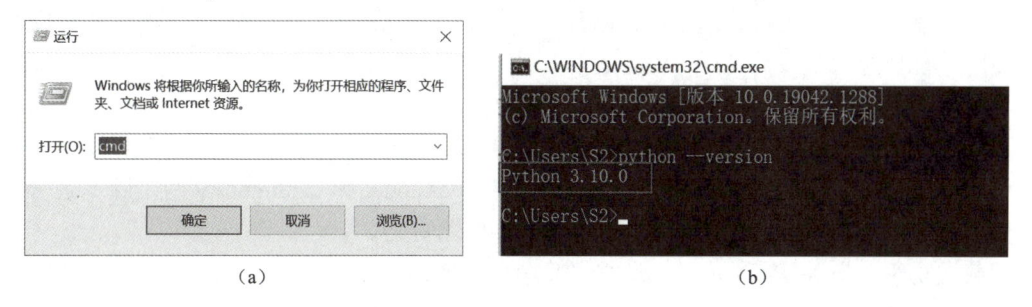

（a）　　　　　　　　　　　　　　　　（b）

图 3.16　验证 Python 是否安装成功

2. 编写第一个 Python 程序

安装 Python 环境后，可以使用 Python 自带的 IDLE（集成开发环境）开发第一个 Python 程序。操作步骤如下：

（1）在"开始"菜单中搜索"IDLE"，选中搜索到的"IDLE(Python 3.10 64-bit)"，然后单击该应用对应的"打开"菜单，打开 Python 自带的 IDLE，如图 3.17（a）所示。在如图 3.17（b）所示的 IDLE 工具中准备编写第一个 Python 程序。

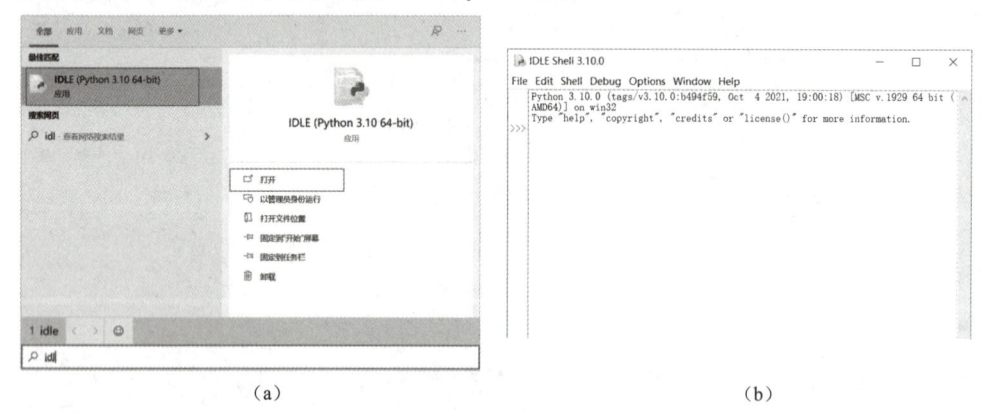

（a）　　　　　　　　　　　　　　（b）

图 3.17　打开 Python 自带的 IDLE 准备编写第一个 Python 程序

（2）在 IDLE 工具中输入"print("hello world")"，然后单击 Enter 键，即可在工具中打印出"hello world"，如图 3.18 所示。其中，输入的 print() 为 Python 中的打印方法，圆括号中用"引起来的内容可以直接打印出来。

图 3.18　第一个 Python 程序

3.3.2　PyCharm 的安装与使用

我们使用 Python 自带的集成开发环境 IDLE 编写了第一个 Python 程序，为了更好地辅助编写 Python 程序，本书安装了 PyCharm。PyCharm 是 JetBrains 开发的 Python 集成开发工具，具备调试、语法高亮、项目管理、代码跳转、智能提示等功能。下面对 PyCharm 的下载与安装及使用进行介绍。

1. PyCharm 的下载与安装

通过 PyCharm 官方网址进入 PyCharm 下载界面，如图 3.19 所示。在该下载界面可以根据不同平台下载 PyCharm，每个平台可以选择下载 Professional 和 Community 两个版本之一。本书主要介绍 Python 的基础知识，使用 Community 版本即可。

下载成功后，安装 PyCharm 的过程很简单，只需运行下载的安装程序，双击下载完的安装文件"pycharm-community-2021.2.3.exe"，进入 PyCharm 安装界面，如图 3.20 所示，根据提示单击"Next"按钮，安装完成单击"Finish"按钮即可。

2. PyCharm 的使用

安装完 PyCharm，就可以将其打开使用 PyCharm 了。双击桌面上的 PyCharm 图标（见图 3.21），打开 PyCharm 工具。

图 3.19　PyCharm 下载界面　　　　　　　图 3.20　PyCharm 安装界面

（1）进入 PyCharm 创建项目界面，如图 3.22 所示，其中有 "New Project" "Open" "Get from VCS" 3 个选项。

① New Project：创建新项目。
② Open：打开已有项目。
③ Get from VCS：从版本管理工具获取项目。

图 3.21　PyCharm 图标　　　　　　　图 3.22　PyCharm 创建项目界面

（2）图 3.23 中第一个红框处为项目名称 "pythonProject"，项目名称可根据情况自行修改；第二个红框处为默认加载系统已安装的 Python 环境。

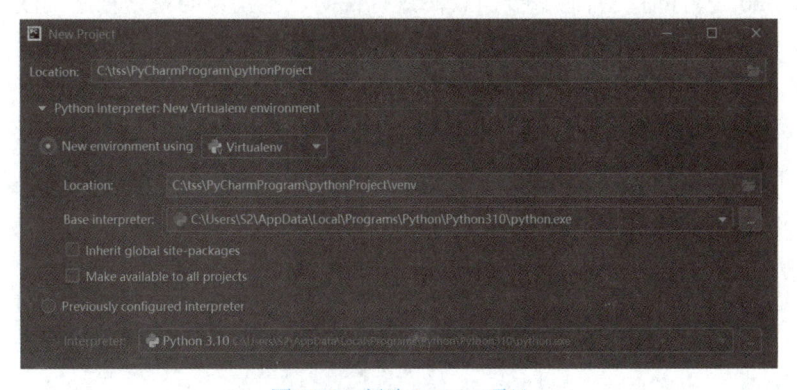

图 3.23　创建 Python 项目

（3）在创建的"pythonProject"项目上右击，在弹出的快捷菜单中选择"New"→"Python File"命令，在输入框中输入文件名称，如"test"，即可创建 test.py 文件（Python 程序文件的后缀为.py），如图 3.24 所示。

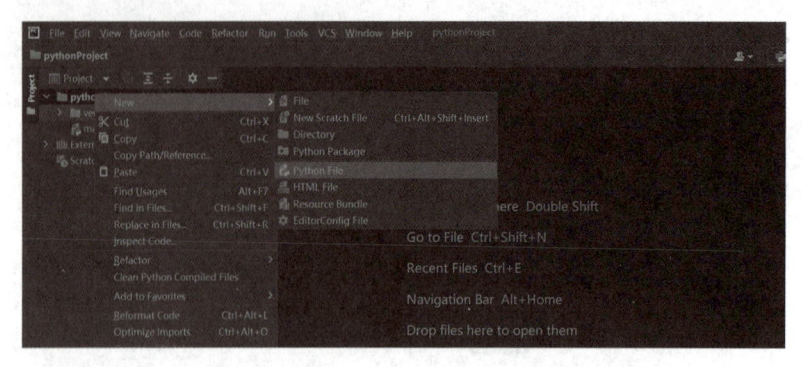

图 3.24　创建 Python 文件

（4）在创建的 test.py 文件中输入"print("hello world")"，然后右击，在弹出的快捷菜单中选择"Run 'test'"命令，如图 3.25 所示。

（5）程序运行结果如图 3.26 所示。

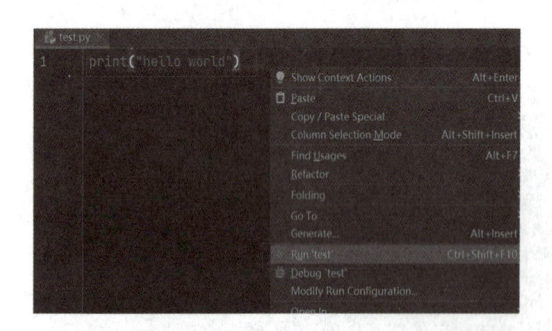

图 3.25　选择"Run 'test'"命令　　　　图 3.26　程序运行结果

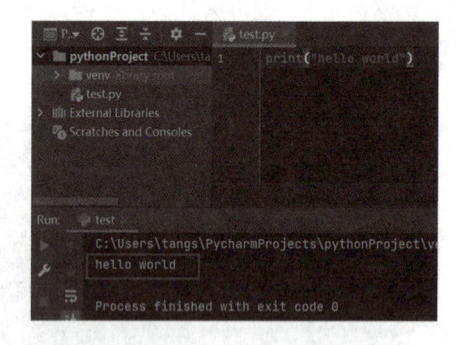

3.3.3　基本语法

1. 注释

在编写 Python 程序时，有时需要对代码进行说明，这些说明就是程序的注释。在 Python 中的注释有单行注释和多行注释两种。

（1）在 Python 中单行注释以#开头，例如：

```
# 这是一个注释
print("Hello world!")
```

（2）多行注释用西文的 3 个单引号（'''）或 3 个双引号（"""）将注释引起来，例如：

```
'''
这是多行注释，用 3 个单引号引起来
'''
"""
```

这是多行注释，用 3 个双引号引起来
"""

2. 行与缩进

Python 最具特色的就是使用缩进来表示代码块，最好使用 4 个空格进行悬挂式缩进，同一个代码块的语句必须有相同空格数的缩进。注意，在 Python 中使用缩进时，不能用 tab，更不能将空格和 tab 混用。示例代码如下：

```
if True:
    print ("True")
else:
    print ("False")
```

以下代码中，最后一行语句的缩进空格数与其上一行语句的不一致，会导致运行错误：

```
if True:
    print ("Answer")
    print ("True")
else:
    print ("Answer")
 print ("False")   # 缩进不一致会导致运行错误
```

3. 语句换行

在 Python 中建议每行代码的长度不超过 80 个字符。对于过长的代码，建议进行换行。可以使用\（反斜杠）来实现多行语句。示例代码如下：

```
str = "hello one" + \
      "hello two" + \
      "hello three"
```

但是在[]、{}或()中的多行语句，无须使用\，因为 Python 会将[]、{}或()中的行隐式连接起来，示例代码如下：

```
total = ["hello one", "hello two", "hello three",
         "hello four", "ihello five"]
```

4. 标识符

在 Python 程序中，所有标识符命名时都要符合以下 4 个要求。
（1）标识符可以由字母、数字和下画线组成，但不能包含空格。
（2）标识符对大小写敏感。

```
Str = "hello one"
str = "hello two"
# Str 与 str 是不同的标识符
```

（3）标识符命名只能以字母或下画线开头。

```
#错误变量名
4_Person = "hello"
```

(4) 名字不能与关键字重合。

```
#错误变量名,与关键字 and 重合
and="hello"
```

Python 中的关键字表如表 3.2 所示。

表 3.2 Python 中的关键字表

and	as	assert	break	class	continue
def	del	elif	else	except	finally
for	from	False	global	if	import
in	is	lambda	nonlocal	not	None
or	pass	raise	return	try	True
while	with	yield			

5. 变量与赋值

如果程序中要对多个数据求和，则需要先存储这些数据，再使用公式对这些数据进行求和运算。在 Python 中，保存数据的标识符称为变量。给变量赋值使用=（等号），=的左侧是一个变量名，=的右侧是存储在变量中的值。示例代码如下：

```
a = 100          # a 是一个变量,存储的是数据 100
b = 200          # b 是一个变量,存储的是数据 200
result = a + b   # result 是一个变量,存储的是变量 a 与变量 b 的和
```

3.3.4 数据类型

Python 中的变量不需要声明。每个变量在使用前都必须赋值，变量被赋值后该变量才会被创建。在 Python 中所说的类型是变量所指的内存中对象的类型。常见的数据类型如下：

- numbers（数字类型）
- bool（布尔类型）
- string（字符串类型）
- list（列表类型）
- tuple（元组类型）
- dictionary（字典类型）
- set（集合类型）

1. 数字类型

Python 支持 4 种数字类型，即 int（有符号整型）、long（长整型，也可以代表八进制和十六进制）、float（有符号浮点型）、complex（复数）。示例代码如下：

```
a = 100          # a 是一个整形变量,存储的是数据 100
b = 3.1415       # b 是一个浮点型变量,存储的是数据 3.1415
c = 3.12+1.2j    # c 是一个复数变量
```

2. 布尔类型

布尔类型是特殊的整型，它的值只有两个，分别是 True（真）和 False（假）。如果将布尔值进

行数值运算，则 True 会被当作整型 1，False 会被当作整型 0。示例代码如下：

```
a = True
b = False
print(1+a)          # 结果为 2
print(1+b)          # 结果为 1
```

3. 字符串类型

字符串类型是由数字、字母、下画线组成的一串字符，Python 中的字符串被定义为一个字符集合，用西文的引号引起来，引号可以是单引号、双引号或三引号（三个连续的单引号或双引号）。示例代码如下：

```
str1 = 'python'
str2 = "python"
str3 = '''python'''
```

Python 中的字符串具有索引规则，有下列两种取值顺序：

字符串 python	p	y	t	h	o	n
从左到右索引	0	1	2	3	4	5
从右到左索引	-6	-5	-4	-3	-2	-1

- 从左到右索引默认从 0 开始，最大范围是字符串长度减 1；
- 从右到左索引默认从-1 开始到-（负）字符串长度。

4. 列表与元组类型

可以将列表和元组当作普通数组，它们可以保存任意数量的任意类型的值，这些值称作元素。Python 中的列表和元组具有索引规则，因此，可以通过列表名[索引值]、元组名[索引值]的方式获取元素。

（1）列表中的元素使用中括号（[]）包含，元素的个数和值可以被随意修改。

（2）元组中的元素使用小括号（()）包含，元素不可以被修改。

下面看一下列表和元组的表示方式。

```
list1 = [1, 2, "python"]         # 列表
print(list1[0])                  # 打印列表 list1 的第一个元素
list1[1] = 3                     # 给列表 list1 的第二个元素重新赋值为 3
tuple1 = (1, 2, "python")        # 元组
print(tuple1[1])                 # 打印元组 tuple1 的第一个元素
tuple1[1] = 3                    # 报错：元组中的元素不可以被修改
```

Python 中的列表和元组有下列两种取值顺序：

列表 list1	1	2	python
元组 tuple1	1	2	python
从左到右索引	0	1	2
从右到左索引	-3	-2	-1

- 从左到右索引默认从 0 开始，最大范围是字符串长度减 1；
- 从右到左索引默认从-1 开始到-（负）字符串长度。

5. 字典类型

字典是 Python 中的映射数据类型，由键值对组成。字典可以存储不同类型的元素，元素使用大括号{}来包含。通常情况下，字典的键以字符串或数值的形式来表示，而值可以是任意类型。示例代码如下：

```
dict1 = {"name":"zhangsan","age":18}    # 字典
```

在代码中，变量 dict1 是一个字典类型，它存储两个元素，第 1 个元素的键为 name，值为 zhangsan；第 2 个元素的键为 age，值为 18。

字典中的元素通过键的值来获取对应的值。示例代码如下：

```
print(dict1[name])                      # 打印 zhangsan
```

6. 集合类型

Python 的集合（set）是由一个或数个元素组成的，集合中的元素不能重复；其基本功能是进行成员关系测试和删除重复元素；可以使用大括号{ }或 set()函数创建集合，注意：创建一个空集合必须用 set()而不是{ }，因为{ }是用来创建一个空字典的。示例代码如下：

```
s = {1,2,3,4,2}
print(set(s))   # 打印{1, 2, 3, 4}，去除重复的 2
```

7. 获取变量的数据类型

在 Python 中，如果定义了一个变量，且该变量存储了数据，那么变量的数据类型就确定了。系统会自动辨别变量的数据类型，无须开发者显式说明变量的数据类型。如果要查看变量的数据类型，则可以通过使用"type(变量的名字)"来实现。示例代码如下：

```
list1 = [1, 2, "python"]          # 列表
print(type(list1))                # 打印<class 'list'>，表示 list1 这个变量的数据类型为列表
num = 3.14                        # 列表
print(type(num))                  # 打印<class 'float'>，表示 num 这个变量的数据类型为浮点型
```

8. 数据类型转换

有时我们需要对数据内置的类型进行转换。进行数据类型转换时，只需要将数据类型作为函数名即可。表 3.3 中的函数可以执行数据类型之间的转换，这些函数返回一个新对象，表示转换的值。

表 3.3 数据类型转换

函　数	描　述
int(x)	将 x 转换为一个整数，向下取整
float(x)	将 x 转换为一个浮点数
str(x)	将对象 x 转换为字符串
tuple(s)	将序列 s 转换为一个元组
list(s)	将序列 s 转换为一个列表
set(s)	将序列 s 转换为可变集合，可用于列表去重
dict(d)	创建一个字典，d 必须是一个序列（key,value）元组

续表

函数	描述
chr(x)	将一个整数 x 转换为其 ASCII 码对应的字符
ord(x)	将一个字符 x 转换为一个整数，该整数为 x 对应的 ASCII 码
hex(x)	将一个整数转换为一个十六进制字符串
oct(x)	将一个整数转换为一个八进制字符串

3.3.5 运算符

对数据的变换称为运算，运算的符号称为运算符，参与运算的数据称为操作数。例如，4+5，这是一个加法运算，"+"称为运算符，4 和 5 称为操作数。接下来对 Python 中的运算符进行详细说明。

1. 算数运算符

算术运算符主要用于数值计算，如+、-、*、/都是算术运算符。我们以 a=20，b=10 为例进行计算，具体如表 3.4 所示。

表 3.4　Python 中的算数运算符及其实例

运算符	描述	实例
+	加，表示两个对象相加	a + b 的结果为 30
-	减，表示负数或者一个数减去另一个数	a - b 的结果为 10
*	乘，表示两个数相乘或者返回一个被重复若干次的字符串	a * b 的结果为 200
/	除，表示 a 除以 b	a / b 的结果为 2
%	取模，表示返回除法的余数	a％b 的结果为 0，23％10 的结果为 3
**	幂，表示返回 a 的 b 次幂	a**b 为 20 的 10 次方，结果为 10240000000000
//	取整除，表示返回商的整数部分（向下取整）	a//b 的结果为 2，23//10 的结果也为 2

2. 赋值运算符

赋值运算符只有一个，即=（等号），其作用是把=后面的值赋给=前面的变量，例如，num=1+2，就是把 1+2 的计算结果赋给 num，num 的值为 3。在 Python 中，允许同时为多个变量赋值，示例代码如下：

```
num = 1+2              # 把 1+2 的计算结果赋给 num，num 的值为 3
a = b = c = 1          # 3 个变量 a、b、c 都赋值为 1
```

在 Python 中，允许为多个对象指定多个变量，示例代码如下：

```
a, b, c = 1, 2, "python"    # 将 1 赋值给 a，将 2 赋值给 b，将 python 字符串赋值给 c
```

3. 复合赋值运算符

复合赋值运算符可以看作将算术运算和赋值运算功能进行合并的一种运算符，它是一种缩写形式。表 3.5 列举了 Python 中的复合赋值运算符及其实例。

表 3.5　Python 中的复合赋值运算符及其实例

运算符	描　　述	实　　例
+=	加法赋值运算符	c += a 等效于 c = c + a
-=	减法赋值运算符	c -= a 等效于 c = c - a
*=	乘法赋值运算符	c *= a 等效于 c = c * a
/=	除法赋值运算符	c /= a 等效于 c = c / a
%=	取模赋值运算符	c %= a 等效于 c = c % a
**=	幂赋值运算符	c **= a 等效于 c = c ** a
//=	取整除赋值运算符	c //= a 等效于 c = c // a

4. 关系运算符

关系运算符用于比较两个对象，其返回的结果只能是 True（真）或 False（假）。表 3.6 列举了 Python 中的关系运算符及其实例，其中 a=20，b=10，x=3，y = [1, 2, 3, 4, 5]。

表 3.6　Python 中的关系运算符及其实例

运算符	描　　述	实　　例
==	等于，比较对象是否相等	(a == b)的值为 False
!=	不等于，比较两个对象是否不相等	(a != b)的值为 True
>	大于，返回 a 是否大于 b	(a > b)的值为 True
<	小于，返回 a 是否小于 b	(a < b)的值为 False
>=	大于等于，返回 a 是否大于等于 b	(a >= b)的值为 True
<=	小于等于，返回 a 是否小于等于 b	(a <= b)的值为 False
in	如果在指定的序列中找到值则返回 True，否则返回 False	(x in y)的值为 True
not in	如果在指定的序列中没有找到值则返回 True，否则返回 False	(x not in y)的值为 False

5. 逻辑运算符

逻辑运算符用来表示日常交流中的"并且""或者""除非"等意思。Python 中的逻辑运算符有 and（并且）、or（或）、not（非），表 3.7 列举了 Python 中的逻辑运算符及其实例，其中 a=20，b=10。

表 3.7　Python 中的逻辑运算符及其实例

运算符	逻辑表达式	描　　述	实　　例
and	x and y	布尔"与"：如果 x 为 False，则 x and y 返回 False，如果 x 的值为 0，则 x and y 返回 0，否则返回 y 的计算值	(a and b)返回 10
or	x or y	布尔"或"：如果 x 为非 0，则 x or y 返回 x 的计算值，否则 x or y 返回 y 的计算值	(a or b)返回 20
not	not x	布尔"非"：如果 x 为 True 或非 0，则返回 False；如果 x 为 False 或 0，则返回 True	not(a and b)返回 False

6. 运算符优先级

前面介绍了不同类型的运算符，如果某个表达式中同时使用多个运算符，则应该先算哪个运算符呢？在 Python 中，这些运算符的优先级是不同的，表 3.8 列出了从最高优先级到最低优先级的所有运算符。

表 3.8　Python 中的运算符优先级

运 算 符	描 述
**	指数运算符（最高优先级）
+、-	一元加号和减号运算符
*、/、%、//	乘、除、取模和取整除运算符
+、-	加法运算符、减法运算符
<=、<、>、>=	比较运算符
==、!=	等于运算符、不等于运算符
=、%=、/=、//=、-=、+=、*=、**=	赋值运算符
in、not in	成员运算符
not、and、or	逻辑运算符

3.3.6　程序结构

在程序设计中，并不总是顺次执行每个步骤，有时需要在两个步骤中选择其中一个执行，有时需要连续多次执行某些步骤。程序中每个步骤的执行顺序构成了程序的结构。常见的程序结构包括顺序结构、选择结构和循环结构。如图 3.27 所示为常见程序结构图。

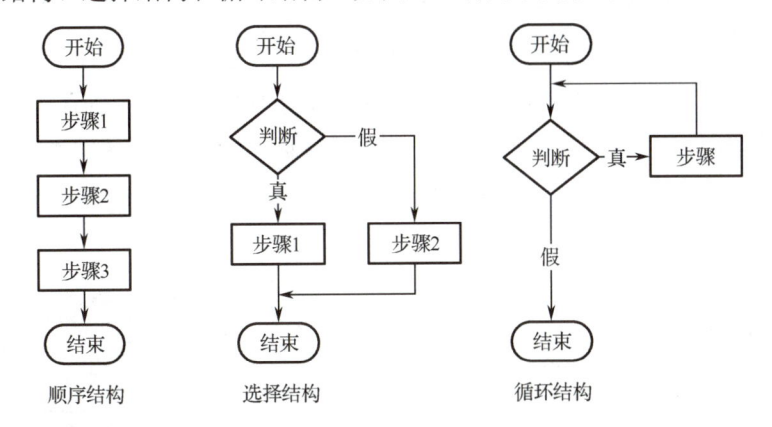

图 3.27　常见程序结构图

1．程序流程图

流程图，顾名思义就是用来直观地描述一个工作过程的具体步骤图，它使用图形表示流程思路，是一种极好的方法。流程图也可以称为输入-输出图。通常用一些图框来表示各种类型的操作，在框内写出各个步骤，然后用带箭头的线把它们连接起来，以表示执行的先后顺序，用图形表示执行步骤，十分直观形象，并易于理解。

为方便程序员对输入输出和数据处理过程进行分析，且便于程序员之间进行交流，程序流程图用统一规定的标准符号和图形来表示，常用的有起止框、处理框、判断框、输入输出框、流程线，具体如表 3.9 所示。

表 3.9　程序流程图常用标准符号及其含义

起止框	"跑道圆"形状	开始　结束	表示程序的开始或结束
处理框	矩形	某种处理	具有处理功能，如数学计算、给变量赋值等
判断框	菱形	判断	具有条件判断功能，有一个入口，两个出口
输入输出框	平行四边形		获取用户输入的操作，或者计算机输出的操作
流程线	带箭头的线	→	表示流程的路径和方向

下面通过一个简单例子来演示如何画流程图。

输入两个数 a、b，求 a/b 的值。先判断 b 是否等于 0，如果 b=0，则不做运算直接输出，除数不能为 0；如果 b!=0，则输出 a/b 的值。其简单流程图如图 3.28 所示。

2. 选择结构

所谓选择结构就是根据判断的结果选择不同处理方式。例如，现实生活中，过马路要看红绿灯，如果是绿灯才能过马路，否则需要等待。Python 中的选择结构主要是通过 if 语句、if-else 语句、if-elif 语句来实现的。下面对这些判断语句进行详细说明。

（1）if 语句。

if 语句是最简单的条件判断语句，它可以控制程序的执行流程。if 语句的判断条件可以用>（大于）、<（小于）、==（等于）、!=（不等于）、>=（大于等于）、<=（小于等于）来表示其关系。其使用格式如下：

```
if 判断条件:
    满足条件时要做的事情……
```

在该格式中，只有判断条件成立，才能执行满足条件时要做的事情的语句，否则结束。其中，"判断条件"成立指的是判断条件结果为 True（真）。下面通过流程图来描述 if 语句的执行流程，如图 3.29 所示。

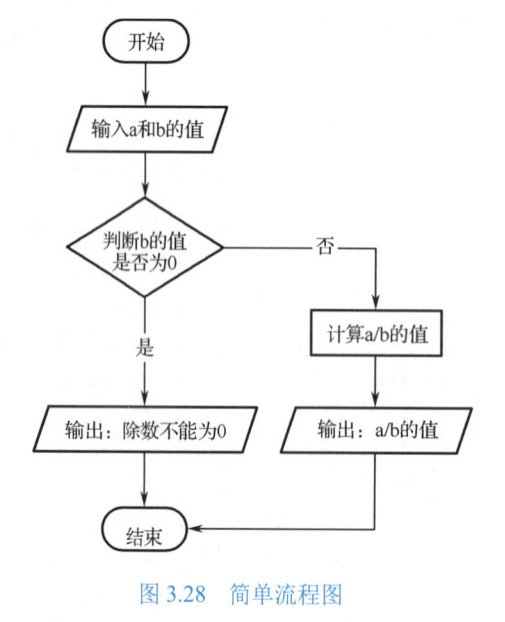

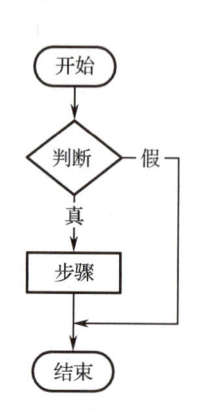

图 3.28　简单流程图

图 3.29　if 语句流程图

通过一个例子来演示 if 语句的作用，具体代码如下。

```
a = 20
print("=====if 语句开始=====")
if a>0:
    print("满足判断条件执行的语句")
    print("a 为大于 0 的数")
print("=====if 语句结束=====")
```

以上代码的输出结果为：

```
=====if 语句开始=====
满足判断条件执行的语句
a 为大于 0 的数
=====if 语句结束=====
```

注意：
① 每个 if 判断条件的后面要使用冒号(:)，表示接下来是满足条件后要执行的语句。
② 使用缩进来划分语句块，相同缩进数的语句在一起组成一个语句块。

（2）if-else 语句。

使用 if 语句时，只能执行满足条件时要做的事情的语句，如果不满足条件，又需要做某些事，这时该怎么办呢？可以使用 if-else 语句。if-else 语句的使用格式如下：

```
if 判断条件:
    满足条件时要做的事情……
else:
    不满足条件时要做的事情……
```

在该格式中，只有判断条件成立，才可以执行满足条件时要做的事情的语句，否则，执行不满足条件时要做的事情的语句。其中，"判断条件"成立指判断条件的结果为 True（真）。下面通过流程图来描述 if-else 语句的执行流程，如图 3.30 所示。

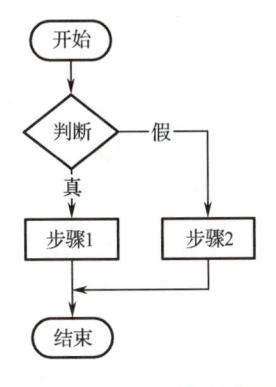

图 3.30　if-else 语句流程图

通过一个例子来演示 if-else 语句的作用，具体代码如下。

```
a = 20
print("=====if-else 语句开始=====")
if a>0:
```

```
        print("满足判断条件执行的语句")
        print("a 为大于 0 的数")
    else:
        print("不满足判断条件执行的语句")
        print("a 为小于等于 0 的数")
print("======if-else 语句结束======")
```

① 当 a=20 时，以上代码的输出结果为：

======if 语句开始======
满足判断条件执行的语句
a 为大于 0 的数
======if 语句结束======

② 当 a=-20 时，以上代码的输出结果为：

======if-else 语句开始======
不满足判断条件执行的语句
a 为小于等于 0 的数
======if-else 语句结束======

（3）if-elif 语句。

如果需要判断的情况大于两种，那么 if 和 if-else 语句显然是无法完成判断的。这时，可以使用 if-elif 判断语句，该语句可以判断多种情况，其使用格式如下：

```
if 判断条件 1:
    满足条件 1 时要做的事情……
elif  判断条件 2:
    满足条件 2 时要做的事情……
elif  判断条件 3:
    满足条件 3 时要做的事情……
else:
    以上条件都不满足时要做的事情……
```

在该格式中，只有判断条件 1 成立，才可以执行满足条件 1 时要做的事情的语句，只有判断条件 2 成立，才可以执行满足条件 2 时要做的事情的语句，以此类推；如果以上条件都不满足，则执行以上条件都不满足时要做的事情的语句。下面通过流程图来描述 if-elif 语句的执行流程，如图 3.31 所示。

通过一个例子来演示 if-elif 语句的作用，具体代码如下。

```
a = 0
print("======if-else 语句开始======")
if a>0:
    print("满足判断条件 a>0 执行的语句")
    print("a 为大于 0 的数")
elif a==0:
    print("满足判断条件 a==0 执行的语句")
    print("a 为等于 0 的数")
elif a>-20:
    print("满足判断条件 a>-20 执行的语句")
```

```
        print("a 为小于 0 大于-20 的数")
else:
        print("不满足所有判断条件执行的语句")
        print("a 为小于等于-20 的数")
print("======if-else 语句结束======")
```

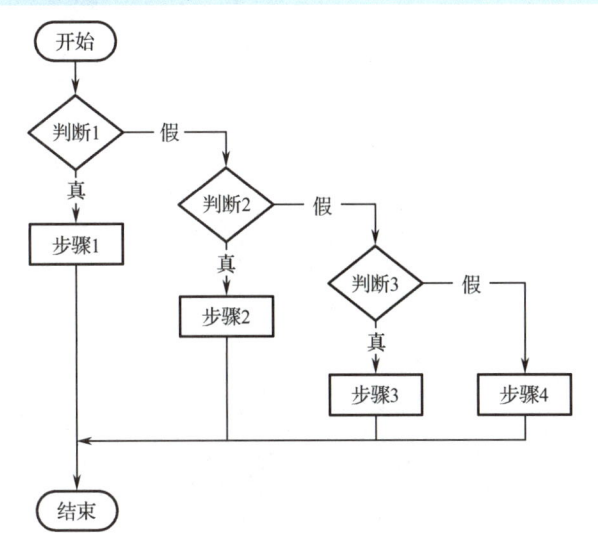

图 3.31　if-elif 语句流程图

① 当 a＝20 时，以上代码的输出结果为：

======if-elif 语句开始======
满足判断条件 a>0 执行的语句
a 为大于 0 的数
======if-elif 语句结束======

② 当 a＝0 时，以上代码的输出结果为：

======if-elif 语句开始======
满足判断条件 a==0 执行的语句
a 为等于 0 的数
======if-elif 语句结束======

③ 当 a＝-10 时，以上代码的输出结果为：

======if-elif 语句开始======
满足判断条件 a>-20 执行的语句
a 为小于 0 大于-20 的数
======if-elif 语句结束======

④ 当 a＝-20 时，以上代码的输出结果为：

======if-elif 语句开始======
不满足所有判断条件执行的语句
a 为小于等于-20 的数
======if-elif 语句结束======

注意：elif 语句必须与 if 语句一起使用，否则程序会出错。

（4）if 嵌套。

当我们乘坐火车或地铁时，必须先买票，只有买到票，才能进行安检，只有安检通过了才可以正常乘车。在乘坐火车或地铁的过程中，后面的判断条件是在前面的判断成立的基础上进行的，针对这种情况，可以使用 if 嵌套来实现。

if 嵌套指的是在 if 或 if-else 语句里包含 if 或 if-else 语句，其嵌套的格式如下：

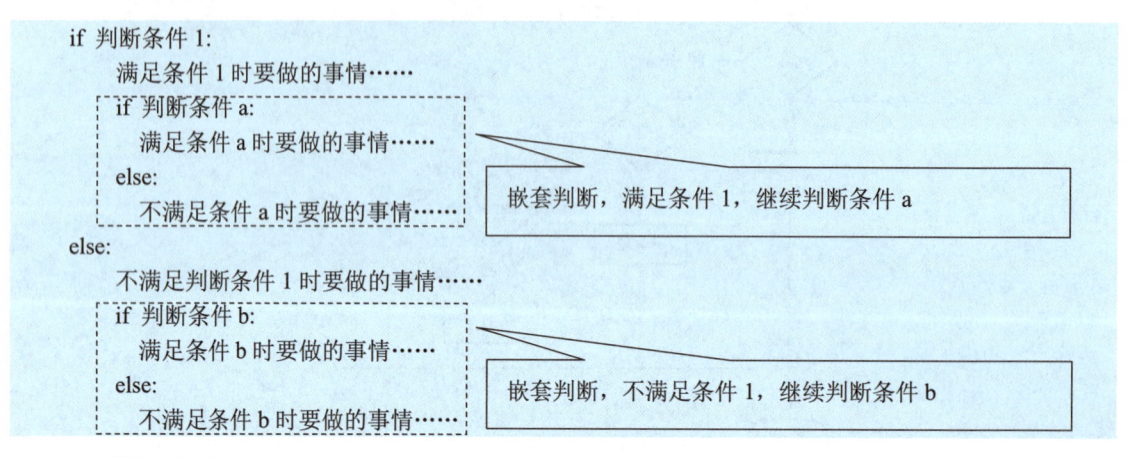

```
if 判断条件 1：
    满足条件 1 时要做的事情……
    if 判断条件 a：
        满足条件 a 时要做的事情……
    else：
        不满足条件 a 时要做的事情……
else：
    不满足判断条件 1 时要做的事情……
    if 判断条件 b：
        满足条件 b 时要做的事情……
    else：
        不满足条件 b 时要做的事情……
```

嵌套判断，满足条件 1，继续判断条件 a

嵌套判断，不满足条件 1，继续判断条件 b

3. 循环结构

现实生活中，有很多循环的场景，如红绿灯交替变化就是一个循环的过程。在程序中，若想重复执行某些操作，可以使用循环语句。Python 提供了两种循环语句，分别是 while 和 for。下面对这两种循环语句进行详细说明。

（1）while 语句。

while 语句是循环语句，可以根据循环条件控制程序执行多次。while 语句的循环条件可以用 >（大于）、<（小于）、==（等于）、!=（不等于）、>=（大于等于）、<=（小于等于）等表达式来表示。其使用格式如下：

```
while 循环条件表达式：
    满足条件时要执行的循环语句……
```

在该格式中，当循环条件表达式为 True 时，程序执行循环语句，然后再次判断循环条件表达式，如果为 True（真）则继续执行循环语句，如果为 False（假）则结束。下面通过流程图来描述 while 语句的执行流程，如图 3.32 所示。

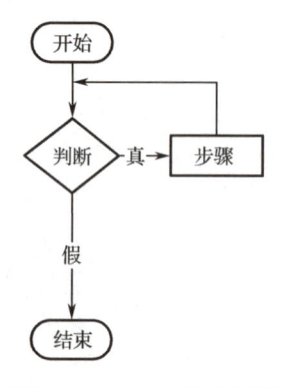

图 3.32　while 语句流程图

在 while 语句中，同样需要注意冒号和缩进。如果希望循环是无限的，则可以通过设置条件表达式永远为 True（真）来实现无限循环。通过一个例子来演示 while 循环语句，循环打印 1~3 的数字，具体代码如下：

```
a = 1
print("======while 语句开始======")
while a <= 3:
    print("满足判断条件 a<=3 执行的语句")
    print("a 为:", a)
    a += 1
print("======while 语句结束======")
```

以上代码的输出结果为：

```
======while 语句开始======
满足判断条件 a<=3 执行的语句
a 为: 1
满足判断条件 a<=3 执行的语句
a 为: 2
满足判断条件 a<=3 执行的语句
a 为: 3
======while 语句结束======
```

（2）for 语句。

在 Python 中，for 循环可以遍历任何序列，如字符串、列表、元组、字典、集合。for 循环语句的基本格式如下：

```
for 变量 in 序列:
    循环语句
```

在该格式中逐个获取序列中的元素。通过流程图来描述 for 语句的执行流程，如图 3.33 所示。

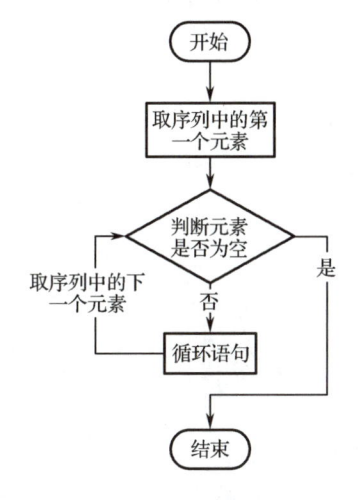

图 3.33　for 语句流程图

通过一个案例来演示 for 循环语句的作用，具体代码如下：

```
print("======for 语句开始======")
```

```
for letter in 'Python':     # 第一个实例
    print("当前字母: %s" % letter)
fruits = ['banana', 'apple', 'mango']
for fruit in fruits:     # 第二个实例
    print('当前水果: %s' % fruit）
print("======for 语句结束======")
```

以上代码的输出结果如下所示，for 循环可以将字符串中的字母逐个显示，将列表中的元素逐个显示。

```
======for 语句开始======
当前字母: P
当前字母: y
当前字母: t
当前字母: h
当前字母: o
当前字母: n
当前水果: banana
当前水果: apple
当前水果: mango
======for 语句结束======
```

考虑到我们使用的数值范围经常变化，Python 提供了一个内置 range()函数，它可以生成一个数字序列。range()函数在 for 循环中的基本格式如下：

```
for i in range(start, end):
    循环语句
```

程序在执行 for 循环语句时，循环计时器变量 i 被设置为 start 的值，然后执行循环语句，i 依次被设置为从 start 开始至 end 结束之间的所有值，每设置一个新值都会执行一次循环语句，当 i 等于 end 时，循环结束。如打印 1～10 的数，使用 for 循环语句的代码如下。

```
print("======for 语句开始======")
for i in range(1,11):
    print(i)
print("======for 语句结束======")
```

以上代码的输出结果为：

```
======for 语句开始======
1
2
3
4
5
6
7
8
9
10
======for 语句结束======
```

4. 其他语句

（1）break 语句。

break 语句用于结束整个循环（当前循环体），例如，下面是一个 for 循环语句：

```
print("======for 语句开始======")
for i in range(1,11):
    print(i)
print("======for 语句结束======")
```

执行以上循环语句后，程序会依次输出从 1～10 的整数，循环结束程序才会停止运行。这时，如果希望程序只输出 1～5 的数字，则需要在指定时刻（执行完第 5 次循环语句）结束循环。接下来演示使用 break 语句结束循环的过程。

```
print("======for 语句开始======")
for i in range(1,11):
    print(i)
    if i==5:
        break
print("======for 语句结束======")
```

（2）continue 语句。

continue 语句用于结束本次循环，然后执行下一次循环。例如，程序会依次输出 1～10 的偶数，当 i 的值为奇数时就执行 continue 跳过本次循环。下面通过一个例子来演示 continue 语句的使用。

```
print("======for 语句结束======")
for i in range(1,11):
    if i%2!=0:
        continue
    print(i)
print("======for 语句结束======")
```

注意：

① break/continue 只能用在循环中，而不能单独使用。

② break/continue 只对嵌套循环中最近的一次循环起作用。

（3）pass 语句。

Python 中的 pass 语句是空语句，它的出现是为了保持程序结构的完整性。pass 语句不做任何事情，一般用作占位语句。pass 语句的使用如下：

```
for letter in 'Python':
    if letter == 'o':
        pass
        print("这是 pass 块")
    print("当前字母 :", letter)
```

在以上代码中，当程序执行 pass 语句时，由于其是空语句，程序会忽视该语句，并按顺序执行其他语句。以上代码的运行结果为：

当前字母：P

```
当前字母 : y
当前字母 : t
当前字母 : h
这是 pass 块
当前字母 : o
当前字母 : n
```

(4) else 语句。

在学习 if 语句时，会在 if 条件语句的范围之外发现 else 语句。除了判断语句，在 Python 中的 while 和 for 循环中也可以使用 else 语句。在循环中使用时，else 语句只在循环完成后执行，也就是说，break 语句会跳过 else 语句块。通过一个例子来演示 else 语句。

```
count = 0
while count < 5:
    print(count," is less than 5")
    count += 1
else:
    print(count, " is not less than 5")
```

在以上代码中定义了一个变量 count，其初始值为 0。当 count 的值小于 5 时，输出 count 的值 + is less than 5；当不满足循环条件时，执行 else 语句后面的内容。以上代码的运行结果如下所示。

```
0  is less than 5
1  is less than 5
2  is less than 5
3  is less than 5
4  is less than 5
5  is not less than 5
```

3.3.7 函数与模块

在 Python 中，函数和模块都可以看作 Python 的工具，它们让程序设计变得更加简单方便。

1. 函数

（1）函数。

在前面的程序中，print() 和 input() 都是 Python 的内置函数，分别用于打印输出和键盘输入，函数是将系列复杂的操作或一系列连续的指令打包并封装成一条指令，这样在程序的其他地方，就可以根据需要随时调用这条函数指令。就像我们去餐厅吃饭，顾客点菜后，厨师就会做出美味佳肴，而顾客不需要亲自执行做菜的每个步骤。

要在屏幕上打印出一行文本，计算机其实需要进行很多复杂的操作，但是由于这是一个常用功能，因此，Python 的设计者便将所有用于打印输出的底层指令封装起来，并将其命名为 print，这样我们只需调用一条指令，print() 就能自动调用函数中被封装的底层代码。示例代码如下：

```
# 调用 Python 内置函数 print()，input()
str = input("请输入字符串：")
print(str)
```

以上代码的运行结果如图 3.34 所示。

图 3.34　代码的运行结果

（2）自定义函数。

print()、input()是 Python 设计者定义好的函数，称为内置函数。在 Python 中，也可以根据需要自己定义函数，并在程序中对其进行调用，自己定义的函数称为自定义函数。函数定义的格式如下：

```
def 函数名( 参数 1,参数 2,…):
    语句 1
    语句 2
```

- def 是函数定义的关键字，取自英文单词 definition（定义）的前三个字母；
- 函数定义时需指明函数的名称；
- 在括号中可以设置函数的参数，参数之间用逗号","隔开，也可以不设置参数；
- 冒号":"表示开始定义函数内部的语句；
- 封装在函数里的代码有相同的缩进，表示它们属于这个函数，是同一个语句块，语句块是具有相同缩进的一组连续语句。

例如，数学中求矩形周长的函数 $f(x, y)= 2(x+y)$，是根据矩形的长 x 和宽 y 来计算矩形周长的。通过 Python 程序写这个函数如下：

```
# 编写自定义函数，根据矩形的长和宽，打印矩形的周长
def perimeter(x,y):
    print("矩形的周长为：",  2*(x+y))
```

（3）函数调用。

与调用 Python 中的内置函数一样，自定义函数也通过函数名和括号来调用，函数名需与定义函数时的函数名一致。如果定义了参数，则在调用时需要传入参数。函数调用格式如下：

```
函数名( 参数 1,参数 2,…)
```

调用前面编写的计算矩形周长的函数的格式如下：

```
# 调用自定义函数 perimeter(x,y)
perimeter(4, 6)
```

以上代码的运行结果如图 3.35 所示。

图 3.35　代码的运行结果

在上面的程序中，如果只定义 perimeter()函数而不调用，则不会输出矩形的周长。因为"函数的定义"只是写出了计算周长的过程，"函数的调用"才是下达计算周长的指令。

由于程序是从上到下执行的，当它看到函数定义时，才会将其记录下来，完成函数定义的"注册"。因此，Python 中的函数定义必须放在函数调用之前，就像在计算矩形周长之前，得先知道怎么计算矩形的周长。

（4）函数的作用。

① 避免代码冗余：函数是对代码的一种封装，我们只需要在函数中写一次代码，就可以对这些代码进行重复利用，非常方便。例如，在前面的代码中，将计算矩形周长的步骤封装到 perimeter() 函数中，之后每次需要"计算矩形周长"时，只需调用函数，就可以执行所有"计算矩形周长"的步骤。

② 方便程序修改：当代码需要修改时，只需在函数中修改一次，而不用在每个需要做这件事的地方都修改代码。例如，当"计算矩形周长"的步骤发生更改时，只需在函数定义中修改一次即可。如果不使用函数，则要对每次"计算矩形周长"的程序都进行修改。

③ 实现模块化编程：函数将多行代码封装成一行语句，通过函数名能很容易地知道程序在做什么，增加程序的可读性。在复杂程序中，可将任务分解为几个子任务，如果将每个子任务的实现代码封装成函数，将每个子任务看作一个"模块"，则可实现模块化编程。当程序有问题时，只需关注是哪个模块出现了问题。

2. 模块

在设计复杂程序时，一般采用自上而下的方法，先将问题划分为几个部分，再对各个部分进行细化，直到分解为容易解决的问题为止。模块化编程，简单来说就是程序的编写不是开始就逐条录入计算机语句和指令，而是首先用主程序、子程序等框架，把程序的主要结构和流程描述出来，并定义各个框架之间的输入输出关系。就像搭积木一样，一块积木就是负责一个功能的小程序块，模块化编程就是将这些积木有组织地搭建起来。模块化的目的是降低程序的复杂度，使程序设计、调试和维护等操作简单化。

（1）模块的本质。

模块的本质是一个 Python 可执行文件，其中有许多已定义的功能相似的函数、变量、类及一些可执行代码。模块就像一个工具箱，其中有各种各样的工具，可供我们使用。

例如，random 模块这个"工具箱"中有很多与随机数相关的"工具"，randint(a,b) 函数就是其中的一个"工具"，其用于获取 a～b 的一个随机整数。编程者也可以自己设计模块，该模块称为自定义模块，由其他程序员设计的模块称为第三方模块或第三方库。

（2）模块的分类。

① 内置模块。

内置模块是 Python 内部设定的模块，可直接导入并使用。如 random 模块（随机数"工具箱"）、time 模块（时间"工具箱"）、math 模块（数学"工具箱"）等。

② 自定义模块。

自定义模块是由编程者以自己设计的 .py 文件来作为的模块。

③ 第三方模块。

第三方模块是其他程序员设计的并免费供大家使用的模块，需先下载至本地或通过网络连接该模块，再导入使用。如 matplotlib 绘图模块、pandas 数据分析模块等。

（3）模块的使用。

模块是一个"工具箱"，因此，要使用模块中的"工具"，必须先买"工具箱"。在 Python 程序中，使用模块前应先将模块导入程序中，具体步骤如下：

① 导入模块，其格式如下：

import 模块名

例如，导入 random 的语句如下：

import random

② 使用模块，其格式如下：

模块名.成员

使用 random 模块中的 randint(a,b)函数，产生 a～b 的一个随机整数，示例如下：

print(random.randint(1,10))

（4）模块的作用。

人的时间和精力是有限的，学会使用工具，站在"巨人的肩膀"上我们才能不断进步。借助模块，能更方便快捷地设计出功能复杂多样的程序。通过自定义函数进行模块化编程，将不同功能封装成不同函数，能让程序更加简捷，逻辑更加清晰，便于修改、调试和维护程序。

3.3.8 文件操作

人会遗忘事情，计算机也如此。试想一个程序在运行的过程中费了九牛二虎之力终于计算出了结果，如果不把这些数据存放起来，那么重启程序之后，这些数据就会消失。因此，存储数据很重要。文件是用于存储数据的，让程序下次执行时，能直接使用存储的数据。下面介绍 Python 中对文件的具体操作。

1. 打开和关闭文件

如果用 Word 编写一份个人简历，则可以分为以下几步：
① 打开 Word 软件，新建一个文件。
② 编写个人简历信息。
③ 保存文件。
④ 关闭 Word 软件。

在 Python 中操作文件的过程与使用 Word 编写简历的过程类似，一般可分为以下几步：
① 打开文件或新建一个文件。
② 读/写数据。
③ 关闭文件。

接下来，对打开和关闭文件的操作进行详细说明。
（1）打开文件。
在 Python 中，打开文件用 open()方法，语法格式如下：

open(文件名[, 访问模式])

在该格式中，"文件名"必须填写，"访问模式"是可选的（后面会介绍访问模式）。例如，打开一个名称为"test.txt"的文件，示例代码如下：

file = open("test.txt")

需要注意的是，使用 open()方法打开文件时，如果没有注明访问模式，则必须保证文件是存在的，否则会出现如图 3.36 所示的异常信息。

```
Traceback (most recent call last):
  File "C:\tss\PyCharmProgram\pythonProject\test.py", line 108, in <module>
    file = open("test.txt")
FileNotFoundError: [Errno 2] No such file or directory: 'test.txt'
```

图 3.36　异常信息

使用 open()方法打开文件时，如果只传入文件名参数，那么我们只能读取文件。此时，要想在打开的文件中写数据，就必须指明文件的访问模式。在 Python 中，文件访问模式有多种，常用的如表 3.10 所示。模式可以组合使用，如 rb、wb 等。

表 3.10　常用文件访问模式

模式	描　　述
x	写模式，新建一个文件，如果该文件已存在则会报错
b	二进制模式
+	打开一个文件进行更新（可读可写）
r	以只读方式打开文件，文件的指针会放在文件的开头，这是默认模式
w	打开一个文件只用于写入。如果该文件已存在则打开文件，并从开头开始编辑，而原有内容会被删除；如果该文件不存在，则创建新文件
a	打开一个文件用于追加。如果该文件已存在，则文件指针会置于文件结尾。也就是说，新的内容会被写入已有内容之后；如果该文件不存在，则创建新文件并向其中写入内容

例如，以二进制格式用追加的方式打开一个名为"test.txt"的文件，示例代码如下：

file = open("test.txt", "ab+")

（2）关闭文件。

凡是打开的文件，必须使用 close()方法关闭。即使文件会在程序退出后自动关闭，但考虑数据的安全性，在每次使用文件后，都要使用 close()方法关闭文件，否则程序一旦崩溃，就无法及时保存文件中的数据。close()方法的使用非常简单，具体示例如下：

file = open("test.txt", "w")
file.close()

2．读、写文件

文件最重要的能力就是接收数据或提供数据。文件的读、写，无非是将数据写入文件或从文件中读取数据，下面对文件的读、写进行说明。

（1）写文件。

向文件中写入数据，需要使用 write()方法来完成。在操作某个文件时，每调用一次 write()方法，写入的数据就会追加到文件末尾。通过以下例子来演示：

file = open("test.txt", "w")
file.write("hello python")
file.write("\n")   #换行
file.write("hello python again")

```
file.write("\n")         #换行
file.close()
```

程序运行后，会在程序所在路径下生成一个名为"test.txt"的文件，打开该文件，可以看到数据被成功写入，如图 3.37 所示。

图 3.37　写文件运行结果

（2）读文件。

可以通过多种方式从文件中读取数据，具体可分为以下 3 种。

① 使用 read()方法读取文件。

使用 read()方法可以从文件中读取数据，使用该方法的语法如下：

```
read(size)
```

在该方法中，size 表示文件中数据的长度，单位为字节。如果没有指定 size，那么就表示读取文件中的全部数据。

通过以下例子来演示如何读取之前写入的"test.txt"文件中的数据：

```
file = open("test.txt", "r")
content = file.read(12)
print(content)
print("="*30)
content = file.read()
print(content)
file.close()
```

程序运行后，会在程序所在路径下读取名为"test.txt"的文件，运行结果如图 3.38 所示。

图 3.38　读文件运行结果（1）

② 使用 readlines()方法读取文件。

如果文件中的内容很少，则可以使用 readlines()方法把整个文件中的内容进行一次性读取。使用 readlines()方法会返回一个列表，列表中的每个元素为文件中的每行数据。使用 readlines()方法读取"test.txt"文件的方式如下：

```
file = open("test.txt", "r")
content = file.readlines()
i = 1
for str in content:
```

```
        print("第", i, "行:",str)
        i += 1
file.close()
```

程序运行后，会在程序所在路径下读取名为"test.txt"的文件，运行结果如图 3.39 所示。

图 3.39　读文件运行结果（2）

③ 使用 readline()方法一行一行读取文件。

使用 readline()方法可以一行一行地读取文件中的数据。同样，以读取"test.txt"文件为例，该文件中共有 2 行数据，使用 readline()方法读取文件的方式如下：

```
file = open("test.txt", "r")
content = file.readline()
print("第 1 行",content)
content = file.readline()
print("第 2 行",content)
file.close()
```

程序运行后，会在程序所在路径下读取名为"test.txt"的文件，运行结果如图 3.40 所示。

图 3.40　读文件运行结果（3）

3.4　任务实践：Python 编程实践

3.4.1　任务 1：温度转换

在编写程序的过程中，写错一个空格或一个符号，会出现编译系统很难做出判断的错误。因此，在编写程序的过程中，要有严谨细致的工作态度，一丝不苟的工作作风，精益求精、追求卓越的精神。

● 任务描述

使用 Python 编程实现华氏温度转换成摄氏温度，其公式为 c = (5/9)*(f−32)。

● 任务实施步骤

1. 编写 Python 程序

（1）在 PyCharm 工具中新建一个"temperature.py"文件。

（2）由温度转换公式可知，需要输入温度 f，然后根据计算公式 c = (5/9)*(f−32)计算出摄氏温度，并打印。代码如下：

```
f = input("请输入华氏温度：")
# 通过 input()方法获取的值为字符串类型
# 用于算数运算需要数字类型，因此使用 float()方法将字符串转换为数字
c = (5/9)*(float(f)−32)
print("摄氏温度:", c)
```

2．运行 Python 文件

（1）在"temperature.py"文件中右击，在弹出的快捷菜单中选择"Run'temperature'"命令，运行"temperature.py"文件，如图 3.41 所示。

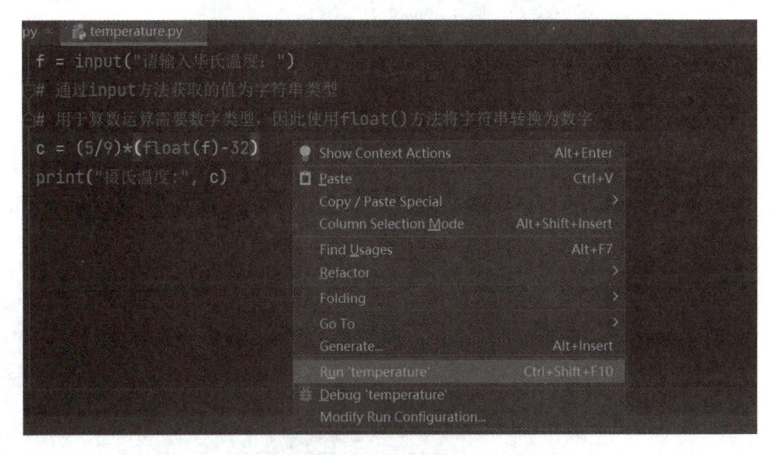

图 3.41 运行"temperature.py"文件

（2）"temperature.py"文件运行结果如图 3.42 所示。

图 3.42 "temperature.py"文件运行结果

3.4.2 任务 2：绘制图形

▶ 任务描述

安装 matplotlib 库，并用其绘制柱状图。

▶ 任务实施步骤

matplotlib 为 Python 的第三方库，可以用来绘制柱状图、曲线图、散点图等，在大数据分析、数据可视化中应用广泛。

1．matplotlib 的安装与使用

matplotlib 在 Python 程序中不能直接使用。在使用前，可以在 PyCharm 工具中在联网状态下下载并安装。

（1）打开 PyCharm 工具，选择"File"菜单中的"Settings"命令，如图 3.43 所示，打开 PyCharm 设置窗口。

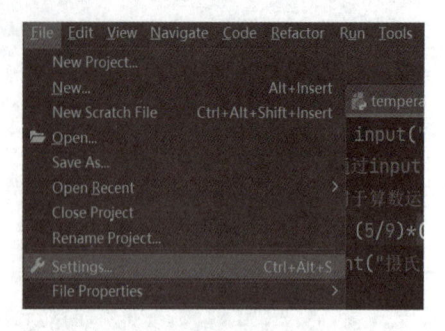

图 3.43　选择"Settings"命令

（2）在该窗口中单击"Python Interpreter"，然后单击"+"按钮，如图 3.44 所示，打开搜索第三方库的界面，如图 3.45 所示，在输入框中输入"matplotlib"，找到 matplotlib 包。

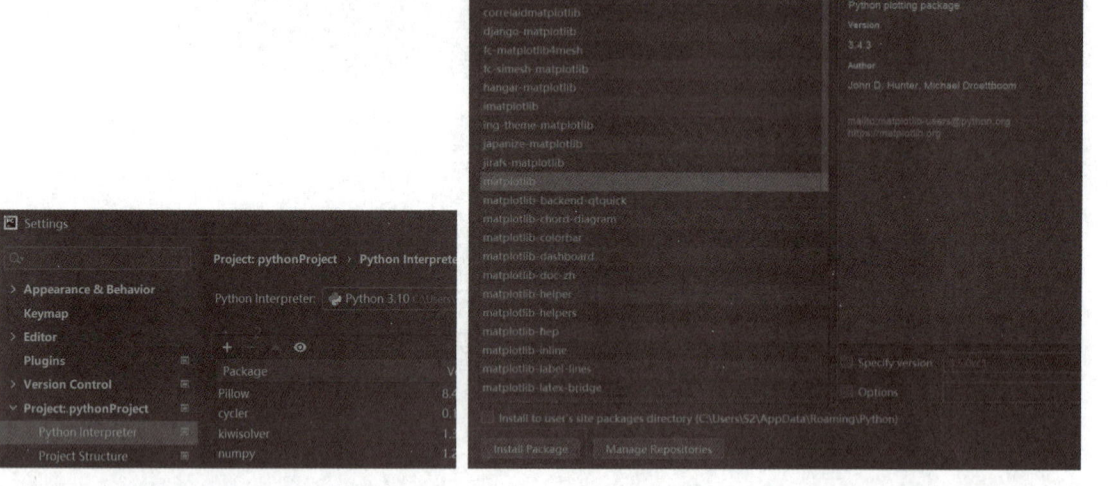

图 3.44　PyCharm 设置窗口　　　　　　　　图 3.45　搜索第三方库的界面

（3）单击"Install Package"按钮，安装 matplotlib 包，执行这一步时应确保在联网状态下。

2. 使用 matplotlib 绘制图形

Python 的第三方库的使用和内置模块一样，需要先将其导入程序中。通常在导入 matplotlib 库时为其取别名为"mpl"。matplotlib 库中包含多个子库用于绘制不同图形，其中 pyplot 子库是用于绘制柱状图的功能库，通常为 pyplot 取别名为"plt"。

在绘制柱状图时，只需调用 pyplot 功能库中的 bar() 函数，并传入两个列表参数，分别作为柱状图的横轴和纵轴数据。例如，星期一～星期日的销售量分别为 20、30、40、30、20、60、69。下面设计程序绘制这周的销售量柱状图，其代码如下，运行后显示的销售量柱状图如图 3.46 所示。

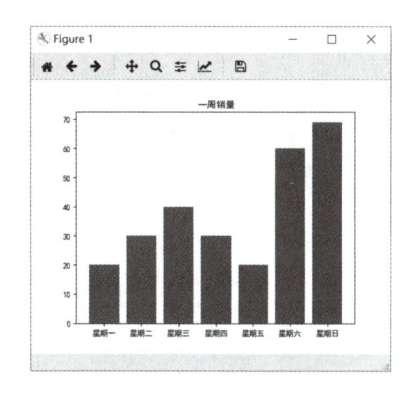

图 3.46　销售量柱状图

```
import matplotlib as mpl
import matplotlib.pyplot as plt

#用于正常显示中文标签
mpl.rcParams['font.sans-serif'] = ['SimHei']
sellNum = [20,30,40,30,20,60,69]
dayName = ["星期一","星期二","星期三",
"星期四","星期五","星期六","星期日"]

# 创建一个画布
fig = plt.figure()
# 设置柱状图的标题
plt.title("一周销量")
# 设置柱状图的数据
plt.bar(dayName, sellNum)
# 显示柱状图
plt.show()
```

习　　题

一、选择题

1．下列哪个不是 Python 中的合法标识符？（　　）

　　A．int32　　　　B．40XL　　　　　C．self　　　　　D．__name__

2．下列哪种说法是错误的？（　　）

　　A．除了字典类型，所有标准对象均可以用于布尔测试

　　B．空字符串的布尔值是 False

　　C．空列表对象的布尔值是 False

　　D．值为 0 的任何数字对象的布尔值都是 False

3．Python 不支持的数据类型为（　　）。

　　A．char　　　　B．int　　　　　　C．float　　　　　D．list

4．下列关于字符串的说法，错误的是（　　）。

　　A．字符应该视为长度为 1 的字符串

B．字符串以"\0"标志字符串的结束

C．既可以用单引号，也可以用双引号创建字符串

D．在三引号字符串中可以包含换行等特殊字符

5．下列不能创建一个字典的语句是（　　）。

    A．dict1 = {}   B．dict2 = { 3 : 5 }

    C．dict3 = {[1,2,3]: "uestc"}   D．dict4 = {(1,2,3): "uestc"}

6．函数如下：

```
def chanageInt(number2):
    number2 = number2+1
    print("changeInt: number2= ",number2)
#调用
number1 = 2
chanageInt(number1)
print("number:",number1)
```

下列哪项打印结果是正确的？（　　）

    A．changeInt: number2= 3　　　number: 3

    B．changeInt: number2= 3　　　number: 2

    C．number: 2　　　changeInt: number2= 2

    D．number: 2　　　changeInt: number2= 3

二、思考题

1．简述列表和元组之间的区别，以及如何在它们之间转型。

2．简述定义函数的规则。

3．简述 read()、readline()和 readlines()方法之间的区别。

第4章 人工智能

学习目标

- 理解什么是人工智能
- 掌握人工智能的三大要素
- 熟悉人工智能的开发过程
- 掌握深度学习环境的搭建
- 了解人工智能在国内的战略意义

引导案例

海量数据、强大的计算资源和更为先进的算法，构成了新一代人工智能的三大要素，促使人工智能得以再次蓬勃发展，人工智能再一次成为社会关注的焦点。随着国务院《新一代人工智能发展规划》的出台，人工智能已经上升为国家战略，人工智能产业成为新的重要经济增长点。本章主要讲解人工智能的基础知识与案例实现。

4.1 人工智能基本概念

4.1.1 什么是人工智能

人工智能的内涵较深，首先应该了解什么是智能。智能是智慧和能力的总称，主要指的是人的综合认知与应用能力。目前，人们大多把人脑已有的认知和智能的外在表现相结合理解为智能，其中包括知识、感应和行为三大要素。简单来说，智能就是在具有一定知识积累的前提下，有目的性地思考与反应。人工智能（Artificial Inelligence，AI）蓬勃发展，应用领域不断拓展，但业界尚没有对人工智能的统一定义。人工智能可以拆解为人工+智能，就是让人工研制的软硬件系统能够像人一样思考，并具有智能行为。在学术界一般认为，人工智能是研究、开发用于模拟、延伸和扩展人的智能的理论、方法、技术及应用系统的一门新的技术科学。人工智能的目的是让机器能够像人一样感知事物、学会思考、学会学习。人工智能的研究领域和应用技术较为广泛，在具体语境中，如果一个系统拥有语音识别、图形识别、检索、自然语言处理、机器翻译、机器学习中的一个或几个能力，就认为它拥有一定的人工智能。人工智能包括计算智能、感知智能和认知智能等，目前，人工智能还介于前两者之间，人工智能所处的阶段还在"弱人工智能"（专注于某项特定任务）阶段，距离"强人工智能"（可以学习新知识、掌握新技能）阶段还有较长的路要走。人工智能诞生于1956年达特茅斯会议，历经60余年发展，内涵已经大大扩展，逐渐发展成为交叉学科，涵盖计算机科学、统计学、脑认知科学、逻辑学与心理学等。图4.1给出了人工智能的主要应用领域。

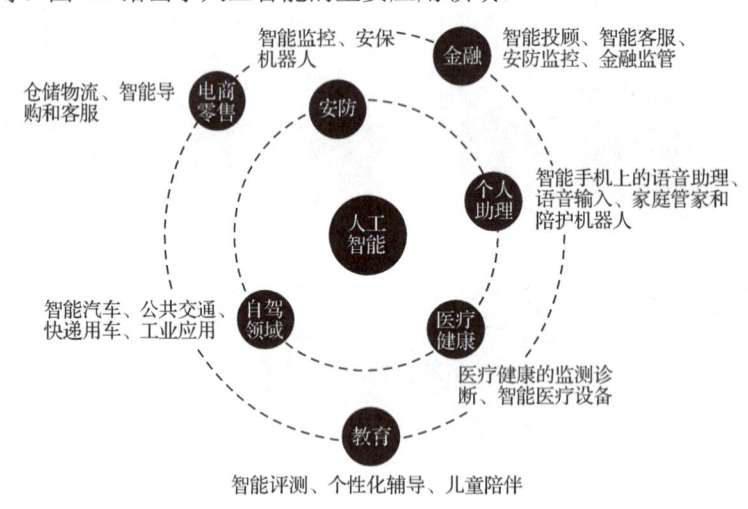

图4.1 人工智能的主要应用领域

4.1.2 人工智能的三大要素

人工智能技术的三大要素是算法、算力（计算能力）、数据（信息大数据），这三大要素也是各大互联网巨头深入布局的3个方向。数据和算法可以分别比作人工智能的燃料和发动机，算力则是制约人工智能实现过程中的基础硬件，主要体现在具有高计算能力的芯片上。如果一个产业过往没有大量数据，那么人工智能就是无源之木；如果没有新算法，那么就代表它没有未来；如果没有足够的算力，即使有再好的算法，那么再多的数据都只是空中楼阁。

1. 算法

人工智能发展到目前阶段所提到的算法一般指机器学习算法或深度学习算法。自从深度学习取得突破性进展，尤其是开源算法框架的诞生，给人工智能的发展提供了更多可能。众多互联网巨头纷纷提出自己的开源框架平台，这些开源平台可以获取数据，并以此反映市场应用场景的热度，从而使其掌握人工智能产业的绝对控制权和话语权。

2. 算力

"AI+"时代大数据迎来爆发式增长，数据量的增长呈现指数型爆发，在数据高速积累、算法不断优化与改进的同时，对算力（计算能力）也提出了更高要求。传统架构基础硬件的算力已不能满足大量增长的多数据信息计算，更无法满足人工智能相关的高性能计算需求，超强算力且具低能耗的芯片是步入"AI+"时代的前提，基于CPU+GPU的强大的多功能并行处理算力，成为当下人工智能必备的基本平台。2015年以来，人工智能开始爆发，很大一部分原因是GPU的广泛应用，使得并行计算变得更快、更便宜、更有效。

3. 数据

人工智能的应用主要体现在预测和分类两个方面，而实现这两个功能的核心是大量数据。人工智能需要从大量数据中进行学习，丰富的数据集是非常重要的因素，大量数据的积累给深度学习创造了更加丰富的数据训练集，是人工智能算法与深度学习训练必备的基础。像战胜韩国围棋选手李世石的AlphaGo，其学习过程的核心数据来自互联网的大约3000万例棋谱，这些数据是通过十多年互联网行业的发展而积累的。可见，所有基于深度学习算法的人工智能，均需具备深厚的数据信息资源和专项数据积累，才能取得人工智能服务应用的突破性进展。离开基础数据的支持，机器的智慧仿生是不可能实现的。

根据中国信息通讯研究院发布的《大数据白皮书（2019）》中的数据，到2025年全球数据量将达到163ZB。根据IDC的统计数据，我国的数据产生量约占全球数据产生量的23%。在互联网行业中素有"得数据者，得天下"的说法，丰富的数据资源为我国人工智能的快速发展奠定了基础。

人工智能技术在实体经济中寻找落地应用场景成为核心要义，人工智能技术与传统行业经营模式及业务流程产生实质性融合，智能经济时代的全新产业版图初步显现。目前，安防和金融领域市场份额最大，工业、医疗、教育等领域具有爆发潜力。根据基础建设和价值空间两大维度对人工智能赋能的十大实体经济类型进行分析，总体而言，金融、营销、安防、客服等场景在IT基础设施、数据质量、对新技术的接受周期等AI发展基础条件方面表现较优，而在当下市场规模、行业发展增速、解决方案落地效果和政策导向等因素的影响下，安防、金融、教育、客服等场景将产生较高的商业化渗透和对传统产业的提升程度。

4.1.3　人工智能与机器学习、深度学习

人工智能是计算机技术发展到现阶段，人们追求或正在实现的目标，机器学习是实现人工智能的手段，深度学习是实现机器学习的一种技术或方法，三者的关系如图4.2所示。机器学习（Machine Learning，ML）是一门多领域交叉学科，涉及概率论、统计学、逼近论、凸分析、

算法复杂度等学科，专门研究计算机怎样模拟或实现人类的学习行为，使机器获取新知识或技能，重新组织已有的知识结构使之不断改善自身的性能。

图 4.2　人工智能与机器学习、深度学习的关系

机器学习最基本的做法是使用算法来解析数据并从中学习，然后对真实世界中的事件做出识别和预测。与传统的为解决特定任务、硬编码的软件程序不同，机器学习是用大量的数据来"训练"，通过各种算法从数据中学习如何完成任务。机器学习最成功的应用是在计算机视觉领域。

例如，网购已经成为人们日常生活中的主要购物方式之一，当需要某件商品时经常会利用搜索引擎或网上商城进行查找和比对，以选择物美价廉的商品。在网上查找、对比和购买的信息，以及上网行为或痕迹将会被互联网记录下来，这就构成了决策模型。之后就会发现，各大网络商城推荐的商品恰好是最近比较关注或有意购买的。这就是"AI+"时代基于大数据的预测行为。

深度学习（Deep Learning，DL）是实现机器学习的一种核心技术。深度学习使得机器学习能够实现众多应用，并拓展了人工智能的应用领域。它被引入机器学习，使机器学习更接近于最初的目标——人工智能。

4.2　人工智能的燃料——数据

数据、算法和算力是人工智能发展的基础，其中数据是智能之源，是人工智能的"灵魂"，因此，大数据本身就与人工智能存在紧密联系。正是基于大数据技术的发展，目前人工智能技术才在落地应用方面取得诸多突破。

目前，人工智能的"智能"实现主要是通过机器学习来实现的。机器学习是实现人工智能的一种方法，其基本过程是使用大量历史数据来"训练"模型，从历史数据中自动分析、学习规律从而获得模型，然后使用模型对未知数据做出分类和预测。深度学习是一种实现机器学习的技术，其学习过程是"训练"深度神经网络模型。目前，深度学习在计算机视觉、自然语言处理领域的应用远远超过传统的机器学习。

4.2.1　数据采集

大数据关键技术涵盖数据存储、处理、应用等方面，大数据的处理过程可分为大数据采集、大数据预处理、大数据存储与管理、大数据分析与挖掘、大数据展示等环节。

大数据采集是指从传感器和智能设备、企业在线系统、企业离线系统、社交网络和互联网平台等获取数据的过程。大数据采集过程的主要特点和挑战是并发数高，因此，需要在采集端部署大量数据库对其进行支撑，对这些数据进行负载均衡和分片。对不同数据源，大数据的采集方法有所不同，主要有以下几类。

1. 数据库采集

传统企业会使用传统的关系型数据库，如 MySQL、SQL Server 等来存储数据。随着大数据时代的到来，Redis、MongoDB 和 HBase 等 NoSQL 非关系型数据库也常被用于采集数据。

2. 系统日志采集

系统日志采集主要是指手机企业业务平台日常产生的大量日志数据，供离线的和在线的大数据分析系统使用。目前，使用广泛的用于采集海量系统日志数据的工具有 Hadoop 的 Chukwa、Apache 的 Flume、Facebook 的 Scribe 和 LinkedIn 的 Kafka 等。这些工具均采用分布式架构，能满足每秒数百兆字节的日志数据采集和传输需求。

以 Flume 为例，Flume 是一个高可用的、高可靠的、分布式的海量日志数据采集、聚合和传输系统。Flume 支持在日志系统中定制各类数据发送方，用于收集数据，同时提供对数据进行简单处理并写到各种数据接收方（如文本、HDFS、HBase 等）的能力。

3. 网络数据采集

网络数据采集是指通过网络爬虫或网站公开 API 等方式从网站上获取数据信息。该方法可以将非结构化数据从网页中抽取出来，将其存储为统一的本地数据文件，并以结构化的方式进行存储。在互联网时代，网络爬虫主要是为搜索引擎提供最全面和最新的数据。在大数据时代，网络爬虫更是从互联网上采集数据的有力工具。目前，已知的网络爬虫工具众多，大致可分为以下三类：

（1）分布式网络爬虫工具，如 Nutch。

（2）Java 网络爬虫工具，如 Crawler4j、WebMagic、WebCollector。

（3）Python 网络爬虫工具，如 Scrapy。

网络爬虫是按照一定规则自动抓取 Web 信息的程序或脚本。它可以自动采集所有能够访问到的页面内容，为搜索引擎和大数据分析提供数据来源。从功能上讲，网络爬虫一般有数据采集、处理和存储 3 个功能。

网络爬虫的基本工作流程如下。

① 选取一部分种子 URL。

② 将这些 URL 放入待抓取队列。

③ 从队列中取出待抓取的 URL，通过 DNS 解析得到相应主机的 IP 地址，然后将 URL 对应的网页下载并存储到对应的资源库中。将抓取的 URL 放入已经抓取队列。

④ 对已经抓取队列的 URL 进行分析，分析其中的其他 URL，并将 URL 放入待抓取队列，然后开始进入下一个循环。

4. 感知设备数据采集

感知设备数据采集是指通过传感器、摄像头和其他智能终端自动采集信号、图片或录像来获取数据。大数据智能感知系统需要实现对结构化、半结构化、非结构化的海量数据的智能化识别、定位、跟踪、接入、传输、信号转换、监控、初步处理和管理等。

4.2.2 数据预处理

由于初步采集到的数据大多是不完整和不一致的"脏数据（Dirty Data）"，所以刚采集的数据是无法直接被用来进行存储、管理、分析、处理、挖掘等后续操作步骤的。为了避免影响后续步骤，需要用整个大数据关键技术中最容易被忽略却极其重要的一项技术——数据预处理。必须进行大数据预处理有以下两个理由。

理由一：现实世界的数据是"肮脏"的。

原始数据中往往会存在以下问题：

① 不完整。缺少属性值或仅仅包含聚集数据。

② 含噪声。包含错误或存在偏离期望的离群值。

③ 不一致。数据记录的规范性和逻辑性不合规或与其他数据集合不一致。

而在使用数据的过程中，往往要求数据具有一致性、准确性、完整性、时效性、可信性、可解释性等。

理由二：没有高质量的数据，就没有高质量的结果。

由于采集获得的数据规模太庞大，数据预处理往往要在一个完整的大数据处理过程中花费较长的时间。由于高质量的决策必须依赖于高质量数据，而从现实世界中采集到的数据大多是不完整、结构不一致、含噪声的数据，无法直接用于数据分析或挖掘。

数据预处理技术就是指完成对已接收数据的辨析、抽取、清洗、填补、平滑、合并、规格化及检查一致性等工作。这个处理过程可以帮助我们将那些杂乱无章的数据转化为结构相对单一且便于处理的数据，以达到快速分析处理的目的。

通常，数据预处理包含数据清理、数据集成与变换及数据规约几个部分。

1. 数据清洗

数据清洗是保证数据质量的重要手段之一。并不是所有采集到的数据都是有价值的，有些数据并不是我们所关心的，有些甚至是完全错误的干扰项。因此，要对数据进行过滤、去噪，从而提取出有效的数据。数据清理主要包括两类，一类是遗漏值处理，可用全局常量、属性均值、可能值填充或直接忽略该数据等方法处理；另一类是噪声数据处理，噪声数据可用聚类、计算机人工检查和回归等方法去除。

2. 数据集成与变换

数据集成是把把多个数据源中的数据整合并存储到一个数据库中。在这一过程中需要着重解决 3 个问题，即模式匹配、数据冗余、数据值冲突检测与处理。

由于来自多个数据集合的数据在命名上存在差异，因此，等价的实体常具有不同的名称。如何更好地对来自多个实体的不同数据进行匹配是如何处理好数据集成的首要问题。数据冗余可能来源于数据属性命名的不一致，在解决数据冗余的过程中，可以利用皮尔逊积矩来衡量数值属性，绝对值越大表明两者之间相关性越强。

为了更好地对数据源中的数据进行挖掘，需要进行数据变换。其主要过程有平滑、聚集、数据泛化（使用高层的概念来替换低层或原始数据）、规范化（对数据）及属性构造等。

3. 数据规约

数据规约主要包括数据方聚集、维规约、数据压缩、数值规约和概念分层等。假设根据业务需求，从数据仓库中获取了分析所需要的数据，这个数据集可能非常庞大，而在海量数据上进行数据分析和数据挖掘的成本又极高，使用数据规约技术则可以实现数据集的规约表示，使数据集在变小的同时几乎仍然能保持原数据的完整性。在规约后的数据集上进行挖掘，依然能够得到与使用原数据集几乎相同的分析结果。

4.2.3 数据标注

数据标注是大部分人工智能算法得以有效运行的关键环节。人工智能算法是数据驱动型算法，如果想实现人工智能，则首先要把人类理解和判断事物的能力教给计算机，让计算机学会这种识别能力。

数据标注的过程是指通过人工贴标的方式，为机器系统提供学习样本。数据标注是把需要机器识别和分辨的数据贴上标签，然后让计算机不断学习这些数据的特征，最终使计算机能够自主识别。训练集和测试集都是标注过的数据，然后将其输入人工智能模型中进行训练和测试。如图 4.3 所示为标注图中的所有汽车。

图 4.3　标注图中的所有汽车

常见的数据标注类型有以下几种。

1. 分类标注

分类标注就是我们常见的打标签。一般是从既定的标签中选择数据对应的标签，是封闭集合。一张图可以有很多分类或标签，如成人、女、黄种人、长发等。对于文字，可以标注主语、谓语、宾语，以及名词、动词等。

适用：文本、图像、语音、视频。

应用：年龄识别、情绪识别、性别识别。

2. 标框标注

机器视觉中的标框标注很容易理解，就是框选要检测的对象。如人脸识别，首先要把人脸的位置确定下来。

适用：图像。

应用：人脸识别、物品识别。

3. 区域标注

与标框标注相比，区域标注要求更加精确，边缘可以是柔性的，如自动驾驶中的道路识别。

应用：自动驾驶。

4. 描点标注

在一些对于特征要求细致的应用中，常常需要描点标注。

应用：人脸识别、骨骼识别。

5. 其他标注

标注类型除了上面常见的几种，还有很多个性化的。根据不同需求使用不同标注。如自动摘要，就需要标注文章的主要观点，这时的标注严格来说，不属于上面所提到的任何一种标注。

4.3 人工智能的核心——算法

4.3.1 人工智能算法

长久以来，科研工作者对人工智能的研究思路不同，形成众多研究流派，最终，通过合作与融合形成目前人工智能的格局。人工智能算法的发展史如图 4.4 所示，图中给出了机器学习方法的演化之路及未来可能的模样。

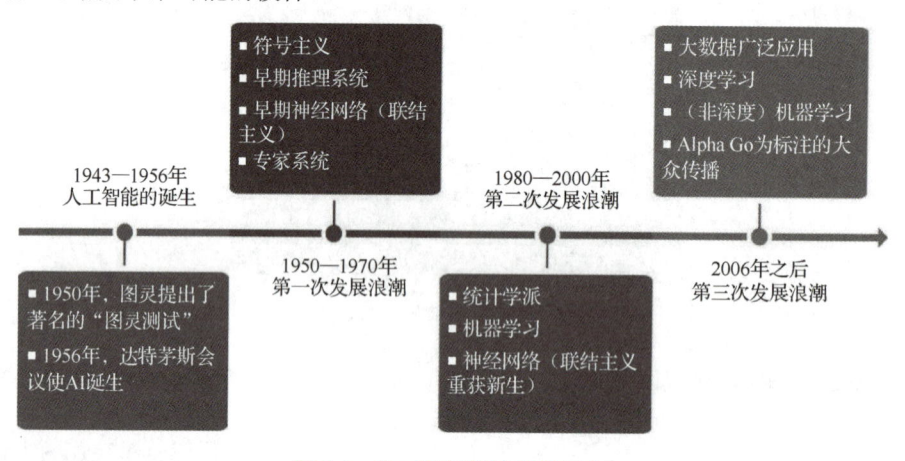

图 4.4　人工智能算法的发展史

计算机通过对大量数据进行分析得到数据与对应标签的关系（模型），以模拟人类从经验中认识事物的学习方法。如通过对人们在超市的购买数据进行训练，归纳出不同人在不同季节、不同天气、不同环境下的购买模型，帮助超市预测和安排未来的采购。因此，机器学习是一种重在寻找数据中的模式并使用这些模式来做出预测的算法的门类。具体来说，为了实现对目标事务的预测或分类，需要采集大量目标事务的相关特征数据，对这些数据进行训练，学习识别数据中的关系、趋势和模式，并不断优化算法，得到最佳预测或分类模型，再应用模型解决实际问题，以替代人脑做出判断。对机器学习工作方式的具体描述如图 4.5 所示。

图 4.5　机器学习的工作方式

4.3.2 机器学习算法

机器学习是让计算机像人类一样学习和行动的科学,以观察和现实世界互动的形式向它们提供数据和信息,以自主的方式改善它们的学习。机器学习从数据中自动分析获得规律(模型),并利用规律对未知数据进行预测。机器学习的基本原理示意图如图 4.6 所示。

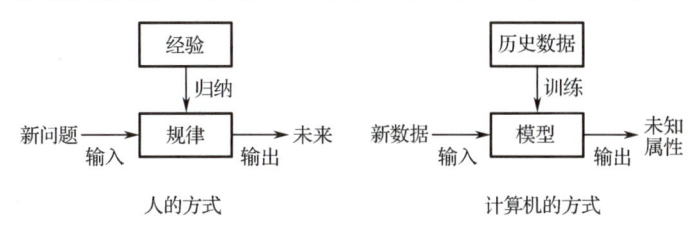

图 4.6　机器学习的基本原理示意图

在机器学习中常用的两个概念是特征和标签。以生活中常见的判断好瓜的问题为例——一个西瓜,如何判断它是熟的好瓜?对于人类来说,根据以前的经验,首先会从西瓜这个具体的事物中抽取一些有用的信息,如西瓜的颜色、瓜蒂的形状、敲击的声音等,然后根据一定规则在这些信息的基础上进行判断。一般情况下认为颜色青绿、瓜蒂蜷缩、敲击浊响的西瓜是好瓜。在该例子中,西瓜的颜色、瓜蒂的形状、敲击的声音就是特征,而"好瓜"和"坏瓜"这两个判断就是标签。抽象来说,特征是做出某个判断的证据,标签是结论。

机器学习的主要工作就是提取有用的特征,然后根据已有的实例(如有一堆瓜,里面有好瓜也有坏瓜,且已经标注即已有标签,也知道这些瓜的颜色、瓜蒂形状和敲击声音),构造从特征到标签的映射,最终建立模型。

4.3.3 机器学习分类

根据训练数据有无标签,可以将机器学习算法分为无监督学习和监督学习两种。

1. 无监督学习

在现实生活中常常会遇到这样的情况,某些数据因为缺乏经验难以人工标注类别,或者进行人工类别标注的成本太高,希望计算机能代替人们完成这些工作,或者提供一定的帮助。从庞大的样本集合中,计算机能够选出一些具有代表性的样本,用于目标分类器的训练;或者先将所有样本自动分为不同类别,再由人对这些类别进行标注,以寻找更加具有辨识性的特征。

无监督学习利用无标签的数据来学习数据的分布或数据与标签之间关系的算法。无监督学习学习里的典型应用是聚类,聚类的目的是把相似的东西聚在一起,而不关心这一类是什么。

典型的聚类算法有以下几种:

(1) K 均值聚类算法。这是一种常用的聚类算法。首先,将 K 个初始点作为质心,将数据集中的每个点分配到一个簇中,为每个点找距离其最近的质心,并将其分配给该质心对,然后将每个簇的质心更新为该簇所有点的平均值。

(2) 谱聚类算法。首先在特征空间中应用局部保留投影算法,然后直接应用 K 均值聚类算法。这种算法降低了最终聚类结果对初始值的依赖。

(3) 主成分分析算法。这是一种经典的维度约简方法。将一个矩阵中的样本数据投影到一个新的空间中，将原来多个变量的复杂因素归结为几个主要成分，使问题简单化，并使得到的结果更加科学有效。

2. 监督学习

利用有标签训练数据来推断一个无标签测试数据的标签的机器学习任务称为监督学习，监督学习的数据集中同时包含特征值和标签值。监督学习方法必须有训练集与测试样本。先在训练集中找规律，再对测试样本运用这种规律。监督学习的应用一般包括预测和分类两种类型。常见的监督学习算法有以下几种：

（1）回归算法。回归算法是利用数理统计中回归分析来确定两种或两种以上变量间相互依赖的定量关系的一种统计分析算法，用于预测输入变量和输出变量之间的关系，包括线性回归和逻辑回归。

（2）K-近邻算法。该算法通过测量不同特征值之间的距离进行分类。当输入没有标签的新数据时，将新数据的每个特征与样本集中的数据的对应特征进行比较，然后通过算法提取样本集中特征最相似（最近邻）数据的分类标签。

（3）朴素贝叶斯算法。这是一种基于概率论的算法。在做决策时要求分类器给出一个最优的类别猜测结果，同时给出这个猜测的概率估计值。

监督学习与无监督学习的区别：监督学习必须有训练集与测试样本，先在训练集中找规律，再对测试样本运用这种规律；无监督学习没有训练集，只有一组数据，在该组数据内寻找规律。监督学习的方法就是识别事物，识别的结果表现在给未识别的数据加上了标签。因此，训练样本集必须由带标签的样本组成。而无监督学习方法只有要分析的数据集本身，而没有标签。如果发现数据集呈现某种聚集性，则可按自然的聚集性分类，但不以与某种预先分类的标签对上号为目的。回归模型形式简单，易于建模，但却蕴含着机器学习中一些重要的基本思想。

4.4 人工智能技术的实现

4.4.1 人工智能开发过程

搭建人工智能系统首先从采集原始数据开始。原始数据集描述了人工智能系统需要解决的问题，如鸢尾花数据集中包含花萼长度、花萼宽度、花瓣长度、花瓣宽度和鸢尾花种类，这个数据集描述的问题是根据鸢尾花的4个特征识别鸢尾花的种类。特征工程是指对数据集中的数据进行特征提取、数据预处理并将数据按比例分割为训练数据集和测试数据集，以得到适合机器学习算法的特征数据。建立模型阶段针对具体要解决的问题选择合适的模型，如简单的分类问题可以选择逻辑回归模型，图像识别问题可以选择卷积神经网络模型。训练模型阶段使用训练数据集训练定义好的模型，训练完成后进行模型测试。测试模型阶段使用测试数据集评估模型性能，如果性能指标达标，则可以上线该模型进行新数据的分类或预测。人工智能模型开发流程如图4.7所示。

采集原始数据 → 特征工程 → 建立模型 → 训练模型 → 测试模型

图4.7 人工智能模型开发流程

人工智能应用开发常用的类库如下。

（1）NumPy：基于 Python 的一种开源数值计算扩展库，可用来存储和处理大型矩阵，其提供许多高级的数值编程工具，如矩阵数据类型、矢量处理、精密的运算库，是一个运行速度非常快的数学库，主要用于数组计算。

（2）Pandas：一个强大的基于 NumPy 的分析结构化数据的工具集，是为了解决数据分析任务而创建的，用于数据挖掘和数据分析，同时也提供数据清洗功能。

（3）Matplotlib：Python 中最著名的 2D 绘图库，适合进行交互式制图。

（4）SciPy：构建在 NumPy 上的一个致力于科学计算的 Python 工具包，包括统计、优化、傅里叶变换、信号和图像处理、常微分方程的求解等。

（5）Sklearn：是 Python 开发和实践机器学习的著名类库之一，其基本功能主要分为六大部分，即分类、回归、聚类、数据降维、模型选择和数据预处理，其依赖于类库 NumPy、SciPy 和 Matplotlib 运行。

4.4.2 特征工程

数据特征决定机器学习的上限，而模型和算法只能逼近这个上限。特征工程的使用效果会直接影响机器学习效果。特征工程方法一般包括特征提取、数据分割、特征预处理和特征降维。

1. 特征提取

特征提取是指将机器学习模型不能识别的原始数据，如文本、语音，转换为能够输入机器进行学习的数字特征的过程。常用的特征提取方法有以下几种。

（1）one-hot 编码。

one-hot 编码是在做分类任务时常用的一种数据特征输入格式，用于对样本标签值进行编码。对 3 个类别的数值 0、1、2 进行 one-hot 编码如下：

0->[1、0、0] 1->[0、1、0] 2->[0、0、1]

总共有 n 个类别的话，one-hot 编码的长度就是 n，类别索引值所对应的位为 1，其他位为 0。

（2）语音特征提取。

语音的原始文件是一种声波文件，呈现为一种一维振动波形，如图 4.8 所示。

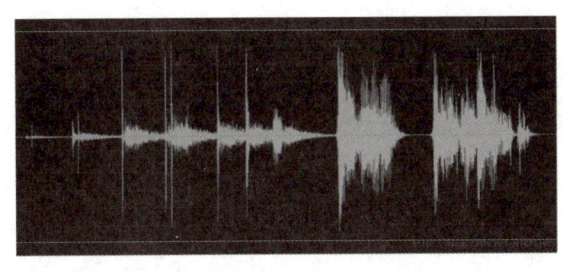

图 4.8　声波文件的一维振动波形

MFCC 是梅尔频率倒谱系数的简称，是为了完成声音识别而开发的一套算法。该算法通过对人识别声音的分析，在一定程度上模拟了人耳对语音的处理特点。MFCC 与频率的关系可以用以下公式近似表示，其中 f 为波形文件中的频率值。

$$M(f)=1125\ln(1+f/700)$$

可以用该公式对语音特征进行处理，然后进行后续的模型训练等操作。

(3) 文本特征提取。

在自然语言理解中把文本数据转换为向量数据,这个过程就是文本特征提取。常用的文本特征提取技术有词袋模型和 TD-IDF 模型等。

① 词袋模型是最简单的文本表示方法,用文档中单词出现次数组成的矩阵表示文本,词袋模型只关注文档中是否出现单词和单词出现的频率,不关注文本结构,以及单词出现的顺序和位置。

② TD-IDF 模型是计算文档中词或短语的权值的方法,是词频(Term Frequency,TF)和逆转文档频率(Inverse Document Frequency,IDF)的乘积。TF 指某一个给定的词语在该文档中出现的次数。这个数字通常会被正则化,以防止它偏向长文档。IDF 是一个词语普遍重要性的度量,某一特定词语的 IDF 可以由文档总数目除以包含该词语的文档的数目,再将得到的商取对数得到。

2. 数据分割

在模型训练完成之后,需要对已经完成训练的模型进行测验,看其性能如何。进行模型性能评估最直观的方法就是将已知结果的数据集输入模型,得到预测结果再进行验证。如果使用同一个数据集训练模型和评估模型,可能会出现因为模型过拟合而发现不了模型中的不足的情况。也就是说,模型只在这个数据集上表现良好,却在新的数据集上表现不好,所以要将数据集分割成训练集和测试集。训练集用于训练模型并构建拟合模型,测试集用于评估模型性能指标。数据集分割比例一般有以下几种。

训练集:70%、80%、75%。

测试集:30%、20%、25%。

实现数据分割可以使用 sklearn 类库中用于数据分割的函数 traintestsplit(),该函数属于 sklearn 类库的 model selection 模块。model selection 模块主要提供多种数据分割、交叉验证和参数搜索等方法。

3. 特征预处理

在开始进行机器学习的模型训练之前,需要对数据进行预处理,如果特征值之间的差距较大,不能直接传入模型,需要对数据做归口化与标准化处理,将所有数据映射到同一尺度。

如表 4.1 所示为样本示例,如果特征值取值不在一个数量级,则需要进行特征预处理,从而增加训练模型的准确度。

表 4.1 样本示例

样　　本	特征值 1	特征值 2	特征值 3
1	1	200	0.1
2	7	300	0.7
3	9	100	0.4

(1) 归一化。

归一化是指利用特征集中的最大值和最小值把所有数据映射到(0,1)。这种方法适用于分布有明显边界的数据集,如学生分数为 0~100、图像像素点的值为 0~255 等数据集有明显边界。该方法的缺点是受异常值影响较大,结果受最大值 x_{max} 和最小值 x_{min} 影响严重。计算公式如下:

$$x_{\text{scal}} = \frac{x - x_{\min}}{x_{\max} - x_{\min}}$$

其中，$x_{\min}$ 为所有样本中特征最小的值，$x_{\max}$ 为所有样本中特征最大的值，x 为每个样本的特征值，x_{scal} 为归一化后的样本特征值。

（2）标准化。

标准化是指利用均值和标准差将所有数据进行转换。这种方法适用于数据分布没有明显边界，但符合正态分布的数据集。其优点是不容易受到极端数据值的影响。计算公式如下：

$$x_{\text{stand}} = \frac{x - x_{\text{mean}}}{S}$$

其中，x_{mean} 为所有样本的特征的平均值，S 为所有特征数据的标准差，x 为每个特征数据，x_{stand} 为标准化后的特征数值。

4. 特征降维

特征降维是指在某些限定条件下，降低随机变量（特征）个数，得到一组"不相关"主变量的过程。进行特征降维后，减少了冗余数据，能够提高算法精度和准确度，减少训练时间，数据训练模型所需要的时间也随之减少。机器学习 sklearn 包中提供了特征降维方法，如主要成分分析（PCA）方法通过提取主要特征实现数据降维等。使用主要成分分析方法计算特征的方差百分比，方差百分比代表特征表达整个数据集的程度。

4.4.3 模型构建

根据要解决的问题选择合适的模型进行训练，选择的模型可以是深度学习神经网络模型，也可以是传统的机器学习算法模型，如逻辑回归、K 近邻算法、支持向量机、分类与回归树等。目前，深度学习算法在人工智能应用中的表现更为突出。下面主要介绍深度学习神经网络模型的定义。常用的神经网络模型有多层感知机（MLP）、卷积神经网络（CNN）、循环神经网络（RNN）和长短时记忆网络（LSTM）等模型。一个简单的神经网络模型如图 4.9 所示。

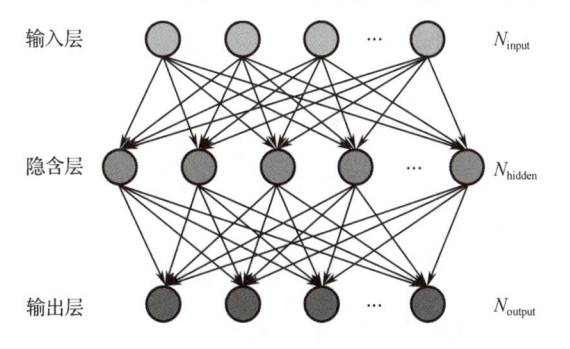

图 4.9 简单的神经网络模型

人工神经元是神经网络的基本组成单元，但是输入层是没有神经元结构的，通过人工神经元模拟生物神经元的功能，以避免只是简单地堆叠神经元而没有增强非线性变换的能力。现在以备受关注的卷积神经网络（CNN）为例进行介绍。

卷积神经网络（Convolutional Neural Network，CNN）采用局部感知和权值共享的技术来提升之前浅层神经网络的一系列的瓶颈。近年来，基于 CNN 模型的网络结构和相关基础理论均处于快速发展中,取得了一系列突破性进展。作为一类极为有效的深度学习方法,各种新型 CNN 模型层出不穷。例如,多伦多大学的 A. Krizhevsky 等人在 2012 年构建了一种包含五个卷积层和三个全连接层的 AlexNet 模型,在当年的 ImageNet 图像分类比赛中获得冠军,引发了这一场深度学习的热潮。

CNN 模型常用在图形识别领域的应用中,它通常由输入层、一系列卷积层、批量标准化、池化以及全连接输出层等重要的基本模块组合而成。在 CNN 模型的网络结构中,不同基本模块具有不同功能。卷积神经网络的一般结构如图 4.10 所示。

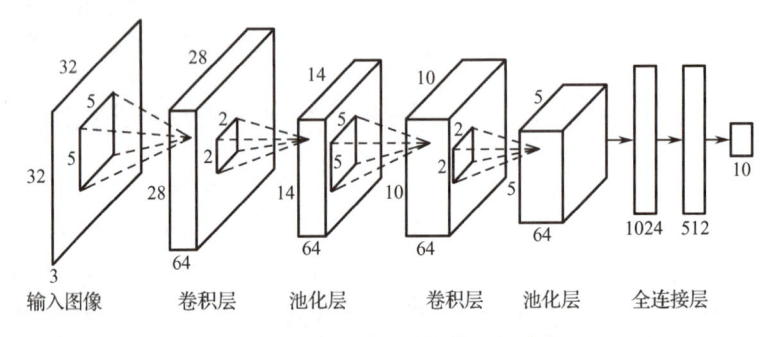

图 4.10 卷积神经网络的一般结构

① 卷积层:卷积层可视为 CNN 模型的核心部分之一。相较于传统的全连接层,它的一个主要优势是能够显著减少所需训练的权重数量。实际上,卷积核可以被视为一种可训练的局部特征提取算子(或者可训练的滤波器)。在卷积运算的过程中,卷积核在输入数据(或者特征图)上滑动以提取不同位置的基本局部特征。同一个卷积核可以用来提取不同位置的同类型局部特征,从而提高神经网络中权重的利用效率。

② 池化层:池化不仅能够显著减小所需要训练的权重数量,而且能够有效解决平移变化的问题。它主要通过滑窗移动提取特征和系数参数来减小特征图的大小,进而减小学习的参数量,降低网络的复杂度。池化的方法有最大池化和均值池化。最大池化是指提取池化窗口中的最大值作为处理后的特征值,均值池化是指提取池化窗口内的平均值作为处理后的特征值。

③ 全连接层:在常见的卷积神经网络的最后会出现一个或多个全连接层。经过卷积层和池化层,在全连接层输入一维的表征特征数值,可以进行后续的分类或回归预测。因为池化层和卷积层输出的都是二维特征图,需要通过压缩的方式把它压缩成一维向量。

4.4.4 模型训练

在构建模型的结构后,可以把之前准备好的数据输入模型中进行训练。在训练模型之前要指定损失函数、优化器、模型度量指标和训练次数等。从模型训练到应用的整个过程如图 4.11 所示。

深度学习模型的训练过程在图 4.11 中已经直观地展示,需要确定相关的设置来使模型的训练过程更加有利于模型的收敛。

损失函数用于衡量模型的预测值与真实值之间的误差。优化器的作用是帮助找到损失函数最小值的方向。优化器以最小化损失函数为目标,决定每个模型参数在下一次迭代中应该是增大还是减小,这样多次迭代后各个模型参数会稳定到最优值。模型度量指标用于定量衡量模型的性能,训练中观察度量指标,决定是否增加训练次数或调整模型结构。训练次数是完整训练数据训练模型的次数。模型训练的过程是使用优化器求解损失函数最小值的过程，通过最小化损失函数可得到模型每个参数的最优值，得到参数最优值也就确定了最优模型。

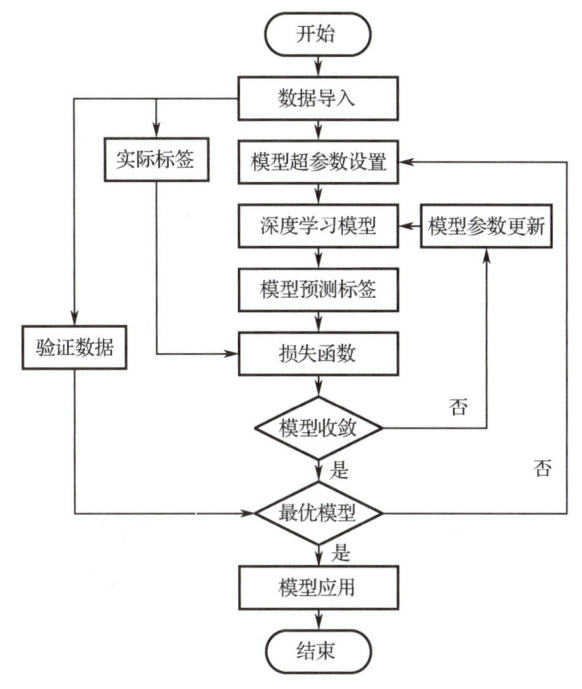

图 4.11　从模型训练到应用的整个过程

1. 损失函数

交叉熵损失函数是一种经典的损失函数，一般将其用于解决神经网络（包括深度神经网络）的多分类问题。在 CNN 模型中，输出层的特征维数与参与训练的类别数量相同。在计算交叉熵损失函数之前，首先要使用 softmax() 函数将输出层的特征强制转化为[0, 1]的小数。

一般情况下，在神经网络（包括深度神经网络）的多分类问题中，样本的标签经常被定义为 one-hot 编码的形式。具体来说，每一类别的标签均为向量的形式，仅有一个为 1 的值，其他值均为 0。在这种标签形式下，交叉熵损失函数可定义为：

$$L = -\sum_{j=1}^{N_{class}} t_j \log_2 y_j$$

其中，t_j 表示该样本的真实标签，y_j 表示 softmax() 函数的输出（也可以理解为神经网络评估的预测概率）。交叉熵损失函数在解决基于神经网络的多分类问题时能够带来更高的训练速度。

2. 常用优化器

随机梯度下降法（SGD）、Adagrad、Adadelta、RMSprop、Adam 和动量优化法（Momentum）是梯度下降算法或在梯度下降算法上优化改进的算法。其中，Adagrad、Adadelta、RMSprop 和 Adam 是自适应学习速率的优化算法。这几种算法有初始学习速率，在梯度下降的过程中能自适应调整学习速率。但学习速率太大的话，会错过最小值的位置，学习速率太小的话，因下降速度太慢会增加耗时。动量优化方法（Momentum）是在梯度下降法的基础上进行改进的算法，具有加速梯度下降的作用。

3. 常用度量指标

分类问题常用的度量指标有正确率、精确率、召回率、F1 分数和 AUC；回归预测问题常用的度量指标有均方误差 F1 分数和平均绝对误差。

在介绍各类指标之前，先了解一下混淆矩阵，如表 4.2 所示。

表 4.2 混淆矩阵

实际结果	预测结果	
	Positive 正例	Negative 假例
Positvie 正例	True Positvie （TP）	Fasle Negative （FN）
Positvie 假例	False Positvie （FP）	True Negative （TN）

TP 表示实际值为正例、预测值也为正例的样本数量；FP 表示实际值为假例、预测值为正例的样本数量；FN 表示实际值为正例、预测值为假例的样本数量；TN 表示实际值为假例、预测值也为假例的样本数量。

（1）正确率（Accuracy）：模型预测正确数量占预测总量的比例。按照下面公式进行计算。

$$Accuracy=(TP+TN)/total$$

一般正确率越高模型越好，但有时正确率高并不代表算法好。对于一些数据分布不均匀的情况，不能单纯地依靠准确度来衡量。此时，需要用其他度量指标衡量模型性能。

（2）精确率（Precision）：正确预测值为正例的样本数量占所有预测为正例的总量的比例，也称查准率。按照下面公式进行计算。

$$Precision=TP/(TP+FP)$$

（3）召回率（Recall）：在所有实际值为正例的样本中，被判定为正例所占的比例，也称查全率。按照下面公式进行计算。

$$Recall=TP/(TP+FN)$$

（4）F1 分数：精确率和召回率的调和平均值，体现模型的稳健性。按照下面公式进行计算。

$$F1 分数=(2*Precision*Recall)/(Precision+Recall)$$

精确率、召回率和 F1 分数都是数值越大越好。

4.5 任务实践：模型运行

在本节，首先在计算机上配置一个基于 CPU 的深度学习环境，选择常用的 Pytorch 进行案例教学；搭建环境后，进行一个简单的图形识别案例的运行演示。大家可以按照教程完成这两个任务。

4.5.1 任务 1：开发环境搭建

1. Anaconda 介绍

Anaconda 指的是一个开源的 Python 发行版本，其包含 conda、Python 共 180 多个科学包及其依赖项。因为包含大量科学包，Anaconda 的下载文件比较大，如果只需要某些包，或者需要节省带宽或存储空间，也可以使用 Miniconda 这个较小的发行版（仅包含 conda 和 Python）。Anaconda 的仓库中包含 70000 多个与数据科学相关的开元库，以及虚拟环境管理工具，通过虚拟环境可以使用不同 Python 版本环境。Anaconda 可用于多个平台，如 Windows、Mac OS 和 Linux。

下面介绍在 Windows 10 环境下 Anaconda 的安装和使用。

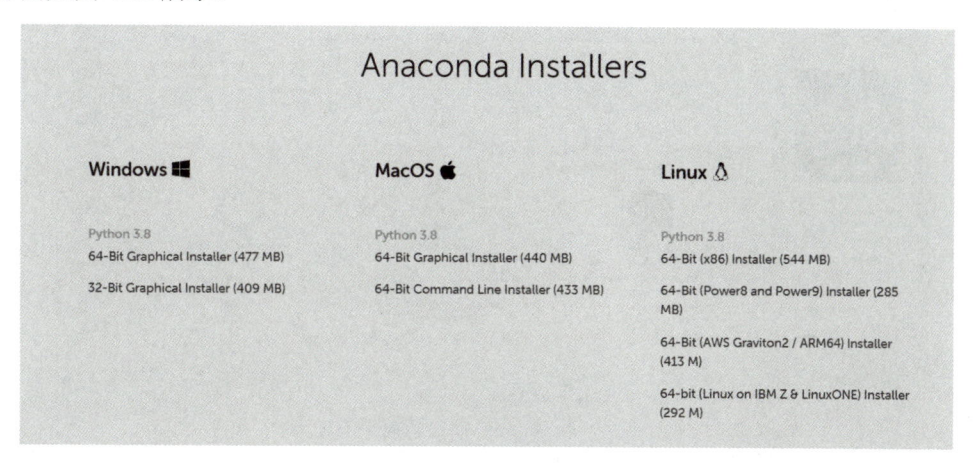

2. 安装 Anaconda

通过 Anaconda 下载地址，根据用户使用的操作系统选择相应的版本进行下载。Anaconda 下载界面如图 4.12 所示。

图 4.12　Anaconda 下载界面

下载完成后，单击 exe 安装文件进行安装。在安装的过程中，按照提示进行安装，注意勾选添加环境变量的复选框，如图 4.13 所示。

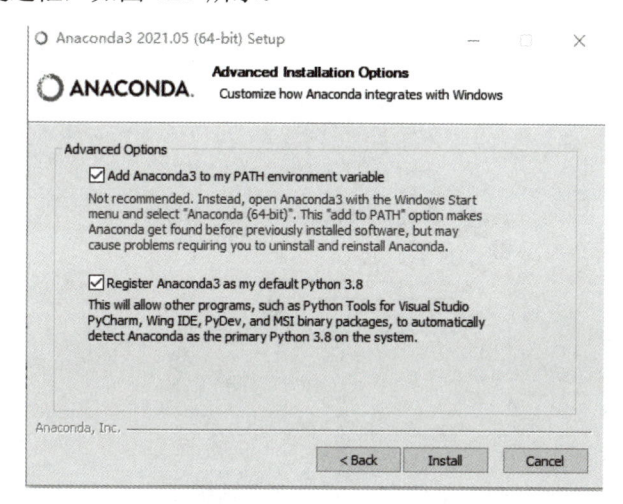

图 4.13　添加环境变量

3. 创建虚拟环境

很多开源库版本升级后 API 会有变化，老版本的代码不能在新版本中运行，但使用虚拟环境可以将不同 Python 版本、不同开源库版本隔离。

下面通过管理界面创建虚拟环境。

（1）在"开始"菜单中选择"Anaconda"命令，然后单击其中的"Anaconda Navigator"图标，打开 Anaconda 管理面板，其主界面如图 4.14 所示。

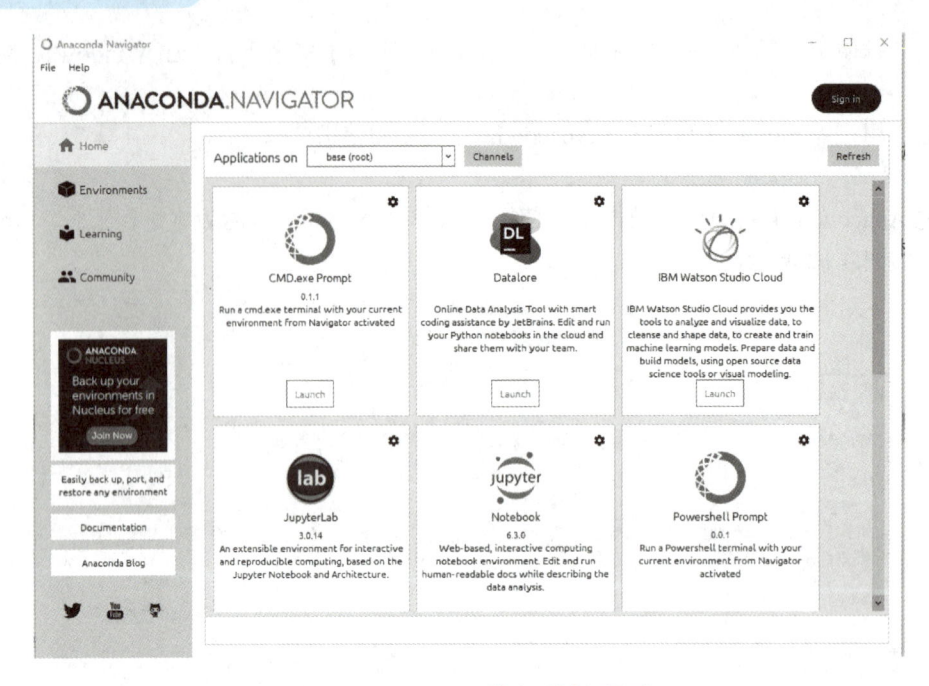

图 4.14　Anaconda 管理面板主界面

(2) 单击该面板主界面左侧的"Environments",进入环境管理界面。在该界面单击"Create"按钮,在弹出的对话框中选择 Python 版本,并输入环境的名称,然后单击"Create"按钮,如图 4.15 所示,即可创建虚拟环境。

图 4.15　创建虚拟环境

(3) 返回 Anaconda 管理面板主界面,选择虚拟系统,然后选择要安装的 Spyder 版本,单击"Install"按钮,如图 4.16 所示。完成安装即可运行 Spyder。

第 4 章　人工智能

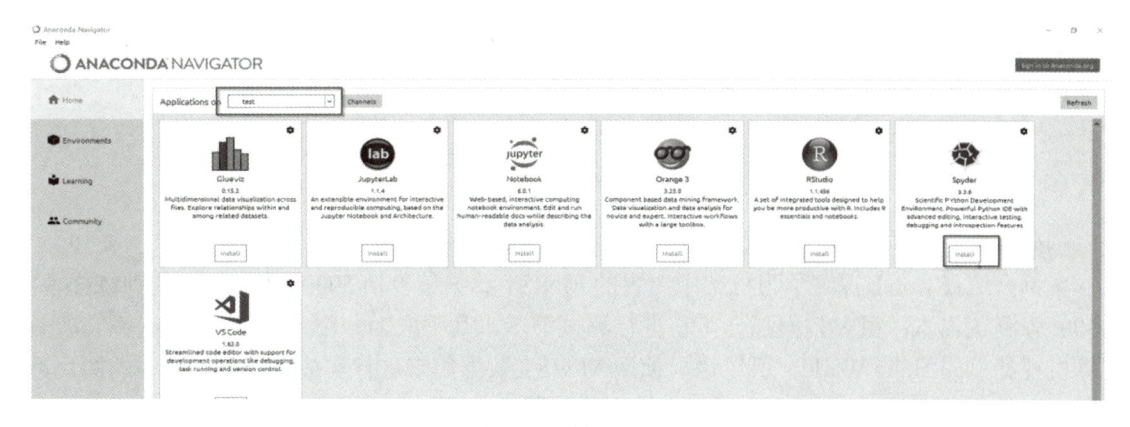

图 4.16　安装 Spyder

4. 安装深度学习库

创建虚拟环境后，开始安装深度学习框架。这里以 Pytorch 框架为例进行演示。

（1）在主界面中单击"虚拟环境"按钮，然后选择"Open Terminal"，如图 4.17 所示。在 Terminal 环境中输入 Pytorch 官网提示的合适的框架代码。

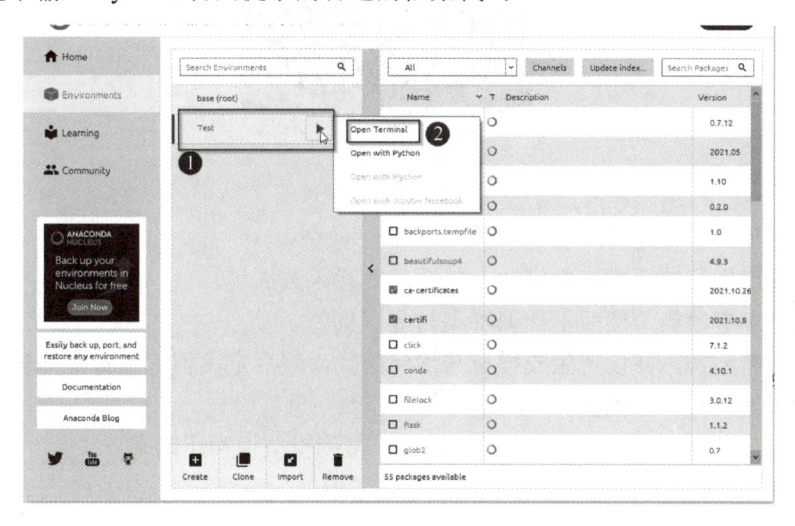

图 4.17　选择"Open Terminal"

（2）在 Pytorch 官网中选择 CPU 版本的 Pytorch 的安装代码，如图 4.18 所示。

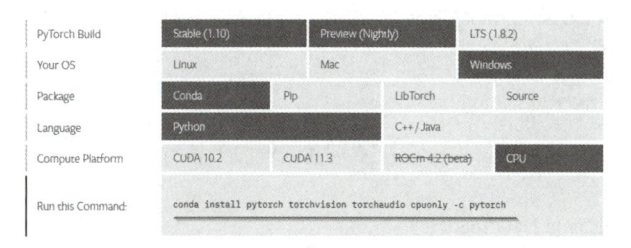

图 4.18　选择安装代码

105

（3）复制命令使用 Conda 安装，完成后在图形化界面中安装 Spyder，然后打开 Spyder 即可编辑和运行相应的代码。

4.5.2 任务 2：深度模型的实现

基础目标：基于 Pytorch 深度学习框架搭建 MNIST 图片识别器。

案例介绍：Pytorch 深度学习框架中内置的 MNIST 数据集包括 60000 张 28×28 的训练样本，10000 张测试样本，很多教程都会对它进行测试演示，几乎成为一个"典范"，可以说它就是计算机视觉里的 Hello World。所以这里使用 MNIST 数据集来进行实战，该数据集中的图片都是 28×28 的一维图片。MNIST 数据集中的图片如图 4.19 所示。

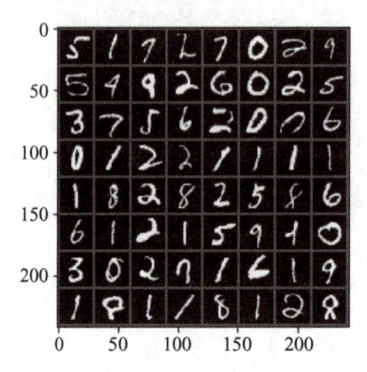

图 4.19　MNIST 数据集中的图片

实现步骤如下：
（1）导入深度学习的一些基本模块，包括函数载入数据集。
（2）设定基本参数集，然后下载训练集与测试集。
（3）定义模型结构，并设定生成模型与优化函数，然后定义训练函数与测试函数。
（4）按照指定模式训练模型。
（5）使用 MNIST 测试集评估训练好的模型，得到模型识别正确率。

程序代码如下：

```python
# 导入模块
import torch
import torch.nn as nn
import torch.nn.functional as F
import torch.optim as optim
from torchvision import datasets, transforms
# 设定参数
BATCH_SIZE = 512 #
EPOCHS = 10    # 总共训练批次
DEVICE = torch.device("cuda" if torch.cuda.is_available() else "cpu")
# 下载训练集
train_loader = torch.utils.data.DataLoader(
        datasets.MNIST('data', train = True, download = True,
                    transform = transforms.Compose([
                        transforms.ToTensor(),
```

```python
        transforms.Normalize((0.1037,), (0.3081,))
    ])),
    batch_size = BATCH_SIZE, shuffle = True)
# 测试集
test_loader = torch.utils.data.DataLoader(
    datasets.MNIST('data', train = False, transform = transforms.Compose([
        transforms.ToTensor(),
        transforms.Normalize((0.1037,), (0.3081,))
    ])),
    batch_size = BATCH_SIZE, shuffle = True)
# 定义模型
class ConvNet(nn.Module):
    def __init__(self):
        super().__init__()
        #1*1*28*28
        self.conv1 = nn.Conv2d(1, 10, 5)
        self.conv2 = nn.Conv2d(10, 20, 3)
        self.fc1 = nn.Linear(20 * 10 * 10, 500)
        self.fc2 = nn.Linear(500, 10)
    def forward(self, x):
        in_size = x.size(0)
        out= self.conv1(x) # 1* 10 * 24 *24
        out = F.relu(out)
        out = F.max_pool2d(out, 2, 2) # 1* 10 * 12 * 12
        out = self.conv2(out) # 1* 20 * 10 * 10
        out = F.relu(out)
        out = out.view(in_size, -1) # 1 * 2000
        out = self.fc1(out) # 1 * 500
        out = F.relu(out)
        out = self.fc2(out) # 1 * 10
        out = F.log_softmax(out, dim = 1)
        return out
# 生成模型和优化器
model = ConvNet().to(DEVICE)
optimizer = optim.Adam(model.parameters())
# 定义训练函数
def train(model, device, train_loader, optimizer, epoch):
    model.train()
    for batch_idx, (data, target) in enumerate(train_loader):
        data, target = data.to(device), target.to(device)
        optimizer.zero_grad()
        output = model(data)
        loss = F.nll_loss(output, target)
        loss.backward()
        optimizer.step()
        if (batch_idx + 1) % 30 == 0:
            print('Train Epoch: {} [{}/{} ({:.0f}%)]\tLoss: {:.6f}'.format(
                epoch, batch_idx * len(data), len(train_loader.dataset),
```

```
                    100. * batch_idx / len(train_loader), loss.item()))
# 定义测试函数
def test(model, device, test_loader):
    model.eval()
    test_loss = 0
    correct = 0
    with torch.no_grad():
        for data, target in test_loader:
            data, target = data.to(device), target.to(device)
            output = model(data)
            test_loss += F.nll_loss(output, target, reduction = 'sum')    # 将第一批的损失相加
            pred = output.max(1, keepdim = True)[1]                       # 找到概率最大的下标
            correct += pred.eq(target.view_as(pred)).sum().item()
    test_loss /= len(test_loader.dataset)
    print("\nTest set: Average loss: {:.4f}, Accuracy: {}/{} ({:.0f}%) \n".format(
        test_loss, correct, len(test_loader.dataset),
        100.* correct / len(test_loader.dataset)
        ))
# 训练和测试
for epoch in range(1, EPOCHS + 1):
    train(model,   DEVICE, train_loader, optimizer, epoch)
    test(model, DEVICE, test_loader)
```

选择在 Anaconda 控制面板中创建的虚拟环境，然后启动 Spyder（单击"Launch"按钮），如图 4.20 所示。

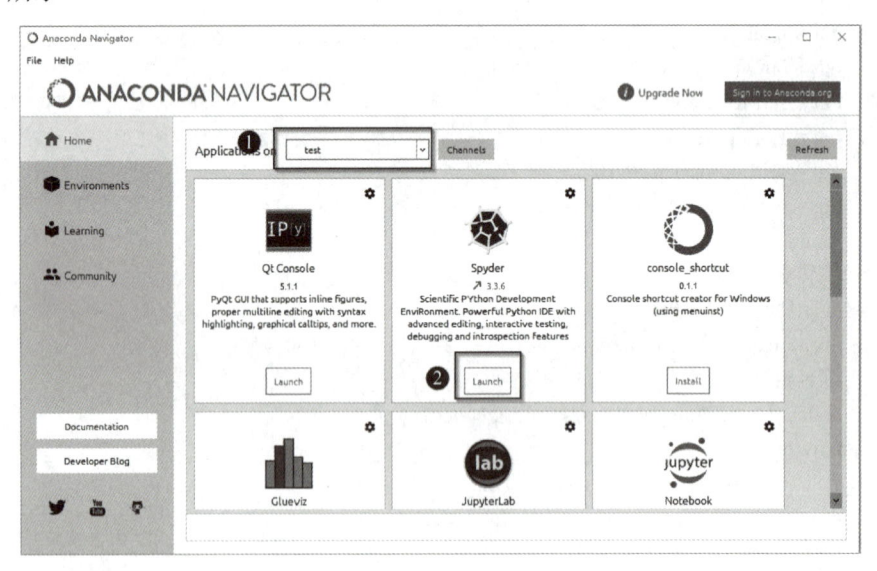

图 4.20　启动 Spyder

Spyder 启动成功后，导入上述程序代码，然后单击"开始执行"按钮，如图 4.21 所示，即可运行该训练模型，然后得出最终的数字图片识别结果。

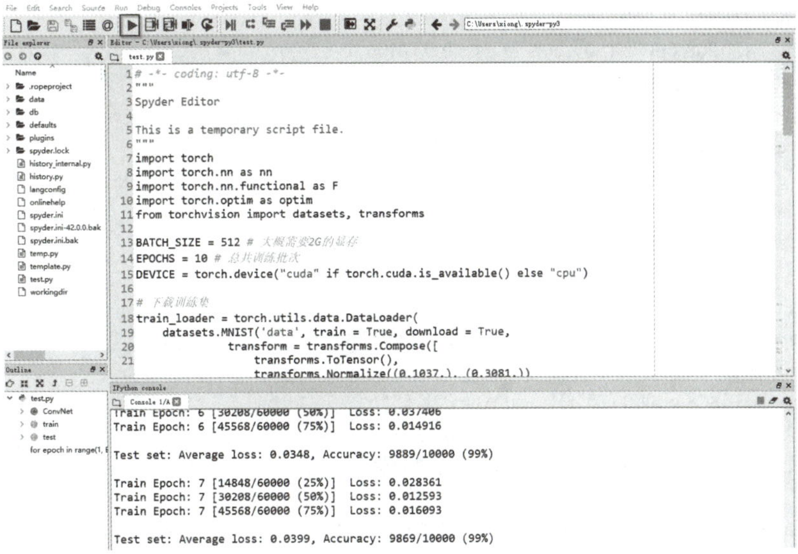

图 4.21　单击"开始执行"按钮

运行结果如下：

```
Train Epoch: 1 [14848/60000 (25%)]      Loss: 0.351355
Train Epoch: 1 [30208/60000 (50%)]      Loss: 0.167773
Train Epoch: 1 [45568/60000 (75%)]      Loss: 0.138192

Test set: Average loss: 0.1035, Accuracy: 9688/10000 (97%)

Train Epoch: 2 [14848/60000 (25%)]      Loss: 0.125062
Train Epoch: 2 [30208/60000 (50%)]      Loss: 0.116890
Train Epoch: 2 [45568/60000 (75%)]      Loss: 0.096904

Test set: Average loss: 0.0623, Accuracy: 9827/10000 (98%)

Train Epoch: 3 [14848/60000 (25%)]      Loss: 0.079307
Train Epoch: 3 [30208/60000 (50%)]      Loss: 0.063818
Train Epoch: 3 [45568/60000 (75%)]      Loss: 0.039115

Test set: Average loss: 0.0485, Accuracy: 9851/10000 (99%)

Train Epoch: 4 [14848/60000 (25%)]      Loss: 0.025958
Train Epoch: 4 [30208/60000 (50%)]      Loss: 0.046603
Train Epoch: 4 [45568/60000 (75%)]      Loss: 0.026431

Test set: Average loss: 0.0416, Accuracy: 9868/10000 (99%)

Train Epoch: 5 [14848/60000 (25%)]      Loss: 0.052067
Train Epoch: 5 [30208/60000 (50%)]      Loss: 0.038801
Train Epoch: 5 [45568/60000 (75%)]      Loss: 0.032702

Test set: Average loss: 0.0414, Accuracy: 9873/10000 (99%)
```

```
Train Epoch: 6 [14848/60000 (25%)]    Loss: 0.025274
Train Epoch: 6 [30208/60000 (50%)]    Loss: 0.037406
Train Epoch: 6 [45568/60000 (75%)]    Loss: 0.014916

Test set: Average loss: 0.0348, Accuracy: 9889/10000 (99%)

Train Epoch: 7 [14848/60000 (25%)]    Loss: 0.028361
Train Epoch: 7 [30208/60000 (50%)]    Loss: 0.012593
Train Epoch: 7 [45568/60000 (75%)]    Loss: 0.016093

Test set: Average loss: 0.0399, Accuracy: 9869/10000 (99%)

Train Epoch: 8 [14848/60000 (25%)]    Loss: 0.015556
Train Epoch: 8 [30208/60000 (50%)]    Loss: 0.020374
Train Epoch: 8 [45568/60000 (75%)]    Loss: 0.020266

Test set: Average loss: 0.0379, Accuracy: 9885/10000 (99%)

Train Epoch: 9 [14848/60000 (25%)]    Loss: 0.007171
Train Epoch: 9 [30208/60000 (50%)]    Loss: 0.006605
Train Epoch: 9 [45568/60000 (75%)]    Loss: 0.005618

Test set: Average loss: 0.0363, Accuracy: 9892/10000 (99%)

Train Epoch: 10 [14848/60000 (25%)]   Loss: 0.015355
Train Epoch: 10 [30208/60000 (50%)]   Loss: 0.014191
Train Epoch: 10 [45568/60000 (75%)]   Loss: 0.003748

Test set: Average loss: 0.0341, Accuracy: 9898/10000 (99%)
```

该卷积神经网络的识别正确率为 99%。

习 题

一、填空题

1. 人工智能的三大要素是_____、_____、_____。
2. 特征工程的四个过程为_____、_____、_____、_____。

二、选择题

1. 被誉为"人工智能之父"的是（   ）。
   A．明斯基　　　　　　　　　　B．图灵
   C．麦卡锡　　　　　　　　　　D．冯·诺依曼

2. AI 是（   ）的英文缩写。
   A．Automatic Intelligence　　　B．Artificial Intelligence
   C．Automatic Information　　　D．Artificial Information

3. 下列（   ）不属于人工智能研究的基本内容。
   A．机器感知　　　　　　　　　B．机器学习
   C．自动化　　　　　　　　　　D．机器思维

第 5 章

大数据技术

学习目标

- ◇ 了解大数据的基本概念
- ◇ 了解数据分析的基本任务
- ◇ 熟悉数据分析的建模过程
- ◇ 了解常用的数据分析建模工具
- ◇ 了解大数据的相关安全法律法规

引导案例

随着云时代的来临,大数据技术将具有越来越重要的战略意义。大数据已经渗透到每个行业和业务职能领域,逐渐成为重要的生产要素。Linkedin 对全球超过 3.3 亿用户的工作经历和技能进行分析后得出,在目前炙手可热的 25 项技能中,大数据分析人才需求排名第一。那么大数据分析是什么?本章通过介绍大数据的基本概念及数据分析的基本建模过程,让学生获得真实的数据分析学习与实践环境,积累大数据相关知识与经验。

5.1 大数据基础知识

5.1.1 大数据的发展背景

在 20 世纪 90 年代后期，气象学家在做气象地图分析、物理学家在建立物理仿真模型、生物学家在建立基因图谱的过程中，由于数据量巨大，他们不能用传统的计算技术来完成这些工作时，大数据的概念首先被提出来。面对大量科学数据在获取、存储、搜索、共享和分析中遇到的技术难题，一些新的分布式计算技术陆续被研究和开发出来。

2008 年，随着互联网和电子商务的快速发展，当雅虎、谷歌等大型互联网和电子商务公司不能用传统手段解决他们的业务问题时，大数据的理念和技术被他们实际应用。他们遇到的共性问题是，处理的数据量很大（那时为 PB 级，1PB 的数据相当于 50%的全美学术研究图书馆藏书资讯内容），数据的种类很多（文档、日志、博客、视频等），数据的流动速度很快（包括流文件数据、传感器数据和移动设备数据的快速流动），且这些数据经常是不完备的，甚至是不可理解的（需要从预测分析中推演出来）。大数据的新技术和新架构正是在这种背景下被不断开发出来的，以有效地解决这些现实的互联网数据处理问题。

2010 年，全球进入 Web 2.0 时代，Twitter（推特）、Facebook（脸书）、博客、微博、微信等社交网络将人类带入自媒体时代，互联网数据快速激增。随着苹果、三星等智能手机的普及，移动互联网时代已经到来，移动设备所产生的数据海量般地涌入网络。为了实现更加智能的应用，物联网技术逐步被推广，随之而来的是更多实时获取的视频、音频、电子标签（RFID）、传感器等数据也被联入互联网，数据量进一步暴增。根据美国市场调查公司 IDC 的预测，人类产生的数据量正在呈指数级增长，大约每两年翻一番，这个速度在 2020 年之前会继续保持下去；全球在 2010 年正式进入 ZB 时代（1ZB 的数据相当于全世界海滩上沙子数量的总和），预计到 2020 年，全球将总共拥有 35ZB 的数据量。这意味着人类在最近两年产生的数据量相当于之前产生的全部数据量。人类真正进入数据世界，大数据技术有了用武之地，大数据技术和应用空前繁荣。

2011 年，全球著名战略咨询公司麦肯锡的全球研究院（MGI）发布了《大数据：创新、竞争和生产力的下一个新领域》研究报告，该报告分析了数字数据和文档的爆发式增长的状态，阐述了处理这些数据能够释放出的潜在价值，分析了与大数据相关的经济活动和业务价值链。该报告在商业界引起极大关注，为大数据从技术领域进入商业领域吹响了号角。

2012 年 3 月 29 日，奥巴马政府以"大数据是一个大生意（Big Data is a Big Deal）"为题发布新闻，宣布投资 2 亿美元启动"大数据研究和发展计划"，涉及美国国家科学基金、美国国防部等 6 个联邦政府部门，大力推动和改善与大数据相关的收集、组织和分析工具及技术，以提高从大量复杂的数据集合中获取知识和洞见的能力。美国政府认为大数据技术事关美国国家安全、科学和研究的步伐。

2012 年 5 月，联合国发布了一份大数据白皮书，总结了各国政府如何利用大数据更好地服务公民，指出大数据对于联合国和各国政府来说是个历史性的机遇，联合国还探讨了如何利用包括社交网络在内的大数据资源造福人类。

2012 年 12 月，"世界经济论坛"发布《大数据，大影响》报告，阐述了大数据为国际发展带来的新的商业机会，建议各国与工业界、学术界、非营利性机构与管理者一起利用大数据所创造的机会。

2012 年以来，大数据成为全球投资界最青睐的领域之一，IBM 公司通过并购数据仓库厂商 Netezza、软件厂商 Infosphere Biginsights 和 Streams 等来增强其在大数据处理上的实力；EMC 公司陆续并购 Greenplum（Pivotal）、Vmware、Isilo 等公司，展开大数据和云计算产业的战略布局；惠普公司通过并购 3PAR、Autonomy、Vertica 等公司实现了大数据产业链的全覆盖。业界主要的信息技术巨头纷纷推出大数据产品和服务，力图抢占市场先机。

2012 年以来，国内互联网企业和运营商率先启动大数据技术的研发和应用，如新浪、淘宝、百度、腾讯、中国移动、中国联通、京东商城等企业纷纷启动大数据试点应用项目，推进大数据应用。

2013 年，第 4 期《求是》杂志刊登了中国工程院邬贺铨院士的"大数据时代的机遇与挑战"一文，该文阐述了中国科技界对大数据的重视程度，郭华东、李国杰、倪光南、怀进鹏等院士也纷纷撰文阐述大数据的战略意义。工业和信息化部软件服务业司相关领导指出：大数据是云计算、物联网、移动互联网、智慧城市等新技术、新模式发展的必然产物。这表明产业主管部门对大数据发展的高度关注。

5.1.2　大数据的概念和核心特征

1. 大数据的概念

大数据是指无法在一定时间内用传统数据库软件工具对其内容进行抓取、管理和处理的数据集合。

这个定义并不严谨，但这是学术和应用领域广泛引用的一个定义，如果接着以大数据的四个特征作为补充，就能给出一个较为清晰的大数据的概念。

2. 大数据的核心特征

大数据有以下 4 个主要核心特征。

（1）Volume：数据量巨大。

体量大是大数据区分于传统数据的显著特征。一般关系型数据库处理的数据量在 TB 级，大数据所处理的数据量通常在 PB 级以上。

（2）Variety：数据类型多。

大数据所处理的计算机数据类型早已不是单一的文本形式或结构化数据库中的表，它包括订单、日志、BLOG、微博、音频、视频等复杂结构的数据。

（3）Velocity：数据流动。

速度是大数据区分于传统数据的重要特征。在海量数据面前，需要实时分析并获取需要的信息，处理数据的效率就是组织的生命。

（4）Value：数据价值大。

在研究和技术开发领域，上述 3 个特征已经足够表征大数据的特点。但在商业应用领域，第 4 个特征就显得非常关键。对大数据的研究和技术开发投入如此巨大，就是因为大家都洞察到大数据潜在的巨大价值。如何通过强大的机器学习和高级分析更迅速地完成数据的价值"提纯"，挖掘出大数据的潜在价值，是目前大数据应用背景下亟待解决的难题。

5.2 大数据系统架构

5.2.1 大数据计算系统组成

通常将与数据查询、统计、分析、预测、图谱处理、商业智能等有关的技术统称为数据计算技术。数据计算技术涵盖数据处理的方方面面，是大数据技术的核心。因此，大数据的分析计算过程涵盖了对海量数据的采集、进行分布式的数据分析、分析处理，以及价值获取。但这种分布式的大数据处理，必须依托计算机系统的分布式数据库。因为计算机的分布式数据库或云存储及计算机中的虚拟化技术，对大数据相关技术处理能力具有支撑作用。由于大数据计算系统涉及软件的分层化，借鉴计算机网络体系结构的分层理念，可将大数据计算系统归纳、划分为三个基本系统，即大数据存储系统、大数据处理系统和大数据应用系统，如图 5.1 所示。其中，整个系统结构的每层由提供不同服务功能的子系统或模块组成，各子系统或模块包含不同技术架构与技术标准。

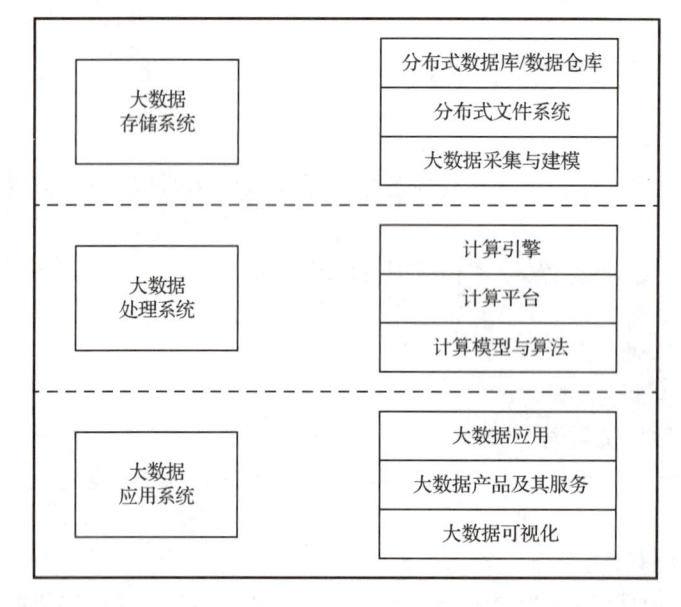

图 5.1 大数据计算系统的组成

1. 大数据存储系统

大数据存储系统主要提供数据集、数据洗建、大规模数据存储管理、数据操作（添加、删除、查询、更新及数据同步）等功能。目前，大数据存储架构主要由大数据采集与建模、分布式文件系统、分布式数据库（非关系数据库）及统一数据访问接口等子层组成，有些设计还会在非关系数据库上附加一个提供数据分析功能的数据仓库。

大数据采集与建模子层主要有两项任务，一项任务是数据采集（系统日志、网络爬虫、无传感器网络、物联网，以及其他数据源），另一项任务是数据清洗、抽取与建模，将各种类型的结构化数据、半结构化数据、非结构化数据转换为标准格式的数据，并定义数据属性及值域。

分布式文件系统子层主要用于提供大数据物理存储架构。目前，大数据计算架构中主要采用两种文件系统，一种是开源社区的 Apache HDFS；另一种是 Google 的 GFS，目前已经演化成 Colossus 系统。

分布式数据库/数据仓库子层不但实现数据的存储管理，更重要的是向上层计算引擎和应用软件提供数据快读查询、数据分析服务支持。目前，支持大数据应用的数据库产品众多，其存储结构与所用的技术各不相同，代表性产品是基于分布式文件系统的非关系数据库（NoSQL）。

大数据存储系统是大数据计算的基础，各种分析算法、计算模型及计算性能都依赖于大数据存储系统。因此，大数据存储系统是大数据研究的一个重要组成部分。

2. 大数据处理系统

大数据处理系统主要包括计算模型与算法、计算平台和计算引擎三个模块。

针对不同类型的数据，其计算模型不同，如针对非结构化数据的 Map reduce 批处理模型、针对动态数据流的流计算模型、针对结构化数据的大规模并发处理（MPP）模型、基于物理大内存的高性能计算模型。针对应用需求的各类数据分析算法有回归分析算法、聚合算法、关联规则算法、决策树算法、贝叶斯分析算法、机器学习算法等。

计算平台为大数据计算分析提供技术标准、计算架构，以及一系列开发技术和开发工具集成环境。目前，提供数据计算处理的各种开发工具包和运行环境比较多，典型的计算平台有 Hadoop、Spark、Storm、Cloudera，以及 Google 基于其一系列大数据计算技术的商业平台。许多商业公司（如 Google、IBM Oracle、Microsoft 等）都提供各自的大数据计算平台和相关技术；开源社区则提供基于 Hadoop 平台的一整套支持大数据计算应用的开放式架构和技术标准。

计算引擎是基于计算平台、特定计算模型而设计和封装的服务器端程序，用于支撑特定计算模式下后端的大数据处理、计算和分析。例如，Mapreduce 计算引擎提供大数据的划分、节点分配、作业调度及计算结果的融汇等功能，直接支持上层大数据的应用开发；图并行计算引擎提供对网络图数据（社交网络、电信网络、神经网络等可用有向图来表征的一些数据）的高效计算处理。

3. 大数据应用系统

大数据应用系统是基于存储系统、数据处理系统而提供各行各业大数据应用的技术方案，包括大数据的可视化、大数据服务产品及其应用。目前，互联网、电子商务、电子政务、金融、电信、教育、医疗卫生等都是大数据应用的热门领域。

5.2.2 大数据分析的概念和任务

1. 大数据分析概念

20 世纪 80 年代末，数据分析（Data Mining，DM）起源于数据库中的知识发现（Knowledge Discovery in Database，KDD）这一概念。在 1989 年美国底特律召开的第一届知识发现国际学术会议上，KDD 这个名词正式开始出现。1995 年，第一届知识发现和数据分析国际学术会议在加拿大召开，在这次国际会议上，首次提出将数据库中存放的有价值的数据比喻成矿床，从此以后"数据分析"这个名词很快就流传出来。

从严格的科学定义角度分析，数据分析是从大量的、有噪声的、不完全的、模糊和随机的数据中，提取出隐含在其中的、人们事先不知道的、具有潜在利用价值的信息和知识的过程。

从技术角度分析，数据分析就是利用一系列相关算法和技术，从大数据中提取出行业或公司所需要的、有实际应用价值的知识的过程。这些有价值的潜在知识与信息就隐藏在大数据中，之前并不被人所知，所提取到的知识表示形式可以是概念、规律、规则与模式等。

值得注意的是，数据分析是一个多学科交叉领域，涉及数据库技术、人工智能、高性能计算、机器学习、模式识别、知识库工程、神经网络、数理统计、信息检索、信息的可视化等领域。在分析原理与方法上，数据分析和统计学之间并不存在明显界限，数据分析技术的 Cart、Chaid 或模糊计算等理论方法，也都是由统计学者根据统计理论发展衍生而来的；或者说，在相当大的比重上，数据分析由高等统计学中的数理分析理论支撑。

与传统统计分析相比，数据分析有以下几个特征：

（1）处理大数据的能力更强，且无须太专业的统计背景就可以使用数据分析工具；

（2）从使用与需求的角度看，数据分析工具更符合企业界的需求；

（3）从理论的基础点来解析，数据分析和统计分析有应用上的差别，数据分析的最终目的是方便企业终端用户使用，而不是给统计学家检测用的。

2. 大数据分析任务

数据分析的基本任务是利用分类与预测、聚类分析、关联规则、时序模式偏差检测、智能推荐等方法，帮助企业提取数据中蕴含的商业价值，提高企业的竞争力。

对企业而言，数据分析的基本任务是从企业采集各类商品销量、成本单价、会员消费、促销活动等内部数据，以及天气、节假日、竞争对手及周边商业氛围等外部数据，之后利用数据分析手段，实现商品智能推荐、促销效果分析、客户价值分析、新店选点优化、热销/滞销商品分析和销量趋势预测；最后将这些分析结果推送给企业管理者及有关服务人员，为企业降低运营成本、增加盈利能力、实现精准营销、策划促销活动等提供智能服务支持。

5.2.3 大数据分析的流程

数据分析的建模流程如图 5.2 所示。

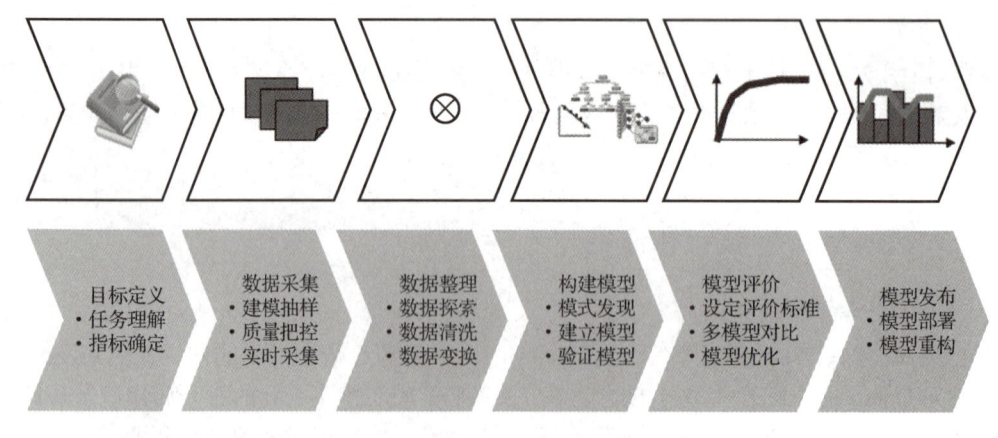

图 5.2 数据分析的建模流程

目标定义
·任务理解
·指标确定

数据采集
·建模抽样
·质量把控
·实时采集

数据整理
·数据探索
·数据清洗
·数据变换

构建模型
·模式发现
·建立模型
·验证模型

模型评价
·设定评价标准
·多模型对比
·模型优化

模型发布
·模型部署
·模型重构

1. 定义分析目标

针对具体的数据分析应用需求，首先要明确本次的分析目标是什么，系统完成后能达到什么效果。因此，我们必须分析应用领域，包括应用中的各种知识和应用目标，了解相关领域的有关情况，熟悉背景知识，弄清用户需求。要想充分发挥数据分析的价值，必须对目标有一个清晰明确的定义，即决定到底想干什么。

2. 数据取样

在明确需要进行数据分析的目标后，接下来就需要从业务系统中抽取一个与分析目标相关的样本数据子集。抽取数据的标准，一是相关性，二是可靠性，三是有效性，且不使用企业的全部数据。通过精选数据样本，不但能减小数据处理量，节省系统资源，还能使我们想要寻找的规律性更加突显。

进行数据取样一定要严把质量关。在任何时候都不能忽视数据质量，即使是从一个数据仓库中进行数据取样，也不能忘记检查其质量。因为数据分析是要探索企业运作的内在规律性，原始数据有误，就很难从中探索出规律性。如果从中探索出规律性，并据此指导工作，则很可能会造成误导。如果从正在运行的系统中对数据进行取样，则要注意数据的完整性和有效性。

3. 数据探索

对所抽取的样本数据进行探索、审核和必要的加工处理，是保证最终的分析模型的质量所必需的。可以说，分析模型的质量不会超过抽取样本的质量。数据探索和预处理的目的是保证样本数据的质量，从而为保证分析模型的质量打下基础。

数据探索主要包括异常值分析、缺失值分析、一致性分析、周期性分析等。

4. 数据预处理

当采样数据维度过大时，如何进行降维处理、缺失值处理等是数据预处理要解决的问题。

由于采样数据中常常包含许多噪声、不完整甚至不一致的数据，对数据分析所涉及的数据对象必须进行预处理。针对采集的数据，数据预处理主要包括数据清洗、数据变量转换、数据标准化、属性规约等。

5. 分析建模

样本抽取完并经预处理后，接下来要考虑的问题是本次建模属于数据分析应用中的哪类问题（分类、聚类、关联规则、时序模式或智能推荐），选用哪种算法进行模型构建。

这一步是数据分析工作的核心环节。根据分析目标和数据形式可以建立分类与预测、聚类分析、关联规则、时序模式、离群点检测等模型，以帮助企业提取数据中蕴含的商业价值，提高企业竞争力。

6. 模型评价

从建模过程中会得出一系列分析结果，模型评价的目的之一就是从这些模型中自动找出一个最好的模型，另外就是要根据业务对模型进行解释和应用。

5.3 大数据分析算法

在大数据分析的发展过程中，由于大数据分析不断将诸多学科领域中的知识与技术融入其中，因此，目前大数据分析算法已呈现多种形式。

从使用的广义角度看，大数据分析的常用算法主要有分类算法、聚类算法、估值算法、预测算法、关联规则算法、可视化算法等。

从大数据分析算法所依托的数理基础角度归类，目前大数据分析算法主要分为三大类，即机器学习算法、统计分析算法与神经网络算法。

机器学习算法分为决策树算法、基于范例学习算法、规则归纳算法与遗传算法等；统计分析算法细分为回归分析算法、时间序列分析算法、关联分析算法、聚类分析算法、模糊集算法、粗糙集算法、探索性分析算法、支持向量机与最近邻分析算法等；神经网络算法分为前向神经网络算法、自组织神经网络算法、感知机算法、多层神经网络算法、深度学习算法等。

在具体的项目应用场景中通过使用上述这些特定算法，可以从大数据中整理并分析出有价值的数据，经过针对性的数学或统计模型的进一步解释与分析，提取隐含在这些大数据中的潜在规律、规则、知识与模式。下面介绍数据分析中经常使用的分类、聚类、关联规则与时间序列预测等相关概念。

5.3.1 分类

数据分析方法中的一种重要方法就是分类，在给定数据基础上构建分类函数或分类模型，该函数或模型能够把数据归类为给定类别中的某种类别，这就是分类的概念。在分类的过程中，通常通过构建分类器来实现具体分类，分类器是对样本进行分类的方法的统称。

一般情况下，构建分类器需要经过以下4个步骤：
（1）选定包含正、负样本在内的初始样本集，所有初始样本分为训练样本与测试样本；
（2）通过训练样本生成分类模型；
（3）在测试样本上执行分类模型，并产生具体的分类结果；
（4）依据分类结果评估分类模型的性能。
通常用以下两种方法来对分类器的错误率进行评估。
（1）保留评估方法。通常用所有样本集中的2/3样本作为训练集，其余样本作为测试样本，即使用所有样本集中的2/3样本的数据来构造分类器，并采用该分类器对测试样本分类，评估错误率就是该分类器的分类错误率。这种评估方法具有处理速度快的特点，然而仅用2/3样本构造分类器，并未充分利用所有样本进行训练。
（2）交叉纠错评估方法。该方法将所有样本集分为 N 个没有交叉数据的子集，并训练与测试 N 次。在每次训练与测试的过程中，训练集都会去除某个子集中的剩余样本，然后在该子集中进行 N 次测试，评估错误率为所有分类错误率的平均值。一般情况下，保留评估方法用于最初试验性场景，交叉纠错评估方法用于建立最终分类器。

5.3.2 聚类

随着科技的进步，数据收集变得相对容易，从而导致数据库规模越来越庞大。例如，各类网上交易数据、图像与视频数据等，数据的维度通常可以达到成百上千维，存在大量的数据聚类问题。聚类就是将抽象对象的集合分为相似对象组成的多个类的过程，聚类过程中生成的簇称为一组数据对象的集合。聚类源于分类，聚类又称群分析，是研究分类问题的另一种统计计算方法，但聚类不完全等同于分类。

聚类与分类的不同点是，聚类要求归类的类通常是未知的，而分类则要求事先已知多个类。对于聚类问题，传统聚类方法已经较为成功地解决了低维数据的聚类，但由于大数据处理中的数据具有高维、多样与复杂性特点，现有的聚类算法对于大数据或高维数据，经常面临失效的窘境。受维度的影响，在低维数据空间表现良好的聚类方法，运用在高维空间上却无法获得理想的聚类效果。

在对高维数据进行聚类时，传统聚类方法主要面临以下两个问题：

（1）相对低维空间中的数据，高维空间中的数据分布稀疏，传统聚类方法通常基于数据间的距离进行聚类，因此，在高维空间中采用传统聚类方法难以基于数据间的距离来有效构建簇。

（2）高维数据中存在大量不相关的属性，使得在所有维中存在簇的可能性几乎为零。目前，高维聚类分析已成为聚类分析的一个重要研究方向，也是聚类技术的难点。

5.3.3 关联规则

关联规则属于数据分析算法中的一类重要方法，关联规则就是支持度与置信度分别满足用户给定值的规则。

所谓关联，反映一个事件与其他事件间关联的知识。支持度揭示了 A 和 B 同时出现的频率。置信度揭示了 B 出现时，A 有多大可能出现。关联规则最初是针对购物篮分析问题提出的，销售分店经理想更多了解顾客的购物习惯，想知道顾客在购物时会购买哪些商品。通过发现放入购物篮中不同商品间的关联，可分析出顾客的购物习惯。

关联规则的发现可以帮助销售商掌握顾客同时会频繁购买哪些商品，从而有效帮助销售商开发良好的营销手段。1993 年，R. A graal 基于二阶段频繁集的递推算法首次提出分析顾客交易数据中的关联规则问题。起初关联规则属于单维、单层及布尔关联规则，例如，典型的 Aprior 算法。在工作机制上，关联规则包含两个主要阶段，第 1 个阶段，从资料集合中找出所有高频项目组；第 2 个阶段，从高频项目组中产生关联规则。

随着关联规则的不断发展，目前关联规则中可以处理的数据分为单维数据和多维数据。在针对单维数据的关联规则中，只涉及数据的一个维度，如客户购买的商品；在针对多维数据的关联规则中，处理的数据涉及多个维度。

总体而言，单维关联规则处理单个属性中的一些关系，多维关联规则处理各属性间的关系。

5.3.4 时间序列预测

通常将统计指标的数值按时间顺序排列所形成的数列称为时间序列。时间序列预测法是一种历史引申预测法，即将时间数列所反映的事件发展过程进行引申外推，以预测发展趋势的一种方法。

时间序列分析是动态数据处理的统计方法，主要基于数理统计与随机过程方法，用于研究随机数列所服从的统计学规律，常用于企业经营、气象预报、市场预测、污染源监控、地震预测、农林病虫灾害预报、天文学等方面。

时间序列预测及其分析是指将系统观测所得的实时数据，通过参数估计与曲线拟合来建立合理数学模型的方法，包含谱分析与自相关分析在内的一系列统计分析理论，涉及时间序列模型的建立、推断、最优预测、非线性控制等原理。

时间序列预测法可用于短期、中期和长期预测，依据所采用的分析方法，时间序列预测又可以分为简单序时平均数法、移动平均法、季节性预测法、趋势预测法、指数平滑法等方法。

5.3.5 常用的数据分析工具

数据分析是一个反复探索的过程，只有将数据分析工具提供的技术和实施经验与企业的业务逻辑和需求紧密结合，并在实施的过程中不断磨合，才能取得好的效果。下面简单介绍几种常用的数据分析建模工具。

1. SAS Enterprise Miner

Enterprise Miner（EM）是 SAS 公司推出的一个集成的数据分析系统，允许使用和比较不同技术，同时还集成了复杂的数据库管理软件。它的运行方式是通过在一个工作空间（workspace）中按照一定顺序添加各种可以实现不同功能的节点，然后对不同节点进行相应设置，最后运行整个工作流程（workflow），便可以得到相应的结果。

2. IBM SPSS Modeler

IBM SPSS Modeler 原名 Clementine，2009 年被 IBM 公司并购后对产品的性能和功能进行了大幅度改进和提升。它封装了先进的统计学和数据分析技术，来预测知识并将相应的决策方案部署到现有的业务系统和业务过程中，从而提高企业的效益。IBM SPSS Modeler 拥有直观的操作界面、自动化的数据准备和成熟的预测分析模型，结合商业技术可以快速建立预测性模型。

3. SQL Server

Microsoft 公司的 SQL Server 中集成了数据分析组件 Analysis Servers，借助 SQL Server 的数据库管理功能，可以无缝地集成在 SQL Server 数据库中。SQL Server 2008 中提供了决策树算法、聚类分析算法、Naive Bayes 算法、关联规则算法、时序算法、神经网络算法、线性回归算法等常用的数据分析算法。但是其预测建模的实现是基于 SQL Sever 平台的，平台移植性相对较差。

4. MATLAB

MATLAB（Matrix Laboratory，矩阵实验室）是美国 Mathworks 公司开发的一款应用软件，具备强大的科学及工程计算能力，它不但具有以矩阵计算为基础的强大数学计算能力和分析功能，而且还具有丰富的可视化图形表现功能和方便的程序设计能力。MATLAB 并不提供一个专门的数据分析环境，但它提供非常多的相关算法的实现函数，是学习和开发数据分析算法的很好选择。

5. WEKA

WEKA（Waikato Environment for Knowledge Analysis）是一款知名度较高的开源机器学习和数据分析软件。高级用户可以通过 Java 编程和命令行来调用其分析组件。同时，WEKA 也为普通用户提供了图形化界面，称为 WEKA Knowledge Flow Environment 和 WEKA Explorer，可以实现预处理、分类、聚类、关联规则、文本分析、可视化等。

6. KNIME

KNIME（Konstanz Information Miner）是基于 Java 开发的，可以扩展使用 Weka 中的分析算法。KNIME 采用类似数据流（Data Flow）的方式来建立分析流程。分析流程由一系列功能节点组成，每个节点都有输入/输出端口，用于接收数据或模型、导出结果。

7. RapidMiner

RapidMiner 也叫 YALE（Yet Another Learning Enviromnent），提供图形化界面，采用类似 Windows 资源管理器中的树状结构来组织分析组件，树上的每个节点表示不同运算符（Operator）。YALE 中提供了大量运算符，包括数据处理、变换、探索、建模、评估等环节。YALE 是用 Java 开发的，基于 Weka 来构建，可以调用 Weka 中的各种分析组件。YALE 有拓展的套件 Radoop，可以和 Hadoop 集成，在 Hadoop 集群上运行任务。

5.4 大数据应用及发展趋势

5.4.1 大数据的应用场景

大数据的应用场景包括各行各业对大数据处理和分析的应用，其中最核心的是用户个性需求。下面将通过对各个行业如何使用大数据进行梳理来展现大数据的应用场景。

1. 零售行业大数据应用

零售行业大数据应用有两个层面，一个层面是零售行业可以了解消费者的消费喜好和消费趋势，进行商品的精准营销，降低营销成本。例如，记录消费者的购买习惯，将一些日常必备生活用品，在消费者即将用完之前，通过推送精准广告的方式提醒其进行购买，或者定期通过网上商城进行送货，既能帮助消费者解决问题，又能提高消费者体验。另一个层面是依据消费者购买的产品，为消费者提供可能购买的其他产品，扩大销售额，属于精准营销范畴。例如，通过消费者购买洗衣液的记录，了解其对关联产品的购买喜好，将与洗衣服相关的产品如洗衣粉、消毒液、衣领净等放到一起进行销售，提高相关产品的销售额。另外，零售行业可以通过大数据掌握消费者未来的消费趋势，有利于对热销商品的进货管理和过季商品的处理。

电商是最早利用大数据进行精准营销的行业，电商网站内推荐引擎会依据消费者以往购买行为和同类人群购买行为，进行产品推荐，推荐的产品转化率一般为6%～8%。电商的数据量足够大，数据较为集中，数据种类较多，其商业应用具有较大想象空间，包括预测流行趋势、消费趋势、地域消费特点、消费习惯、消费行为的相关度、消费热点等。依托大数据分析，电商可帮助企业进行产品设计、库存管理、计划生产、资源配置等，有利于精细化大生产，提高生产效率，优化资源配置。

未来考验零售企业的是如何分析消费者需求，以及高效整合供应链满足其需求的能力，因此，信息技术水平的高低成为获得竞争优势的关键要素。无论是国际零售巨头，还是本土零售品牌，要想顶住日渐微薄的利润率带来的压力，就必须思考如何拥抱新科技，并为消费者带来更好的消费体验。

2. 金融行业大数据应用

金融行业拥有丰富的数据，并且数据维度和数据质量都很好，因此，大数据应用场景较为广泛。典型的应用场景有银行数据应用场景、保险数据应用场景、证券数据应用场景等。

（1）银行数据应用场景。

银行数据应用场景比较丰富，基本上集中在用户经营、风险控制、产品设计和决策支持等方面。其数据可以分为交易数据、客户数据、信用数据、资产数据等，大部分数据都集中在数据仓库，属于结构化数据，可以利用数据分析来挖掘交易数据背后的商业价值。

例如，"利用银行卡刷卡记录，寻找财富管理人群"，中国有120万人属于高端财富人群，这部分人群平均可支配的金融资产在1000万元以上，是所有银行财富管理的重点发展人群。这部分人群具有典型的高端消费习惯，银行可以参考POS机的消费记录定位这些高端财富管理人群，为其提供定制的财富管理方案，吸收其成为财富管理客户，增加存款和理财产品销售。

（2）保险数据应用场景。

保险数据应用场景主要是围绕产品和客户进行的，典型的有利用客户行为数据来制定车险价格，利用客户外部行为数据来了解客户需求，向目标客户推荐产品。例如，依据个人数据、外部养车 AP 数据，为保险公司找到车险客户；依据个人数据、移动设备位置数据，为保险公司找到商旅人群，向其推销意外险和保障险；依据家庭数据、个人数据、人生阶段信息，为客户推荐财产险和寿险等。用数据来提升保险产品的精算水平，提高利润水平和投资收益。

（3）证券数据应用场景。

证券行业拥有的数据包括个人属性数据（含姓名、联系方式、家庭地址等）、资产数据、交易数据、收益数据等，证券公司可以利用这些数据建立业务场景，筛选目标客户，为客户提供适合的产品，以提高证券公司单个客户收益。例如，借助数据分析，如果客户平均年收益低于 59%，交易频率很低，可建议其购买证券公司提供的理财产品；如果客户交易频繁，收益又较高，可以主动为其推送融资服务；如果客户交易不频繁，但资金量较大，可以为客户提供投资咨询等。对客户交易习惯和行为进行分析可以帮助证券公司获得更多收益。

3. 医疗行业大数据应用

医疗行业拥有大量病例、病理报告、治愈方案、药物报告等，通过对这些数据进行整理和分析可极大地辅助医生提出治疗方案，帮助病人早日康复。可以构建大数据平台来收集不同病例和治疗方案，以及病人的基本特征，建立针对疾病特点的数据库，帮助医生进行疾病诊断。

特别是随着基因技术的发展，可以根据病人的基因序列特点进行分类，建立医疗行业的病人分类数据库。医生在诊断病人时可以参考病人的疾病特征、化验报告和检测报告，参考疾病数据库来快速确诊病人病情。在制定治疗方案时，医生可以依据病人的基因特点，调取相似基因，以及年龄、人种、身体情况相同的有效治疗方案，制定适合病人的治疗方案，帮助更多的人及时进行治疗。同时，这些数据也有利于医药行业开发出更加有效的药物和医疗器械。

例如，乔布斯患胰腺癌直到离世长达八年之久，在人类历史上也算是个奇迹。乔布斯为了治疗自己的疾病，支付了高昂的费用，获得包括自身的整个基因密码信息在内的数据文档，医生凭借这份数据文档，基于乔布斯的特定基因组成及大数据，按所需效果制定用药计划，并调整医疗方案。

医疗行业的大数据应用一直在进行，但是数据并没有完全打通，基本都是孤岛数据，无法进行大规模应用。未来，可以将这些数据统一采集并纳入统一的大数据平台，为人类健康造福。

4. 教育行业大数据应用

信息技术已在教育领域得到越来越广泛的应用，如教学、考试、师生互动、校园安全、家校关系等，只要相关技术能达到的地方，各个环节都被数据包围。在国内尤其是北京、上海、广东等城市，大数据在教育领域已得到广泛应用，如在线课程、翻转课堂等应用了大量的大数据工具。

毫无疑问，在不远的将来，无论是针对教育管理部门，还是校长、教师、学生和家长，都可以得到针对不同应用的个性化分析报告。通过对大数据的分析可以优化教育机制，也可以做出更科学的决策，这将带来潜在的教育革命，个性化学习终端将会更多地融入学习资源云平台，根据每个学生的不同兴趣爱好和特长，向其推送相关领域的前沿技术、资讯、资源乃至未来职业发展方向等，并贯穿每个人终身学习的全过程。

5. 农业大数据应用

大数据在农业上的应用主要是指依据未来商业需求的预测来进行农产品生产，因为农产品不容易保存，合理种植和养殖农产品对农民非常重要。借助大数据提供的消费能力和趋势报告，政府可为农业生产进行合理引导，依据需求进行生产，避免产能过剩造成不必要的资源和社会财富浪费。

农业生产面临的危险因素很多，有些危险因素可以通过除草剂、杀菌剂、杀虫剂等来消除，但天气是影响农业生产的重要因素。通过对大数据的分析可更精确地预测未来的天气，帮助农民做好自然灾害的预防工作，帮助政府实现农业的精细化管理和科学决策。

例如，Climate 公司曾使用政府开放的气象站的数据和土地数据建立模型，通过对数据模型的分析，告诉农民在哪些土地上耕种、哪些土地今天需要喷雾并完成耕种、哪些正处于生长期的土地需要施肥、哪些土地 5 天后才可以耕种，体现了大数据能帮助农业创造巨大的商业价值。

5.4.2 大数据的发展趋势

1. 物联网

把所有物品通过信息传感设备与互联网连接起来，进行信息交换，可以实现智能化识别和管理。物联网是新一代信息技术的重要组成部分，也是信息化时代的重要发展阶段。物联网的核心和基础是互联网，是在互联网基础上的延伸和扩展的网络；其用户端延伸和扩展到了任何物品与物品之间，进行信息交换和通信，也就是物物相息。

2. 智慧城市

智慧城市是指运用信息和通信技术手段，感测、分析、整合城市运行核心系统的各项关键信息；对包括民生、环保、公共安全、城市服务、工商业活动在内的各种需求做出智能响应。其实质是利用先进的信息技术，实现城市智慧式管理和运行，进而为城市中的人创造更美好的生活，促进城市和谐、可持续成长。这项趋势的成败取决于数据量是否足够，这有赖于政府部门与民营企业的合作；此外，发展中的 5G 网络是全世界通用的规格，如果产品被一个智慧城市采用，则可以应用在全世界的智慧城市中。

3. 区块链

区块链是分布式数据存储、点对点传输、共识机制、加密算法等计算机技术的新型应用模式。所谓共识机制是指区块链系统中实现不同节点之间建立信任、获取权益的数学算法。区块链技术是指一种全民参与记账的方式。所有系统背后都有一个数据库，可以把数据库看成一个大账本。区块链有很多不同应用方式，美国几乎所有科技公司都在尝试如何应用，最常见的应用是比特币与其他加密货币的交易。

5.4.3 大数据应用中常见的安全问题

1. 大数据平台在 Hadoop 开源模式下缺乏整体安全规划，自身安全机制存在局限性

目前，Hadoop 已经成为应用广泛的大数据计算软件平台，其技术发展与开源模式相结合。Hadoop 在设计阶段最初是为了管理大量公共 Web 数据，假设集群总是处于可信的环境中，由可信用户使用的相互协作的可信计算机组成。

因此，最初的 Hadoop 没有设计安全机制，也没有安全模型和整体安全规划。随着 Hadoop 的广泛应用，越权提交作业、修改 JobTracker 状态、篡改数据等恶意行为的出现，使 Hadoop 开源社区开始考虑安全需求，并相继加入 Kerberos 认证、文件 ACL 访问控制、网络层加密等安全机制，这些安全功能可以解决部分安全问题，但仍然存在局限性。在身份管理和访问控制方面，依赖于 Linux 的身份和权限管理机制，身份管理仅支持用户和用户组，不支持角色；仅有可读、可写、可执行三个权限，不能满足基于角色的身份管理和细粒度访问控制等新的安全需求。安全审计方面，Hadoop 生态系统中只有分布在各组件中的日志记录，无原生安全审计功能，需要使用外部附加工具进行日志分析。另外，开源发展模式也为 Hadoop 系统带来了潜在的安全隐患。企业在进行工具研发的过程中，一般注重功能的实现和性能的提高，对代码的质量和数据安全关注较少。因此，开源组件缺乏严格的测试管理和安全认证，对组件漏洞和恶意后门的防范能力不足。

2. 大数据平台服务用户众多、场景多样，传统安全机制的性能难以满足需求

大数据场景下，数据从多个渠道大量汇聚，数据类型、用户角色和应用需求更加多样化，访问控制面临诸多新问题。首先，多源数据的大量汇聚增加了访问控制策略制定及授权管理的难度，过度授权和授权不足现象严重。其次，数据多样性、用户角色和需求的细化增加了描述客体的难度，传统访问控制方案中往往采用数据属性（如身份证号）来描述访问控制策略中的客体，非结构化和半结构化数据无法采取同样的方式进行精细化描述，导致无法准确为用户指定其可以访问的数据范围，难以满足最小授权原则。大数据复杂的数据存储和流动场景使数据加密的实现变得异常困难，海量数据的密钥管理也是亟待解决的难题。

3. 数据采集环节成为影响决策分析的新风险点

在数据采集环节，大数据体量大、种类多、来源复杂的特点为进行数据的真实性和完整性校验带来阻碍，目前，尚无严格的数据真实性和可信度鉴别和监测手段，无法识别并剔除虚假甚至恶意的数据信息。若黑客利用网络攻击向数据采集端注入"脏数据"，会破坏数据真实性，故意将数据分析的结果引向预设的方向，进而实现操纵分析结果的攻击目的。

4. 数据处理过程中的机密性保障问题逐渐显现

随着数字经济时代来临，越来越多的企业或组织需要协同参与产业链的联合，以数据流动与合作为基础进行生产活动。企业或组织在使用数据资源参与合作的应用场景中，数据的流动使数据突破了组织和系统界限，产生跨系统的访问，或者多方数据汇聚进行联合运算。保证个人信息、商业机密或独有数据资源在合作过程中的机密性，是企业或组织参与数据流动与数据合作的前提，也是数据安全、有序互联互通必须解决的问题。

5. 传统隐私保护技术因大数据超强的分析能力面临失效的可能

在大数据环境下，企业对多来源、多类型数据集进行关联分析和深度分析，可以复原匿名化数据，从而获得个人身份信息和有价值的敏感信息。因此，为个人信息圈定一个"固定范围"的传统思路在大数据时代不再适用。在传统的隐私保护技术中，数据收集者针对单个数据集孤立地选择隐私参数来保护隐私信息；而在大数据环境下，由于个体及其他相互关联的个体和团体的数据分布广泛，数据集之间的关联性大大增加，从而增加了数据集融合之后的隐私泄露风险。传统的隐私保护技术如 k 匿名和差分隐私等并没有考虑这种情况。

6. 传统隐私保护技术难以适应大数据的非关系型数据库

在大数据技术环境下，大数据具有动态变化、半结构化和非结构化数据居多的特性，对于占数据总量80%以上的非结构化数据，通常采用非关系型数据库（NoSQL）存储技术完成对大数据的抓取、管理和处理。而非关系型数据库没有严格的访问控制机制及完善的隐私管理工具，现有的隐私保护技术如数据加密、数据脱敏等，多用于关系型数据库并产生作用，不能有效应对非关系型数据库的演进，会带来隐私泄露风险。

5.4.4 大数据安全防护方法建议

随着大数据在企业数字化转型中的应用，大数据安全问题已成为企业必须面对的重要问题。企业要站在战略角度高度关注大数据安全，提高风险防范能力，从组织机构、管理措施、技术措施等方面做好安全防护工作。

1. 建立安全组织机构，明确安全管理要求

企业可在传统的信息化管理部门之外，设置专门的大数据管理团队及岗位，负责落实数据安全管理工作，自上而下地建立从各个领导层面至基层员工的管理组织架构，明确岗位职责和工作规程，编制大数据安全防护工作计划和预算，保证大数据安全管理方针、策略、制度的统一制定和有效实施。

2. 制定安全管理措施，提升数据管控能力

结合数据全生命周期安全管理要求，企业应优化并完善网络机房管理、数据交换管理、数据中心管理、数据应用管理等规定，优化元数据标准、数据交换标准、数据加密标准等规范，完善大数据安全防护管理制度及相关规定，通过制度建设为数据安全管理工作提供办事规程和行动准则，提升数据全过程的管控能力。

3. 着力加强技术防护，提高安全应急能力

企业应围绕数据全生命周期并结合实际，开展数据加密、区块链、人工智能、可信计算等技术在数据安全防护中的应用，开展态势感知、行为监控、安全审计等平台建设，加强反侦察、反窃听、防破坏等技术防护工作，为落实数据安全制度规程、实现大数据安全防护的总体目标提供技术支持。

5.5 任务实践：基于关联规则的网站智能推荐服务

5.5.1 任务1：背景与分析目标

数帆网是某集团旗下 TOB 企业服务品牌，其业务覆盖云原生基础软件、数据智能全链路产品、人工智能算法应用三大领域，致力于帮助用户搭建无绑定、高兼容、自主可控的创新基础平台架构，快速应对新一代信息技术下数字化转型的需求。

用户进入该网站主页查找资源一般是按不同类别的栏目进入的，然后从细分栏目下找到目标资源，但用户感兴趣的资源可能是跨类别的，用户自行寻找相对困难，此时，需要网站提供推荐功能，推荐用户可能感兴趣的页面，以便用户快速找到所关注的资源。

如表 5.1 所示为节选的注册用户信息表，记录了网站用户的注册信息，包括用户 ID、用户

名、注册箱和注册日期。节选的页面标签内容表如表 5.2 所示。表 5.3 和表 5.4 分别给出了节选的用户表和访向数据表，记录了用户 ID、sessionID、访问 IP、访问时间、访问页面，以及关键词、一级标签、二级标签、来源网站、来源网页等。其中，关键词为访问页面的标题；一级标签为访问页面所属的主栏目；二级标签为访问页面所属栏目的子栏目。

表 5.1 注册用户信息表（节选）

用户 ID	用户名	注册邮箱	注册日期
200006	Statistics	***558@qq.com	1/21/2015 13:44:19
200007	yangmixi	***719@qq.com	1/26/2015 22:06:29
200008	bojone	***one@spaces.ac.cn	1/27/2015 09:07:26
200009	lichang	***954@qq.com	1/27/2015 11:02:00
200010	BoostWu	***twg@163.com	1/27/2015 15:16:45
200011	py_531_1	***ice@tipdm.org	1/27/2015 15:21:01
200012	tangbo00	***650@qq.com	1/28/2015 16:13:12
200013	SRYZB2424	***777@qq.com	1/29/2015 15:49:53
200014	fainy 荧	***832@qq.com	1/29/2015 17:59:08
200015	chloe0521	***422@qq.com	1/31/2015 11:59:50
200016	dave_nj	***_nj@163.com	2/2/2015 22:00:27
200017	teeko	***206@qq.com	2/17/2015 11:37:00
200018	kanaso	***592@qq.com	2/28/2015 09:46:07
200019	abner	***969@qq.com	2/28/2015 18:54:26
200020	waveletz	***586@qq.com	3/1/2015 14:39:19

表 5.2 页面标签内容表（节选）

G	H
一级标签	二级标签
主页	
项目与招聘	项目需求
新闻与通知	新闻与动态
教育资源	案例教程
教育资源	教学资源
教育资源	教学资源
教育资源	培训信息
教育资源	建模工具
教育资源	建模工具
教育资源	建模工具
教育资源	案例教程
教育资源	培训信息
教育资源	培训信息
教育资源	教学资源
教育资源	历年赛题
项目与招聘	
成功案例	创新科技
教育资源	教学资源
教育资源	案例教程
教育资源	历年赛题
教育资源	历年赛题
教育资源	培训信息
教育资源	培训信息

表 5.3 用户表（节选）

用户ID	sessionID	访问IP	访问时间	访问页面
200083	5bcec0a6-5a39-489a-8cab-8edadf96bbb2	113.96.8.218	1/29/2015 17:47:09	http://www.***.com/
200085	cf810661-a08f-4592-b5fb-7b08ac55143c	223.73.196.99	1/29/2015 17:47:13	http://www.***.com/
200085	cf810661-a08f-4592-b5fb-7b08ac55143c	223.73.196.99	1/29/2015 17:53:48	http://www.***.com/
200085	cf810661-a08f-4592-b5fb-7b08ac55143c	223.73.196.99	1/29/2015 17:55:48	http://www.***.com/
200001	c60237cd-fb82-492c-8f43-9b16f5bf5f07	103.3.98.175	1/29/2015 21:46:22	http://www.***.com/
200001	c60237cd-fb82-492c-8f43-9b16f5bf5f07	103.3.98.175	1/29/2015 21:50:02	http://www.***.com/
200001	c60237cd-fb82-492c-8f43-9b16f5bf5f07	103.3.98.175	1/29/2015 22:04:05	http://www.***.com/
200001	c60237cd-fb82-492c-8f43-9b16f5bf5f07	103.3.98.175	1/29/2015 22:14:23	http://www.***.com/
200085	fe0ccf04-f7ac-4824-aa2f-6a524d4b787b	183.61.160.21	1/29/2015 22:14:06	http://www.***.com/
200085	fe0ccf04-f7ac-4824-aa2f-6a524d4b787b	183.61.160.21	1/29/2015 22:14:28	http://www.***.com/
200085	fe0ccf04-f7ac-4824-aa2f-6a524d4b787b	183.61.160.21	1/29/2015 22:14:55	http://www.***.com/
200021	ba5f034a-3572-4405-8107-6bbec7c17886	223.73.64.205	1/29/2015 22:24:35	http://www.***.com/
200093	90ed3aa6-2f03-40ed-a590-e612c50feffb	113.96.8.166	1/29/2015 22:31:02	http://www.***.com/
200097	8d8516be-aa06-4c03-8774-c00354f00f78	223.73.65.182	1/29/2015 22:30:05	http://www.***.com/
200097	8d8516be-aa06-4c03-8774-c00354f00f78	223.73.65.182	1/29/2015 22:32:22	http://www.***.com/
200097	8d8516be-aa06-4c03-8774-c00354f00f78	223.73.65.182	1/29/2015 22:34:08	http://www.***.com/
200097	8d8516be-aa06-4c03-8774-c00354f00f78	223.73.65.182	1/29/2015 22:34:18	http://www.***.com/
200089	6fabd534-d6da-457a-8d36-062262bda952	36.250.89.84	1/29/2015 22:34:13	http://www.***.com/
200094	e271c447-8bf7-4035-a702-1c7053e93dd2	222.129.31.10	1/29/2015 22:33:50	http://www.***.com/
200084	390e8ab3-abbd-4f69-b7f2-ce960bc923d3	14.218.181.92	1/29/2015 22:37:07	http://www.***.com/
200084	390e8ab3-abbd-4f69-b7f2-ce960bc923d3	14.218.181.92	1/29/2015 22:37:12	http://www.***.com/
200084	390e8ab3-abbd-4f69-b7f2-ce960bc923d3	14.218.181.92	1/29/2015 22:41:02	http://www.***.com/
200073	98e44481-0bef-44ad-9b54-609d0a234da0	14.21.171.104	1/29/2015 22:40:51	http://www.***.com/
200073	98e44481-0bef-44ad-9b54-609d0a234da0	14.21.171.104	1/29/2015 22:44:18	http://www.***.com/
200058	ce44efd9-5766-43c6-8e6b-66adaf8f9954	113.44.40.57	1/29/2015 22:50:22	http://www.***.com/
200058	ce44efd9-5766-43c6-8e6b-66adaf8f9954	113.44.40.57	1/29/2015 22:54:51	http://www.***.com/
200058	ce44efd9-5766-43c6-8e6b-66adaf8f9954	113.44.40.57	1/29/2015 22:55:25	http://www.***.com/
200093	66084ba9-50b9-4fad-bbfb-5cf081090fa9	223.104.1.246	1/29/2015 23:02:54	http://www.***.com/

表 5.4 访问数据表（节选）

关键词	一级标签	二级标签	来源网站	来源网页
/www.***.com/	主页		http://www.16	http://www.***.com/login.j
非侵入式用电监测和负荷识别研究	项目与招聘	项目需求	http://www.16	http://www.***.com/?local
2014年最吃香工作技能：统计分析和数据挖	新闻与通知	新闻与动态	http://www.16	http://www.***.com/comm
改进K-均值聚类——网络入侵检测	教育资源	案例教程	http://www.ba	http://www.***.com/link?url
神经网络实用教程及配套视频	教育资源	教学资源	http://www.16	.com
数据挖掘：实用案例分析	教育资源	教学资源	http://www.16	.com
CDA数据分析师培训深圳开班	教育资源	培训信息	http://www.16	.com
ww.***.com/jmgj/index_2.jhtml	教育资源	建模工具	http://www.16	http://www.***.com/jmgj/in
ww.***.com/jmgj/index.jhtml	教育资源	建模工具	http://www.16	http://www.***.com/zytj/in
IBM SPSS Modeler数据挖掘建模工具	教育资源	建模工具	http://www.16	http://www.***.com/jmgj/in
RBF神经网络时序预测——外汇储备进行预	教育资源	案例教程	http://www.16	http://www.***.com/jmgj/5
ww.***.com/sj/index.jhtml	教育资源	培训信息	http://www.16	http://www.***.com/zytj/in
ww.***.com/sj/index.jhtml	教育资源	培训信息	http://www.16	http://www.***.com/zytj/in
ww.***.com/ts/index.jhtml	教育资源	教学资源	http://www.16	http://www.***.com/zytj/in
ww.***.com/qk/index.jhtml	教育资源	历年赛题	http://www.16	http://www.***.com/zytj/in
ww.***.com/xtxm/index.jhtml	项目与招聘		http://www.16	http://www.***.com/cgal/in
ww.***.com/kjxm/index.jhtml	成功案例	创新科技	http://www.16	http://www.***.com/cgal/in
神经网络实用教程及配套视频	教育资源	教学资源	http://www.16	http://www.***.com/xtxm/i
ww.***.com/information/index.jhtml	教育资源	案例教程	http://www.16	http://www.***.com/zytj/in
ww.***.com/qk/index.jhtml	教育资源	历年赛题	http://www.16	http://www.***.com/zytj/in
第二届泰迪华南杯数据挖掘竞赛题	教育资源	历年赛题	http://www.16	http://www.***.com/qk/ind
海量数据挖掘技术及工程实践培训广州开课	教育资源	培训信息	http://www.16	http://www.***.com/sj/inde
海量数据挖掘技术及工程实践培训佛山开课	教育资源	培训信息	http://www.16	http://www.***.com/sj/inde
ww.163yun.com/sj/index.jhtml	教育资源	培训信息	http://www.16	http://www.***.com zyg/in
大数据挖掘技术及工程实践培训深圳开课	教育资源	培训信息	http://www.16	http://www.***.com/sj/inde
TipDM数据挖掘建模工具	教育资源	建模工具	http://www.16	http://www.***.com/sj/inde

如何利用用户的访问数据，分析出页面之间的联系，从而对用户进行推荐呢？

本次数据分析建模目标如下：

根据用户访问的数据，分析用户的访问行为习惯，识别出用户在访问某些页面资源时可能感兴趣的其他资源，并进行智能推荐。

5.5.2 任务2：分析方法与过程

关联分析能寻找数据集中大量数据的相关联系，用户访问网站时会浏览不同页面，这些页面的日志会记录在用户的访问日志中，用户每次访问网站的目的可能不一样，有必要在用户访问日志中区分每次浏览的页面路径，以一次访问的所有页面作为一次关联规则分析记录，以所有记录作为关联规则分析数据集，分析其中的强关联规则，当用户访问某些页面时，根据规则推荐用户可能继续浏览的页面。

如图 5.3 所示为基于关联规则的网站智能推荐服务流程图，主要包括以下步骤。

（1）从数据库中选择性地抽取用户访问数据，用于关联规则建模，实时抽取推荐样本数据，用于后续关联规则推荐。

（2）对用户访问数据进行预处理，将相同的 sessionID 划分为一次访问，将一次访问的所有页面归为一次访问事件。

（3）构建关联规则建模样本数据。

（4）利用关联规则样本数据构建关联规则模型，输出页面间的关联规则结果。

（5）利用步骤（4）得到的关联规则结果并结合实时样本数据进行页面推荐。

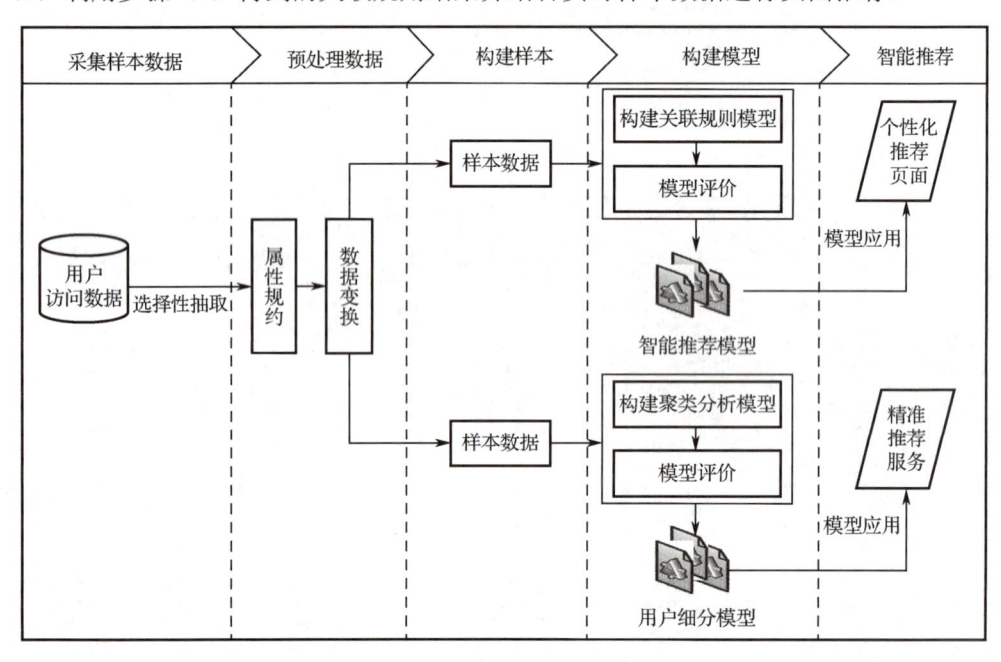

图 5.3　基于关联规则的网站智能推荐服务流程图

5.5.3　任务 3：数据抽取

根据任务的需要，选取最近半年的时间段作为观测窗口，抽取窗口内用户的所有详细记录，形成所需的数据样本集。数据包括用户 ID、sessionID、访问 IP、访问时间、访问页面、关键词、一级标签、二级标签、来源网站、来源网页等，参见表 5.3 和表 5.4。

5.5.4　任务 4：数据预处理

1. 属性规约

为减少数据分析花费的时间，提高数据分析算法的效果，本任务删除了与建模不相关的属性。本任务研究的是用户的访问页面推荐，针对的是单次访问事件的所有页面，其与访问 IP、访问时间、关键词、来源网站和来源网页无关，故规约掉这些属性。

用户 ID 能唯一标识用户，访问页面是分析的对象，sessionID 能唯一标识用户的单次访问，一级标签和二级标签能统计每个用户访问不同类别网页的次数，所以这些属性需要保留。节选的属性规约后的数据表如表 5.5 所示。

表 5.5 属性规约后的数据表（节选）

用户ID	sessionID	访问页面	一级标签	二级标签
200083	5bcec0a6-5a39-489a-8cab-8edadf96bbb2	http://www.***.com/	主页	
200085	cf810661-a08f-4592-b5fb-7b08ac55143c	http://www.***.com/wjp	项目与招聘	项目需求
200085	cf810661-a08f-4592-b5fb-7b08ac55143c	http://www.***.com/nev	新闻与通知	新闻与动态
200085	cf810661-a08f-4592-b5fb-7b08ac55143c	http://www.***.com/inf	教育资源	案例教程
200001	c60237cd-fb82-492c-8f43-9b16f5bf5f07	http://www.***.com/ts/:	教育资源	教学资源
200001	c60237cd-fb82-492c-8f43-9b16f5bf5f07	http://www.***.com/ts/:	教育资源	教学资源
200001	c60237cd-fb82-492c-8f43-9b16f5bf5f07	http://www.***.com/sj/:	教育资源	培训信息
200001	c60237cd-fb82-492c-8f43-9b16f5bf5f07	http://www.***.com/jmg	教育资源	建模工具
200085	fe0ccf04-f7ac-4824-aa2f-6a524d4b787b	http://www.***.com/jmg	教育资源	建模工具
200085	fe0ccf04-f7ac-4824-aa2f-6a524d4b787b	http://www.***.com/jmg	教育资源	建模工具
200085	fe0ccf04-f7ac-4824-aa2f-6a524d4b787b	http://www.***.com/inf	教育资源	案例教程
200021	ba5f034a-3572-4405-8107-6bbec7c17886	http://www.***.com/sj/i	教育资源	培训信息
200093	90ed3aa6-2f03-40ed-a590-e612c50feffb	http://www.***.com/sj/i	教育资源	培训信息
200097	8d8516be-aa06-4c03-8774-c00354f00f78	http://www.***.com/ts/:	教育资源	教学资源
200097	8d8516be-aa06-4c03-8774-c00354f00f78	http://www.***.com/qk/	教育资源	历年赛题
200097	8d8516be-aa06-4c03-8774-c00354f00f78	http://www.***.com/xtx	项目与招聘	
200097	8d8516be-aa06-4c03-8774-c00354f00f78	http://www.***.com/kjx	成功案例	创新科技
200089	6fabd534-d6da-457a-8d36-062262bda952	http://www.***.com/	教育资源	教学资源
200094	e271c447-8bf7-4035-a702-1c7053e93dd2	http://www.***.com/inf	教育资源	案例教程
200084	390e8ab3-abbd-4f69-b7f2-ce960bc923d3	http://www.***.com/qk/	教育资源	历年赛题
200084	390e8ab3-abbd-4f69-b7f2-ce960bc923d3	http://www.***.com/qk/	教育资源	历年赛题
200084	390e8ab3-abbd-4f69-b7f2-ce960bc923d3	http://www.***.com/sj/:	教育资源	培训信息
200073	98e44481-0bef-44ad-9b54-609d0a234da0	http://www.***.com/sj/:	教育资源	培训信息

2. 数据变换

用户访问网站时，系统自动生成一个 sessionID 标识用户的访问，用户在关闭浏览器前所访问过的网站记录均关联同一个 sessionID。用户重新开启浏览器访问网站或长时间不对访问页面进行操作，原来的 sessionID 失效，系统会以新的 sessionID 标识用户的访问。所以将相同的 sessionID 划分为一次访问，将一次访问的所有访问页面归为一次记录，即将表 5.6 处理成表 5.7 所示的形式。其处理的 MATLAB 代码截图如图 5.4 所示。

表 5.6 访问页面数据表（节选）

访问事件序号	sessionID	访问页面
1	5bcec0a6-5a39-48	http://www.***.org/
2	cf810661-a08f-45!	http://www.***.org/wjxq/516.jhtml
2	cf810661-a08f-45!	http://www.***.org/news/530.jhtml
2	cf810661-a08f-45!	http://www.***.org/information/454.jhtml
3	c60237cd-fb82-49	http://www.***.org/ts/579.jhtml
3	c60237cd-fb82-49	http://www.***.org/ts/535.jhtml
3	c60237cd-fb82-49	http://www.***.org/sj/560.jhtml
3	c60237cd-fb82-49	http://www.***.org/jmgj/index_2.jhtml
4	fe0ccf04-f7ac-482	http://www.***.org/jmgj/index.jhtml
4	fe0ccf04-f7ac-482	http://www.***.org/jmgj/568.jhtml

表 5.7 记录数据表（节选）

访问事件序号	访问页面
1	http://www.***.org/
2	http://www.***.org/wjxq/516.jhtml
2	http://www.***.org/news/530.jhtml
2	http://www.***.org/information/454.jhtml
3	http://www.***.org/ts/579.jhtml
3	http://www.***.org/ts/535.jhtml
3	http://www.***.org/sj/560.jhtml
3	http://www.***.org/jmgj/index_2.jhtml
4	http://www.***.org/jmgj/index.jhtml
4	http://www.***.org/jmgj/568.jhtml

```
%% 提取访问数据，把同一个ID的数据进行聚合
clear;
% 参数初始化
inputfile = '../data/visit_data.xls'; % sessionID访问数据
outputfile = '../tmp/visit_data.txt'; % 聚合后的数据文件
separator = ','; % 聚合后的访问数据的分隔符

%% 读取数据
[num,txt] = xlsread(inputfile);
txt = txt(2:end,2);
```

图 5.4 MATLAB 代码截图

5.5.5 任务 5：构建模型

1. 构建关联规则模型

访问数据经过预处理后，形成关联规则建模数据。采用 Apriori 关联规则算法对建模的样本数据进行分析，需要设置最小支持度、最小置信度。经过多次调整并结合实际应用分析，选取模型的输入参数为：最小支持度 1%、最小置信度 70%。Apriori 关联规则算法代码截图如图 5.5 所示。

```
%% | Apriori关联规则挖掘
clear;
% 参数初始化
inputfile = '../data/visit_data.xls';
preprocessedfile = '../tmp/visit_data.txt';
outputfile='../tmp/as.txt';% 输出转换后0,1矩阵文件
rulefile = '../tmp/rules.txt'; % 规则输出文件
minSup = 0.01; % 最小支持度
minConf = 0.70;% 最小置信度
nRules = 1000;% 输出最大规则数
sortFlag = 1;% 按照支持度排序
separator = ','; % 分隔符

%% 数据预处理，根据sessionID对访问数据进行聚合
preprocess_apriori(inputfile,preprocessedfile,separator);

%% 数据编码
[transactions,code] = trans2matrix(preprocessedfile,outputfile,separator);

%% 调用Apriori关联规则算法
[Rules,FreqItemsets] = findRules(transactions, minSup, minConf, nRules, sortFlag, code, rulefile);
disp('Apriori关联规则算法测试完成！');
```

图 5.5 Apriori 关联规则算法代码截图

2. 模型分析

关联规则模型的输出结果截图如图 5.6 所示。

```
Rule    (Support, Confidence)
1.http://www.***.org/ts/535.jhtml -> http://www.***.org/sj/560.jhtml  (2.6275%, 73.913%)
2.http://www.***.org/sj/560.jhtml,http://www.***.org/ts/535.jhtml -> http://www.***.org/ts/579.jhtml  (1.8547%, 70.5882%)
3.http://www.***.org/sj/560.jhtml,http://www.***.org/ts/579.jhtml -> http://www.***.org/ts/535.jhtml  (1.8547%, 80%)
4.http://www.***.org/ts/535.jhtml,http://www.***.org/ts/579.jhtml -> http://www.***.org/sj/560.jhtml  (1.8547%, 92.3077%)
5.http://www.***.org/sj/560.jhtml,http://www.***.org/ts/579.jhtml -> http://www.***.org/ts/578.jhtml  (1.8547%, 80%)
6.http://www.***.org/ts/578.jhtml,http://www.***.org/ts/579.jhtml -> http://www.***.org/ts/535.jhtml  (1.8547%, 100%)
7.http://www.***.org/ts/535.jhtml,http://www.***.org/ts/578.jhtml -> http://www.***.org/sj/560.jhtml  (1.7002%, 100%)
8.http://www.***.org/ts/535.jhtml,http://www.***.org/ts/578.jhtml -> http://www.***.org/ts/579.jhtml  (1.391%, 81.8182%)
9.http://www.***.org/ts/578.jhtml -> http://www.***.org/ts/535.jhtml  (1.391%, 75%)
10.http://www.***.org/ts/535.jhtml,http://www.***.org/ts/578.jhtml -> http://www.tipdm.org/ts/579.jhtml  (1.391%, 81.8182%)
```

图 5.6 关联规则模型的输出结果截图

下面对关联规则输出结果进行解释。

对于序号 1 的规则，模型输出的支持度为 2.63%，说明用户同时访问"数据分析·实用案例分析"和"CDA 数据分析师培训深圳开班"的可能性为 2.63%；置信度为 73.91%，说明用户访问"数据分析·实用案例分析"后，又访问"CDA 数据分析师培训深圳开班"的可能性为 73.91%。

对于序号 2 的规则，模型输出的支持度为 1.85%，说明用户同时访问"CDA 数据分析师培训深圳开班"、"数据分析·实用案例分析"和"神经网络实用教程及配套视频"的可能性为 1.85%；置信度为 70.59%，说明用户在访问"CDA 数据分析师培训深圳开班"和"数据分析·实用案例分析"后，又访问"神经网络实用教程及配套视频"的可能性为 70.59%。

3．模型应用

根据关联规则输出的规则，结合企业业务需求筛选出合适的规则，输入数据库，当用户访问某些页面时，如果满足规则中的前项，则根据规则智能推荐后项关联的页面。例如，根据序号 1 的规则，如果用户访问了"数据分析·实用案例分析"页面，则推荐用户访问"CDA 数据分析师培训深圳开班"页面，推荐的页面列在图 5.7 左侧"看了又看"栏目下。

图 5.7　模型应用实例

习　题

一、填空题

1．数据分析的基本任务包括____、聚类分析、____、____、____。
2．数据分析的建模过程包括____、____、____、____、模型评估等。
3．数据探索主要包括异常值分析及____、____、____等。
4．数据预处理主要包括数据清洗、____、____、属性规约等。
5．分析建模常见的模型分类方式包括分类与预测、聚类分析、___、____、____等模型。

二、名词解释

1．数据预处理。
2．数据探索。

三、思考题

什么是数据分析？它与传统数据分析有什么区别？

第6章

云计算应用

学习目标

◇ 了解云计算的概念、主要应用场景
◇ 熟悉云计算的服务交付模式
◇ 了解云计算的关键技术
◇ 熟悉云计算的技术架构
◇ 了解云计算的主流产品和应用

引导案例

云计算不知不觉已经出现在我们身边。如我们每天使用的搜索工具 Google、百度、雅虎就是一种云计算模式,我们使用的 Web 电子邮件也是一种云计算模式,这一切都是通过浏览器访问这些文件的,不必担心由于计算机硬件发生故障而丢失资料。上述这些功能说明云计算已经进入我们的生活、学习、工作中。本章将讲解云计算的基础知识及其主要原理和架构等,并通过 HDFS 任务实践使学生了解云计算为我们带来的便捷。

6.1 云计算基础知识和模式

6.1.1 云计算简述

1. 云计算的发展历程

云计算的发展主要经历了电厂模式、效用计算、网格计算和云计算 4 个阶段。

（1）电厂模式阶段。

电厂模式就好比利用电厂的规模效应来降低电力价格，让用户使用起来更方便，且无须购买和维护任何发电设备。

（2）效用计算阶段。

1960 年，计算机设备的价格非常高昂，远非普通企业、学校和机构所能承受的，所以很多人产生了共享计算资源的想法。1961 年，人工智能之父麦肯锡在一次会议上提出了"效用计算"概念，其核心思想借鉴了电厂模式，具体目标是整合分散在各地的服务器、存储系统及应用程序来共享给多个用户，让用户能够像把灯泡插入灯座一样来使用计算机资源，并且按需付费。但由于当时整个 IT 产业还处于发展初期，很多技术尚未诞生，如互联网等，所以虽然这个想法一直为人称道，但是总体而言"叫好不叫座"。

（3）网格计算阶段。

网格计算是研究如何把一个需要非常巨大的计算能力才能解决的问题分成许多部分，然后把这些部分分配给许多低性能的计算机来处理，最后把这些计算结果综合起来攻克大问题。由于网格计算在商业模式、技术和安全性方面存在不足，网络计算并没有在工程界和商业界取得预期的效果。

（4）云计算阶段。

云计算的核心思想与效用计算和网格计算非常类似，也是希望 IT 技术能像使用电力那样方便，且成本低廉。但其与效用计算和网格计算相比，在需求方面已经有一定规模，技术方面也已经基本成熟。

2. 云计算的概念

（1）云计算狭义定义。

狭义云计算是指 IT 基础设施的交付和使用模式，通过网络以按需、易扩展的方式获得所需要的资源（硬件、平台、软件）。我们把提供资源的网络称为云。云中的资源在使用者看来是可以无限扩展的，并且可以随时获取，随时扩展，按需使用，并按使用付费。我们把这种特性称为像水电一样使用 IT 基础设施。

（2）云计算广义定义。

广义云计算是指服务的交付和使用模式，通过网络以按需、易扩展的方式获得所需要的服务。这种服务可以是与 IT、软件、互联网相关的，也可以是任意的其他服务。

美国国家标准与技术研究院（NIST）的定义为：云计算是一种按使用量付费的模式，这种模式提供可用的、便捷的、按需的网络访问，进入可配置的计算资源共享池（资源包括网络、服务器、存储、应用软件、服务），这些资源能够被快速提供，只需投入很少的管理工作，或者与服务供应商进行很少的交互。云计算被大量运用在生产环境中，如国内的"阿里云""华为云"、"百度云"与云谷公司的 Kensystem，国外的 Amazon、Vmware、Intel、Microsoft 和 IBM，各种"云计算"的应用服务范围正逐渐扩大，影响力不可估量。云计算常与网格计算、效用计算、自主计算混淆。

- 网格计算：分布式计算的一种，是由一群松散耦合的计算机组成的一个超级虚拟计算机，常用来执行一些大型任务。
- 效用计算：IT 资源的一种打包和计费方式，如按照计算、存储分别计量费用，像传统的电力等公共设施一样。
- 自主计算：具有自我管理功能的计算机系统。

事实上，许多云计算部署依赖于计算机集群（但与网格的组成、体系结构目的、工作方式大相径庭），并吸收了自主计算和效用计算的特点。

6.1.2 云计算的基本特征

通过使计算分布在大量的分布式计算机上，而非本地计算机或远程服务器中，企业数据中心的运行将与互联网更相似。这使得企业能够将资源切换到需要的应用上，根据需求访问计算机和存储系统。

通常情况下，云计算服务应该具备以下特征：
（1）基于虚拟化技术快速部署资源或获得服务；
（2）实现动态的、可伸缩的扩展；
（3）按需求提供资源，按使用量付费；
（4）通过互联网提供，面向海运信息处理；
（5）用户可以方便地参与；
（6）形态灵活，聚散自如；
（7）减小用户终端的处理负担；
（8）降低用户对 IT 专业知识的依赖。

6.1.3 云计算的应用场景

企业云使用场景旨在描述最为典型的云用例，并非要列出云环境下的所有情况。根据 Cloud Computing Use Cases White paper，云计算的应用场景主要包括以下几种。

（1）用户—云：用户获取云上运行的应用和服务。这类应用通常包括 Z-mail 和网站。用户数据在云中存储和管理，用户只需知道自己的接入密码，无须知道底层架构的细节，只要能上网，就能得到自己的数据。

（2）企业—云—用户：企业使用云来将自己的数据和服务提供给终端用户。当终端用户与企业进行交互时，企业接入云后获取和处理数据，并将结果发送给用户。这里的用户可能是企业内部人员也可能是企业外部人员。

（3）企业—云：公共云上的应用和服务与企业内部 IT 能力集成。该场景可能是云计算发展早期常用的场景，在该场景下，企业使用云服务作为内部应用，同时企业在该场景中具有绝对控制力。企业通过云服务可获得如下资源：

- 使用云存储作为企业数据的备份或存储。

- 使用云中的虚拟机作为额外的计算资源,以在线处理峰值负载。
- 使用云中的应用(SaaS)作为企业应用(如邮件、CRM 等)。
- 使用云数据库作为企业应用的一部分,这点对合作伙伴之间的数据库共享而言非常方便。

(4)企业一云一企业:公共云上的应用和服务被产业链上不同位置的合作者交互使用。该场景下,两家企业使用同一个云,以达到企业应用之间的互操作。

(5)私有云:云建设在企业内部,并通过防火墙与外界隔离。该场景的独特之处是云位于企业内部,这点对大企业来说尤为重要。在私有云中,计算能力覆盖整个企业,并根据需要进行分配。

(6)云服务提供商的改变:云应用和服务的使用者改变云服务供应商。该场景涉及不同云服务提供商,具体情况可能是添加额外的提供商,也可能是用另一个提供商的服务完全代替原有服务。在这里,云计算所具备的开放性和标准化能使这种改变对用户的影响降至最小。一般而言,改变云服务提供商需要开放客户端、安全、SLAs、虚拟机的通用文件格式,以及云存储和中间件的通用 APs。具体来说,包括以下 4 种:

① 改变 SaaS 服务提供商。
② 改变中间件提供商。
③ 改变云存储提供商。
④ 改变虚拟机主机服务提供商。

(7)混合云:不同云(公共云和私有云)协同工作,通过云之间的代理协调数据、应用、用户信息、安全性能及其他细节。对于混合云的用户而言,并不会意识到所接入云的不同,只要能够提供所需要的服务即可。

6.1.4 云计算的部署模式及应用领域

1. 云计算的部署校式主要由以下几部分组成

(1)公共云,就是专门为外部用户提供服务的云,其所有服务是供别人使用的,而不是供自己使用的。

(2)私有云,是指企业自己使用的云,其所有服务不是供别人使用的,而是供自己内部人员或分支机构使用的。

(3)社区云,云的基础设施供几个组织来分享,并支持一个指定的社区来共享使命、安全要求、策略等。通过组织或第三方管理,社区云可以存在于组织内的设施或组织外的设施中。

(4)混合云,是指供自己和用户共同使用的云,其所提供的服务既可以供别人使用,也可以供自己使用。

2. 未来云计算主要应用领域

(1)制造领域。

随着后金融危机时代的到来,制造企业的竞争将日趋激烈,企业在不断进行产品创新、管理改进的同时,也在大力开展内部供应链优化与外部供应链整合工作,进而降低运营成本、缩短产品研发生产周期。未来云计算将在制造企业供应链信息化建设方面得到广泛应用,特别是通过对各类业务系统的有机整合,形成企业云供应链信息平台,加速企业内部"研发—采购—生产—库存—销售"信息一体化进程,进而提升制造企业竞争实力。

(2) 电子政务领域。

未来云计算将助力各级政府机构建设"公共服务平台"。目前，各级政府机构正在积极开展"公共服务平台"的建设，努力打造公共服务型政府形象，继续优化云计算发展环境，健全云计算相关法律法规体系，确保信息安全。在此期间，需要通过云计算技术来构建高效运营的技术平台，其中包括利用虚拟化技术建立公共平台服务器集群、利用 PaaS 技术构建公共服务系统等，进而实现公共服务平台内部可靠、稳定的运行，提高平台不间断服务能力。

(3) 教育科研领域。

未来云计算将为高校与科研单位提供实效化的研发平台。目前，云计算应用已经在清华大学、中国科学院等单位得到初步应用，并取得很好的应用效果。在未来，云计算将在我国高校与科研领域得到广泛应用，各大高校将根据自身研究领域与技术需求建立云计算平台，并对原来各下属研究所的服务器与存储资源加以有机整合，提供高效可复用的云计算平台，为科研与教学工作提供强大的计算机资源，进而大大提高研发工作效率。

6.2 技术原理和架构

云计算是为用户提供可扩展资源的商业模型，为吸引用户，需要提供安全可靠的服务。为满足用户对云环境安全性和可用性的需求，虚拟化等技术不断发展和完善。

6.2.1 虚拟化技术

虚拟化技术是云计算环境中一项十分关键的技术，它能够将底层的软硬件的复杂性隐藏起来，创建一层抽象化的虚拟化层。虚拟化技术创建的是资源或设备的虚拟版本，如服务器、操作系统、存储设备等。虚拟化能够轻松地为用户提供高可用的应用程序，并简化其部署和迁移的过程。

虚拟化技术是软硬件工程的结合，它通过在同一台物理机上创建多台虚拟机，使不同操作系统能够在同一物理平台上运行。虚拟化技术主要划分为服务器虚拟化、存储虚拟化和网络虚拟化。服务器虚拟化将物理服务器划分为较小的虚拟服务器，以最大限度地利用服务器资源（包括单个物理服务器、操作系统和处理器的数量等），可以有效提高硬件的利用率、增加云计算的安全性。存储虚拟化通常是通过软件应用程序实现的，方便云管理者调整存储资源，提高整个系统效率。网络虚拟化是一种通过将可用带宽拆分为通道来组合网络中资源的方法，每个通道都独立于其他通道，并且每个通道都可以分配或重新分配给特定的服务器，其物理机虚拟化架构图如图 6.1 所示。

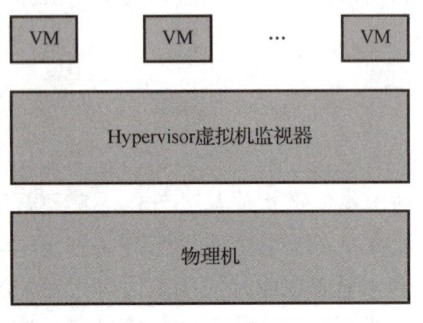

图 6.1 物理机虚拟化架构图

6.2.2 海量数据管理技术

云计算系统需要高效地进行数据处理和分析，同时还要为用户提供高性能服务。因此，在数据管理技术中，如何在规模如此巨大的数据中找到需要的数值成为核心问题。数据管理系统必须同时具有高容错性、高效率及能够在异构环境下运行的特点。在传统 IT 系统中普遍采用的是索引、数据缓存和数据分区技术。而在云计算系统中，由于数据量大大超过传统系统所拥有的数据量，所以传统系统所使用的技术是难以胜任的。

目前，在云平台系统中被广泛使用的是由谷歌公司针对应用程序中数据读取操作占比高的特点所开发的 BigTable 数据管理技术。有了 BigTable 技术，并结合基于列存储的分布式数据管理模式，为海量数据管理提供了可靠的解决方案。此外，普遍采用的还有 Apache 公司 Hadoop 的 HBase 技术，它的工作原理与谷歌的 BigTable 技术类似。

6.2.3 分布式存储技术

云计算系统由大量服务器组成，在为大量用户服务时，其为保证数据的可靠性，采用冗余存储的方式存储海量数据。分布式文件系统就是一种采用冗余存储方式进行数据存放的系统，其是由文件系统发展而来的适用于云平台的分布式文件系统。对于数据存储技术来说，高可靠性、I/O 吞吐能力和负载均衡能力是它最核心的技术指标。在存储可靠性方面，平台系统支持节点间保存多个数据副本的功能，用以提高数据的可靠性。在 I/O 吞吐能力方面，根据数据的重要性和访问频率，该系统将数据分级进行多副本存储，且热点数据并行读写，从而提高 I/O 吞吐能力。在负载均衡方面，该系统依据当前系统负荷将节点数据迁移到新增或负载较低的节点上。云计算平台中广泛使用的分布式数据存储系统是由谷歌公司开发的 GFS（Google File System）。这是一个可扩展的分布式文件系统，针对海量数据访问和大规模数据处理所设计。它放弃使用 RAID 技术，为云平台提供一种利用简单冗余方法实现海量数据存储的解决方案。该方案不仅能满足存储可靠性的要求，还能提高读操作性能。

6.2.4 编程模型

云计算作为一个新兴的商业模式，主要是为用户提供服务，其核心理念就是为用户提供高效、便捷和高可用的服务，在保证低成本的同时，满足用户的服务需求。为实现这个目标，云计算环境下的编程模式就变得至关重要。由于云计算将大量物理资源虚拟化成一个可共享、可配置的资源池，为了同时向多个用户提供服务，传统的编程模型已经不能满足多用户的需求，新的编程模型要能够快速、准确地分析和处理大规模集群和海量数据。在这种情况下，分布式并行编程模式被云计算广泛应用。分布式并行编程模式创立的初衷是让用户方便快捷地使用软硬件资源，以及需要的应用和服务。

为了提升用户体验，分布式并行编程模式的后台处理过程及资源调度情况是对用户公开的。当前主要采用 Map Reduce 进行分布式编程，系统收到用户的任务请求后，通过 Map()函数将任务分成多个子任务，将子任务分配下去同时处理，然后通过 Reduce()函数将各个子任务的结果进行归约，返回给用户，实现大规模的集群计算。

随着计算机视觉领域检测、分类等技术，自然语言处理、强化学习等应用的不断发展与更新，海量数据的处理方式越来越多样化。在不同应用领域适合采用不同编程模型，不存在一种编程模型能解决所有应用。可以预见，在云计算环境下，编程模型的发展将会不断更新，越来越方便用户的使用。

6.2.5 容错技术

容错，简单理解就是允许错误，当设备某个部位出现故障时，系统能够检测故障地点，且不影响系统的正常运行，容错技术对于系统可用性的提高具有重大意义。容错主要分为硬件容错和软件容错，硬件容错就是使用硬件进行冗余备份，当系统出现故障时，冗余设备立即代替故障设备进行工作，保持系统的可用性；软件容错就是依靠冗余软件，防止软件发生故障，以及出现服务不可用的情况。

6.2.6 云计算架构

云计算架构可以分为服务和管理两大部分。其中，在服务部分，主要以提供用户基于云的各种服务为主，包括三个主要层次，即基础设施即服务（Infrastructure as a Service，IaaS）、平台即服务（Platform as a Service，PaaS）和软件即服务（Software as a Service，SaaS）。如图 6.2 所示为云计算架构图。从用户角度来讲，这三层服务是独立的，因为它们提供的服务是完全不同的，而且面向的用户也不同。从技术角度来讲，云服务的这三层有一定的依赖关系。例如，一个 SaaS 层的产品和服务不仅需要用 SaaS 层本身的技术，而且还依赖 PaaS 层提供的开发和部署平台或直接部署于 IaaS 层所提供的技术资源上，而 PaaS 层的产品和服务也可能构建在 IaaS 层服务上。

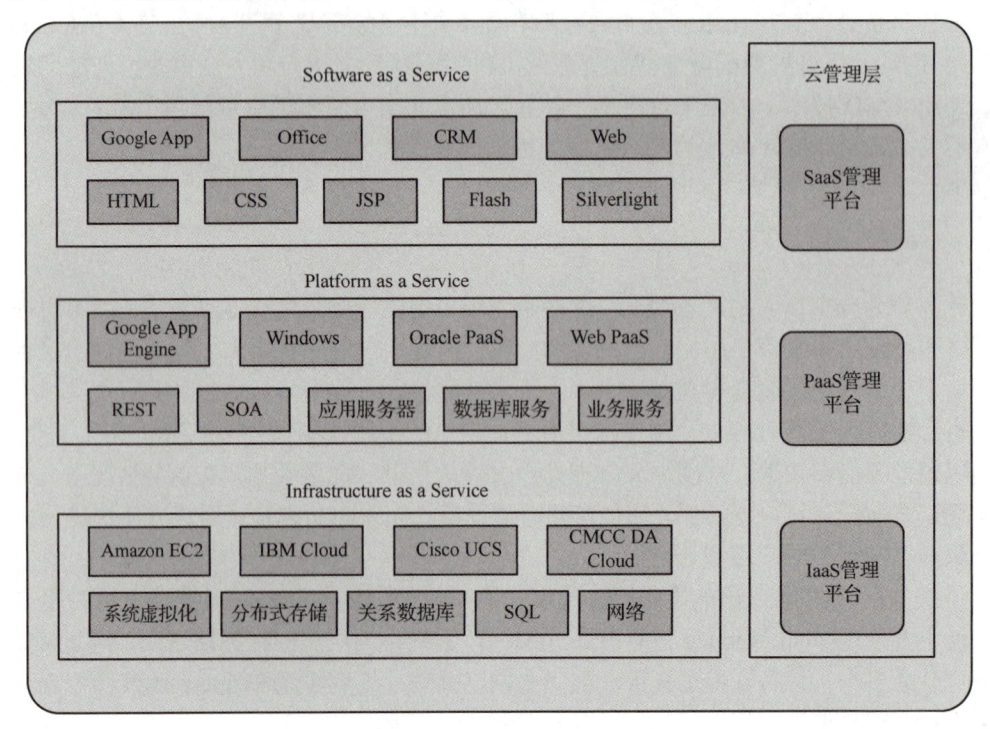

图 6.2 云计算架构图

1. 基础设施即服务（IaaS）

IaaS（Infrastructure as a Service）：基础设施即服务。IaaS 是指对用户提供处理、存储、网络及基础计算资源的一种能力。其中，用户可以部署和运行任意软件，包括操作系统和应用软件。用户不必管理和控制这些基础设施，但必须在操作系统和存储上部署应用，并且可以选择网络单元（如防火墙、负载均衡设备）。

2. 平台即服务（PaaS）

PaaS（Platform as a Service）：平台即服务。PaaS 是指将软件研发平台作为一种服务，以 SaaS 的模式提交给用户。因此，PaaS 也是 SaaS 模式的一种应用。但是，PaaS 的出现可以加快 SaaS 的发展，尤其是加快 SaaS 应用的开发速度。用户可以借助云服务商所提供的编程语言和工具（如 Java、Python、.Net）开发应用。用户不用管理和控制云的基础设施、网络、服务器、操作系统或存储，但用户可以控制部署应用和对应用环境进行配置。

3. 软件即服务（SaaS）

SaaS（Software as a Service）：软件即服务。SaaS 是指用户使用运行供应商在云基础设施上所提供的应用和借助各种终端设备通过一个 Web 浏览器访问的能力。用户并不管理和控制云的基础设施、网络、服务器、操作系统、存储，但具有独立应用能力，且有可能优先接受用户指定应用配置。

在管理方面，主要以云管理为主，它的功能是确保整个云计算中心能够安全、稳定地运行，并且服务和资源能够有效地被管理。

6.3 基础设施即服务（IaaS）

6.3.1 IaaS 概述

IaaS 就是基础设施即服务，这里的基础设施主要指 IT 设施，包括计算机、内存、存储网络，以及其他相关的设施。IaaS 所指的服务是指用户通过网络，按照实际需求获得的 IaaS 云服务提供商所提供的上述 IT 设施资源服务。通过 IaaS 这种模式，用户可以从供应商那里获得所需要的计算或存储等资源来装载和部署自己的应用及开展业务，并只需为其所租用的那部分资源付费，而基础设施烦琐的管理工作则交给 IaaS 供应商来负责。

企业要实现信息化，就需要一系列的应用软件来处理企业应用的业务逻辑，还需要将企业中的数据以结构化或非结构化的形式保存起来，并要构造应用软件与使用者之间的桥梁，使应用软件的用户可以使用应用软件获取或保存数据。这些应用软件需要一个完整的平台以支撑它的运行，这个平台通常包括网络、服务器和存储系统等构成企业 IT 系统的硬件环境，也可以包括操作系统、数据库、中间件等基础软件，这个由 IT 系统的硬件环境和基础软件共同构成的平台就是 IT 基础设施。

6.3.2 IaaS 体系架构

在 IaaS 体系架构中，通过构建资源池、服务封装和负载均衡等手段，可以将用户所需的传统物理、固定式的底层基础设施，迅速转换成可按需使用的虚拟基础设施服务，并可进一步实现 IaaS 的按需调度。一般来说，可将 IaaS 体系架构划分为服务层、管理层、虚拟化层和资源池层，如图 6.3 所示为 IaaS 体系架构图。

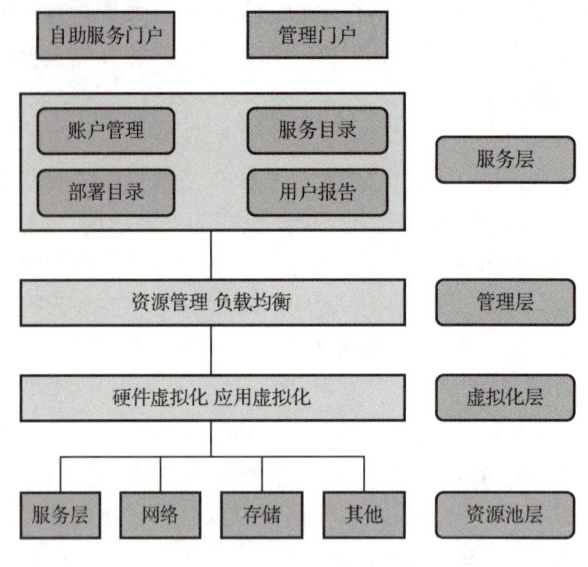

图 6.3 IaaS 体系架构图

架构最底层是资源池层，其中包括 IaaS 体系架构中的所有物理设备，如硬件服务器、存储、网络等。IaaS 体系架构通过对分散的、独立的物理设备进行一系列虚拟化封装，形成一个集中的虚拟化计算资源池。可以通过 IaaS 云计算平台将资源池中的各种计算资源进行统一管理，并按需进行任意组合，从而形成大规模、灵活的计算资源，或者计算能力。

位于资源池层上的是虚拟化层，其主要作用是根据业务或用户需求，对资源池层中的计算资源进行虚拟化组合、封装，以形成规模不同的虚拟计算资源，通常称为虚拟机。因此，虚拟化层是各种虚拟化技术在 IaaS 中的实际体现，是实现云计算服务的基础。

位于虚拟化层上的是管理层，主要是对最底层的资源池层进行统一管理和调度。管理层首先通过收集每种计算资源的运行状态和性能情况，并分析收集的计算资源信息，然后使用不同虚拟化技术对计算资源进行封装，最后根据负载均衡情况按需动态地调度虚拟资源。

服务层位于 IaaS 体系架构的最上层，其主要功能是为用户提供统一的云计算资源访问入口，从而向用户提供使用虚拟化层、管理层及资源池层的服务。访问界面应该是服务层所需提供的基础服务。另外，服务层还应该提供对所有基于管理层、虚拟化层、资源池层等的资源进行运维和管理的能力。

综上所述，上述的四层构成 IaaS 体系架构模型，因此，在构建 IaaS 时，搭建四层体系架构是关键点。

6.3.3　IaaS 资源虚拟化

要构建自适应的 IaaS，必须将其资源虚拟化，并加以管理。虽然不同 IaaS 提供的虚拟化计算资源不同，但是往往都具备以下特点或功能。

1. 抽象化描述

为实现上层资源的有效管理，需要对其进行抽象化描述，即对底层基础设施进行虚拟化。

2. 资源监控

资源监控是实现负载均衡的前提，能够保证资源高效性。对于不用类型的资源，往往采集不同数据来实现监控。

3. 负载均衡

在大规模的资源集群中，针对资源的有效分配和管理，需要尽可能实现节点间的负载均衡，进行负载迁移，即负载过高的计算节点应将负载任务动态迁移到较空闲的计算节点。

4. 虚拟机动态迁移

物理资源与虚拟资源间的映射关系是动态变化的。当有新的用户请求被分配到某个管理程序，以及某个管理程序上的用户请求负载过重时，为满足系统性能的要求，某些用户的虚拟机实例会从一个负载重的管理程序迁移到较空闲的管理程序。

5. 动态部署

通过使用 IaaS 提供的计算资源，上层应用请求应能通过自动化部署的过程来实现计算环境的动态切换，以保证用户应用对计算资源的动态需求。

6.4 平台即服务（PaaS）

6.4.1 PaaS 概述

PaaS（平台即服务）是指将一个完整的软件研发和部署平台，包括应用设计、应用开发、应用测试和应用托管，都作为一种服务提供给用户。在这种服务模式中，用户不需要购买硬件和软件，只需要利用 PaaS 平台，就能够创建、测试和部署应用和服务。与基于数据中心的平台进行软件开发和部署相比，采用 PaaS 的成本和费用要低得多。PaaS 实际上是指将软件研发平台（或称业务基础平台）作为一种服务，以 SaaS 的模式提交给用户。

PaaS 主要具有以下特点：

（1）PaaS 所提供的服务与其他服务最根本的区别是其提供的是一个基础平台，而不是某种应用。PaaS 由专门的平台服务提供商搭建和运营该基础平台，并将该平台以服务的方式提供给应用系统运营商。

（2）PaaS 运营商所需提供的服务，不仅是单纯的基础平台，还包括针对该平台的技术支持服务，甚至针对该平台而进行的应用系统开发、优化等服务。PaaS 的运营商最了解他们所运营的基础平台，所以由运营商所提出的对应用系统优化和改进的建议非常重要。在新应用系统的开发过程中，运营商的技术咨询和支持团队的介入，是保证应用系统在以后的运营中得以长期、稳定运行的重要因素。

（3）PaaS 的实质是将互联网的资源服务化为可编程接口，为第三方开发者提供有商业价值的资源和服务平台。有 PaaS 平台的支撑，云计算的开发者就可获得大量可编程元素，这些可编程元素有具体的业务逻辑，这就为开发带来极大便利，不但能提高开发效率，还能节约开发成本。

6.4.2 PaaS 体系架构

如图 6.4 所示为基本的 PaaS 平台体系架构图，可以分为物理资源层、中间件层和接口层三部分。物理架构包括服务器及传统系统，如物理框架、集成系统、数据库资源等。最底层的软件系统包括操作系统及虚拟化技术。中间层包括应用程序服务器和相关技术，如面向服务架构 SOA，业务工作流管理 BPM，用户接口 UI 及用户角色管理，还包括系统管理，如堆栈的使用。在此基础上的是关键的 IT 功能应用，包括 SOA 提供的服务，BPM 提供的流程等内部构件的接口，不同部门根据需要调用，以构建所需要的应用程序。

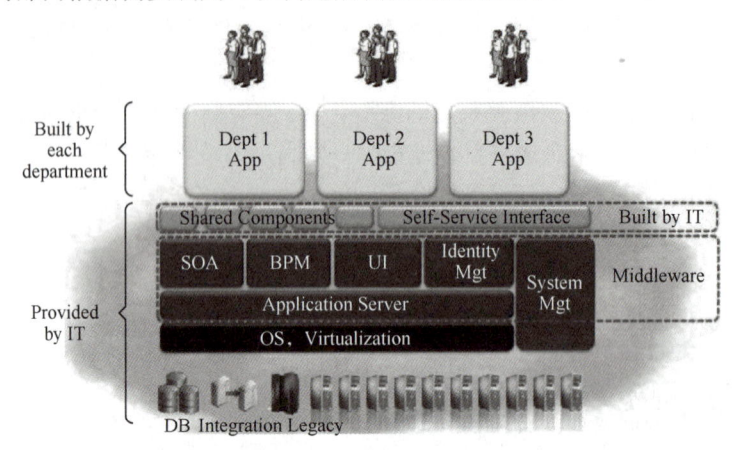

图 6.4　基本的 PaaS 平台体系架构图

在中间件层的服务构建中，利用第三方站点提供的 API 和电信网关，以及 Mashup 多个站点的数据源。现在很多第三方网站提供一些服务接口，如 Google map、Amazon ECS、Yahoo map 等，利用这些接口可以快速地构建功能服务；电信 Parlay API 包括电信运营商提供的一些服务接口，如朗讯、爱立信的 Parlay API。

SOA 利用 Web Service 技术将底层的 API 封装成具有一定功能的服务，并发布到 PaaS 平台；业务流程管理 BPM 可以自动化调用流程，负责对任务的调度管理；UI 接口提供一些界面化功能接口，可以利用 JavaScript、Ajax 及 JSON 实现界面与外部接口的数据交互。

平台管理包括安全管理、用户管理及资源管理三部分。安全管理包括对登录者身份的验证，各个模块通过对不同角色访问权限的授予和黑客病毒等的综合防护，保证数据不会泄露，使系统能安全地运行。用户管理包括对用户账号的管理，对特定用户的环境配置，用户之间的逻辑关系管理，在用户使用的过程中，按它所占用的时间及系统资源计费。资源管理负责负载均衡，弹性调度，更好地利用现有资源，能够检测系统故障，当出现故障时能够尽快恢复，对终端用户及系统使用的情况进行统计，分析统计数据，改进现有产品，提供更好的解决方案。

6.4.3　PaaS 与 IaaS 的区别

云计算模式是对基础设施即硬件资源和操作系统的虚拟化，如对资源、内存资源、网络资源、存储资源等进行虚拟化，把虚拟化的资源做成资源池，然后把资源池的多种资源组装成虚拟机。它的目标是给用户提供一个虚拟机，可以是已安装操作系统的虚拟机，也可以是无操作系统的虚拟裸机，这个虚拟机的资源包括内存、存储或硬盘、网络等；同时负责虚拟机的供应过程、运行状态的监控、使用计量等。但其既不关心也不理解虚拟机上要运行什么系统软件、什么应用软件。

PaaS，将平台作为服务，此平台一般指中间件平台，在某种意义上也称共享中间件，与 IaaS

类似，PaaS 的主要技术是应用平台虚拟化。PaaS 抽象的核心是应用平台，它是对应用平台进行抽象，是把应用平台中间件如应用服务器等进行虚拟化，把应用平台作为一个资源池进行管理分配，形成共享平台或应用平台资源池。PaaS 的作用主要表现在以下两方面：

一方面，PaaS 要提供虚拟化、池化的应用平台，如 J2EE 应用服务器平台、门户平台、BPM 平台。

另一方面，PaaS 需要提供一些支持应用平台的通用基础服务，如安全性服务、缓存、路由、存储和供应等。与 IaaS 不同，IaaS 提供的和基础设施相关的基础服务是运行状态的监控、计量等。PaaS 云计算要支持平台的安全性、中间件平台的缓存、HTTP 的请求排队路由及平台配置的存储供应等。

6.5 软件即服务（SaaS）

6.5.1 SaaS 概述

SaaS 是 Software-as-a-Service（软件即服务）的简称，它是一种通过 Internet 提供软件的模式，厂商将应用软件统一部署在 SaaS 服务器上，用户可以根据实际需求，通过互联网向厂商定购所需的应用软件服务，按定购的服务多少和时间长短向厂商支付费用，并通过互联网获得厂商提供的服务。用户不用再购买软件，而改向提供商租用基于 Web 的软件来管理企业经营活动，且无须对软件进行维护，服务提供商会全权管理和维护软件。软件厂商在向用户提供互联网应用的同时，也提供软件的离线操作和本地数据存储，让用户随时随地都可以使用其定购的软件和服务。近年来，SaaS 的兴起已经给传统套装软件厂商带来压力。

1. SaaS 服务提供模式

SaaS 是一种新的软件提供模式，SaaS 服务提供商为企业提供建设信息化所需要的所有网络基础设施及软件、硬件运作平台，并负责所有前期的实施、后期的维护等服务，企业无须购买软硬件、建设机房、招聘 IT（Information Technology）人员，只需前期支付一次性的项目实施费和定期的软件租赁服务费，即可通过互联网享用信息系统。服务提供商通过有效的技术措施来保证每家企业其数据的安全性和保密性。

企业采用 SaaS 服务模式可以节省大量用于购买 IT 产品、技术和维护运行的资金，特别是对于中小企业来说，SaaS 消除了企业购买、构建和维护基础设施和应用程序的需要，SaaS 是采用先进技术的最好途径，而且是企业快速建设信息系统的一种重要方式。收取租金的方式，有利于软件和服务提供商准确预测自己的收入，可以准确地确定自己的发展策略，开发新产品。在软件界，有人把 2008 年称为 SaaS 年，软件厂商对 SaaS 寄予厚望。

2. SaaS 模式与传统模式的比较

图 6.5 展示了传统软件应用模式向 SaaS 模式的过渡。在传统软件应用模式中，用户需要在计算机中先安装软件，然后才能使用各类应用，且购买软件采取一次性支付方式。在这种模式下，企业用户在维护和升级各类应用时需要软件厂商上门服务，自身也要花费一定人力配合工作，软件的使用成本偏高。

而在软件即服务应用模式中，用户不需要在计算机中安装软件，只要通过互联网登录相应的在线软件便可使用，在线软件的维护由软件厂商通过后台的服务器来完成，企业用户的数据由软件供应商或第三方进行托管,且用户可以以分期付款的方式租用软件而不必一次性地购买软件许可证。这将大大降低企业的软件使用成本,让企业将更多的精力放在核心业务上。

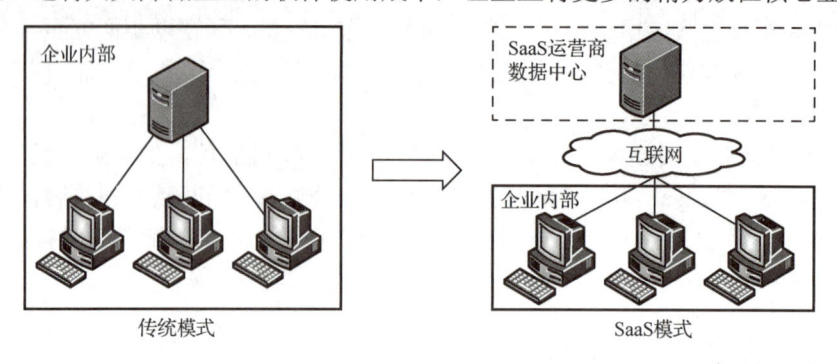

图 6.5　传统软件应用模式向 SaaS 模式的过渡

6.5.2　SaaS 体系架构

图 6.6 展示了 SaaS 体系架构。SaaS 从逻辑上可以分为三层,从下往上分别是数据访问层(DAO,Data Access Objects)、业务逻辑层、表示层。

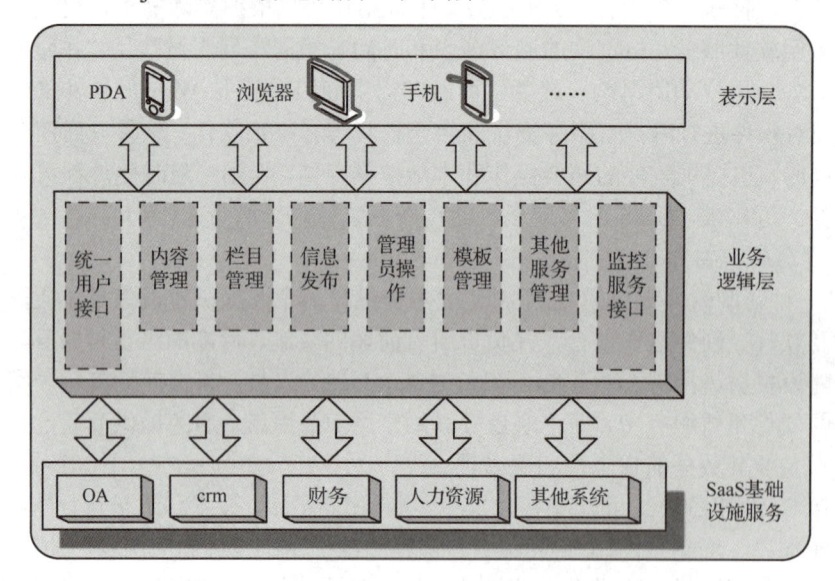

图 6.6　SaaS 体系架构

数据访问层:也称数据持久层,其功能是负责数据库的访问,主要是针对数据的增添、删除、修改、更改等,为业务逻辑层或表示层提供数据服务。

业务逻辑层:通常情况下,业务逻辑层中包含系统所需的所有功能上的算法和计算过程,并与数据访问层和表示层交互。抽象来说,业务逻辑层就是处理与业务相关的部分,业务层包含一系列对数据的操作。

表示层:表示层一般负责与用户的交互过程,也就是将客户端所提交的请求发送给业务层。表示层是租户和系统之间交流的桥梁,一方面为用户提供交互的工具,另一方面为显示和提交数据实现一定的逻辑,以便协调租户和系统的操作。

SaaS 使用三层架构有很多好处，第一，开发人员可以只关注整个架构中的某一层；第二，可以降低层与层之间的耦合关系；第三，有利于标准化及层次逻辑的可复用。

6.5.3　SaaS 的特征及优点

SaaS 是随着互联网技术的发展和应用软件的成熟而兴起的一种完全创新的软件应用模式。它是网络应用最有效益的营运模式。如表 6.1 所示为几种开发模式的特性对比。

表 6.1　几种开发模式的特性对比

特　性	基于 C/S 架构的软件产品	基于 B/S 架构的软件产品	SaaS 模式的软件服务
运行环境	Windows、UNIX、Linux	Windows、UNIX、Linux	UNIX、Linux、Windows、MAC-OS
系统架构	二层架构、三层架构	三层架构	三层架构
信息共享	局域网：应用软件安装在企业服务器和企业终端上，通过网络线和 HUB 与服务器连接，实现内部信息共享	广域网：应用软件安装在企业服务器上，通过通信专线将不同服务器之间的数据库相连，企业内部通过浏览器共享信息	互联网：应用软件安装在电信或企业服务器上，通过宽带使用浏览器，实现企业间信息共享
安全性	由于 C/S 架构必须在客户端安装应用软件，所以应用程序极易受到病毒侵扰	企业级安全，非专业的技术装备和技术人员，无法做到全天候的保障	电信级安全，专业的技术设备和技术人员，365 天×24 小时的全天候服务
保密性	使用者随时可以接触程序和数据	使用者、研发者、管理者都可以接触数据	只有企业授权用户可以接触企业数据
集成度	财务业务分离，部分功能集成	企业级集成	供应链/需求链/客户全面集成
投入转化率	成本不可控制，IT 投入是企业的固定资产，要在未来几年陆续折旧摊销，企业收益率下降	成本不可控制，IT 投入是企业的固定资产，要在未来几年陆续折旧摊销，企业收益率下降	IT 投入可当年转化为成本，成本可预测，企业收益率提高，实现由成本中心到效益中心的转变

1. SaaS 的特征

SaaS 服务模式与传统销售软件永久许可证的方式有很大不同，它是未来管理软件的发展趋势。与传统服务方式相比，SaaS 具有以下特征。

（1）统一部署：SaaS 不仅减少了或取消了传统的软件授权费用，而且厂商将应用软件部署在统一的服务器上，免除了最终用户的服务器硬件、网络安全设备和软件升级维护的支出，客户不需要个人计算机和互联网连接之外的其他 IT 投资就可以通过互联网获得所需要的软件和服务。

（2）按需定制：SaaS 供应商通常是按照客户所租用的软件模块来收费的，因此，用户可以根据需求按需订购软件应用服务，而且 SaaS 的供应商会负责系统的部署、升级和维护。

（3）适应性强：SaaS 不仅适用于中小型企业，所有规模的企业都可从 SaaS 中获利。新一代的 SaaS 能够使客户在小范围的实施中测试应用程序的可靠性和适用性。

2. SaaS 的优点

（1）可重复使用：SaaS 的主要优点之一就是可重复使用，其实这也是 SaaS 的其他优点的基础。如果客户确信应该使用 SaaS 解决方案，实际上就已决定不从事重复工作，而是仅仅利用现有的解决方案。

（2）成本较低：SaaS 解决方案的另一个主要优点是成本较低，在价格方面可以提供非常显著的规模经济。原因就是大多数 SaaS 提供商可以非常轻松地利用其在特定行业领域"重复使用"的优点,来提供具有高度可复制的标准化的解决方案。最终结果是,可以将这种可重复使用的优点惠及客户,同时可以降低成本。

(3)快速部署:SaaS 的提供商早已对潜在客户即将采用的针对特定领域的解决方案进行规划、设计、实施、部署及测试。这意味着客户可以使用已有的解决方案。

6.6 主流产品和应用

随着云计算技术的不断发展,基于云计算的各种应用也如雨后春笋般地涌现,现在这些云应用已经遍布人们生活的方方面面,如云办公、云存储等都是云计算技术在生活中的应用。

6.6.1 ISDM 平台

ISDM 是 IBM 的 IaaS 架构,其核心技术就是虚拟化技术和云计算服务管理平台 ISDM(IBM Service Delivery Manager),是一个预封装的自包含软件设备,在虚拟数据中心环境中实施。它使数据中心能够促进针对各种工作负载类型创建服务平台,并具有高度集成、灵活性和资源优化的特点。如果希望从私有云开始入门,则可以使用 ISDM 云平台。该产品使用户能够快速实施完整的软件解决方案,以用于虚拟数据中心环境中的服务管理自动化,从而帮助组织的基础结构朝着更为动态的方向发展。

ISDM 云平台是单个解决方案,提供了实施 Cloud 计算所需的所有软件组件。Cloud 计算是 IT 资源的服务获取与交付模型,它可以帮助改进业务性能并控制为组织提供 IT 资源的成本。作为 Cloud 计算的快速入门,ISDM 云平台使组织能够通过其数据中心的某个已定义部分或通过某个特定内部项目来利用此交付模型的好处。其潜在的好处如下:

(1)降低运营成本和资本支出。
(2)提高生产率——使用更少资源进行更多创新的能力。
(3)缩短业务功能的上市时间,从而提高竞争力。
(4)提供标准化的统一 IT 服务,从而提高资源利用率。
(5)提高对市场需求的承受力。
(6)改进针对 IT 使用者的服务质量。

ISDM 云平台提供对于 Cloud 模型必不可少的预安装功能,包括:

(1)自助服务门户网站界面,可用于预留计算机、存储器和网络资源,包括虚拟化资源。
(2)资源的自动供应和自动取消供应。
(3)预封装的自动化模板和工作流程,可用于大多数常见资源类型,如 Vmware 虚拟映像和 LPAR。
(4)Cloud 计算的服务管理。
(5)实时监视弹性。
(6)备份和恢复。

SDM 云平台包含以下软件:

(1)IBM Tivoli Service Automation Manager。

（2）IBM Tivoli Monitoring。
（3）IBM Tivoli Usage and Accounting Manager。
（4）IBM Web Sphere Application Server ND。
（5）IBM Tivoli Provisioning Manager。
（6）IBM Tivoli Service Request Manager。

6.6.2 云办公

现在世界上已经有超过 1/5 的人实现了远程办公，他们或使用移动设备查看、编辑文档，或在家中与同事协同办公，或直接在交通工具上制作幻灯片，办公可以不受工作地点、时间或设备的限制。现在中国有超过 5 亿的人在使用智能手机，同时越来越多的人拥有多款设备。面对用户使用习惯与设备的变化，云服务的普及使人们实现了随时随地办公，为人们带来了前所未有的生产力。

云办公就是可以使办公室"移动"起来的一种全新的办公方式，这种方式可以实现相关人员在任何时间、任何地点处理与业务相关的任何事情。也就是说，相关人员即使不在办公室，也能随时随地对办公材料进行查阅、回复、分发、展示、修改或宣读，是将办公室放在云端，可随时进行办公的一种办公方式。

云办公是指通过把传统办公软件以瘦客户端或智能客户端的形式运行在网络浏览器中，从而使相关人员在脱离固定的办公地点时同样可以完成公司的日常工作。实际上，云办公可以看作原来人们经常提及的在线办公的升级版。云办公是指个人和组织所使用的办公类应用的计算和存储两个功能，不通过安装在客户端本地的软件提供，而是由位于网络上的应用服务予以交付，用户只需使用本地设备即可实现与应用的交互功能。云办公的实现方式是标准的云计算模式，隶属于软件即服务范畴。

云办公与传统的在线办公相比，具有以下优势：

（1）随时随地协作。

用户在使用传统办公软件实现信息共享时，需要借助电子邮件或移动存储设备等辅助工具。在云办公时代，与原来基于电子邮件的写作方式相比，省去了邮件发送、审阅、沟通流程，用户可以直接看到他人的编辑结果，无须等待。云办公使用户能够围绕文档进行直观的沟通讨论，也可以进行多人协同编辑，从而提高团队的工作效率。

（2）跨平台能力。

云办公应用可以使用户不受任何终端设备和办公软件的限制，在任何时侯、任何地方都可以使用相同的办公环境，访问相同的数据，极大地提高了使用设备的方便性。

（3）使用更便捷。

用户使用云办公应用省去了安装客户端软件的步骤，只需打开网络浏览器即可实现随时随地办公。同时，利用 SaaS 模式，用户可以采取按需付费的方式，从而降低办公成本。

目前，常用的云办公用品主要有 Google Docs、Office365、35 云办公等。下面介绍几种常用的云办公用品。

Google Docs（谷歌文档）是谷歌公司开发的一款类似于微软的 Office 的一套云办公产品。它的功能包括在线文档、电子表格和演示文稿。通过 Google Docs，用户可以处理和搜索文档、表格、幻灯片，并可以通过网络和他人分享。

Office365 是一套完整的办公服务解决方案。微软公司通过云技术将多人的办公应用整合为一组服务，能够为用户提供便利的办公软件服务。它将 Office 桌面端应用的优势与企业级邮件处理、文件分享、即时消息和可视网络会议的需求（Exchange Online，Sharepoint Online 和 Lync Online）融为一体，满足不同类型企业的办公需求。用户甚至能以一支普通中性笔般低廉的日均成本，享受新的云端服务。

35 云办公是"三五互联"推出的一种低成本、易维护的轻量型云办公模式。它融合了企业办公微博、企业邮箱、协同办公系统、企业即时通信、视频会议系统等云服务功能，并且能够在 PC 端、手机端、平板电脑端等平台之间实现存储在云端信息的自由交互。

6.6.3 云存储

现在，计算机依然是人们在日常生活中经常使用的工具，很多人依然习惯使用计算机来处理文档、存储资料，通过电子邮件或移动存储设备来与他人交换信息。同时，人们需要不断对安装在本地计算机上的系统软件和应用软件的漏洞进行修补，并对数据安全进行保障，以免遭受黑客或病毒的袭击而导致数据丢失。目前，随着云计算的出现，用户可以将不需要处理的数据信息存储在云计算的数据中心，用户所需的应用程序并不运行在用户的计算机、手机等终端设备上，而是运行在云计算数据处理中心的大规模服务器集群中。提供云计算服务企业的专业 IT 人员负责云计算上的资源分配、负载均衡、软件部署、安全控制等，维护用户数据的正常运行，为用户提供足够强大的存储空间和计算能力。用户只需接入互联网，就可以通过计算机、手机等终端设备，在任何地点方便快捷地处理数据和享受服务。云计算能使跨设备跨平台的数据同步，并解决数据共享问题。

因此，云存储是在云计算概念上延伸和发展出来的一个新概念，它是指通过集群应用、网格技术或分布式文件系统等功能，将网络中大量各种不同类型的存储设备通过应用软件集合起来，协同工作，共同对外提供数据存储和业务访问功能的一个系统。当云计算系统运算和处理的核心是大量数据的存储和管理时，云计算系统中就需要配置大量存储设备，那么，云计算系统就转变为一个云存储系统，所以云存储是一个以数据存储和管理为核心的云计算系统。

云存储对用户来说，不是指某个具体设备，而是指一个由许多存储设备和服务器构成的集合体。用户使用云存储，并不是使用某个存储设备，而是使用整个云存储系统带来的一种数据访问服务。所以严格来说，云存储不是存储，而是一种服务。云存储的核心是应用软件与存储设备相结合，通过应用软件来实现存储设备向存储服务的转变。

目前，各大网站都推出了各自的云盘，用户比较熟悉的国外厂商有微软、Amazon、苹果、Google 等，国内的厂商有新浪、阿里、华为、酷盘、中国电信、腾讯等。下面介绍几个个人用户常用到的云存储服务，以帮助大家理解云存储的功能及应用。

1. icloud

2009 年 4 月 9 日，Xcerion 发布 icloud，它是世界上首个免费联机计算机，可向世界上任何人提供他们自己的联机计算机，外加可从任何地方连接到 Internet 的计算机都可使用的免费存储、应用程序、虚拟桌面和备份访问等。2011 年 6 月 7 日，苹果公司在旧金山 Moscone West 会展中心召开的全球开发者大会（简称 WWDC 2011）上，发布了 icloud 云服务，该服务可以让现有苹果设备实现无缝对接。icloud 是苹果公司为苹果用户提供的一个私有云空间，以方便苹果用户在不同设备间共享个人数据。icloud 支持用户设备间通过无线方式同步和推送数据，比苹果传统的 itunes 方案（需要数据线连接）更容易操作，用户体验更出色。

icloud 将苹果音乐服务、系统备份、文件传输、笔记本及平板设备产品线等元素紧密地结合在一起。在乔布斯看来，icloud 是一个与以往云计算不同的服务平台，苹果公司提供的服务器不应该只是一个简单的存储介质，它还应该带给用户更多功能。

在 iOS 设备或 Mac 上设置 icloud 并连接上网络之后，用户就可以使用以下功能进行工作。

（1）内容无处不在。用户可以在自己的任何苹果设备上自动获取 iTunes Store、App Store 和 iBooks Store 上的购买项目，并可以随时下载以前购买的内容。

（2）照片存储与共享。用户可以使用 icloud 照片图库在 icloud 中存储整个资料库中的照片和视频，并通过 icloud 使这些文件在所有 iOS 设备（iOS8 或更高版本）、Mac（OSXv10.10.3 或更高版本）和 iCloud.com 上都保持最新状态；可以使用 icloud 照片共享功能与用户选择的人共享照片和视频，并允许他们将照片、视频和评论添加到共享相簿中。

（3）icloud Drive。可以在 icloud 中安全地存储和整理各种文稿，并在 iCloud.com 上的 icloud Drive 和设置 icloud Drive 的设备上方便地使用。

（4）家人共享。允许最多 6 名家庭成员在不共享账户的情况下，共享 itunes Store、App Store 和 iBooks Store 的购买项目。可以使用同一张信用卡支付家庭购买项目，并从家长的设备上准许孩子的购买行为。此外，还可以共享照片、家庭日历提醒事项和位置。

（5）邮件、通信录、日历、备忘录和提醒事项。可以使用 iCloud.com 上的邮件、通信录、日历、备忘录和提醒事项，并通过 iOS 设备、Mac 和 Windows 计算机上的 App，使邮件、通信录、日历、备忘录和提醒事项保持最新状态。

（6）查找我的 iphone。使用 iCloud.com 上的"查找我的 iphone"，可查找用户或用户的家庭成员丢失的 iOS 设备或 Mac。

（7）Pages、Numbers 和 Keynote。可以使用 iCloud.com 上的 Pages、Numbers 和 Keynote 测试版及 iOS 设备和 Mae 上对应的 App，在 icloud Drive 中存储电子表格、演示文稿和其他文稿。

（8）书签、阅读列表和 icloud 标签页。可以查看用户在 Mac 和 iOS 设备上打开的网页。即使在离线状态下，也可以阅读"阅读列表"中的文章。另外，还可以在 iOS 设备、Mac 和 Windows 计算机上使用相同的书签。

（9）icloud 钥匙串。使用户的密码、信用卡信息等信息保持最新状态，并可在 iOS 设备和 Mae 上自动输入这些信息。

（10）iMovie Theater。可以在用户的所有设备上观看下载完成的电影和预告片。

（11）备份和恢复。用户在将设备打开、锁住和连接到电源时，icloud 可以通过 Wi-Fi 每日自动备份用户的 iOS 设备。可以使用 icloud 备份恢复 iOS 设备或设置新设备。

（12）返回我的 Mac。可以通过 Internet 将 Mac 安全地连接到远程 Mac，然后共享远程 Mac 的屏幕或文件。

在设置 icloud 的设备上，icloud 会为苹果用户提供一个电子邮件账户及 5GB 容量的免费存储空间，供邮件、文稿、照片和 iOS 设备备份使用。用户购买的音乐、App、电视节目和图书不会占用设备的可用空间。

2. 百度云盘

百度云存储 BCS（Baidu Cloud Storage）提供 Object 网络存储服务，旨在利用百度在分布式及网络方面的优势为用户提供安全、简单、高效的存储服务。百度云存储提供了一系列简单易用的 REST API 接口、SDK、工具和方案，使用户通过网络即可随时随地存储任何类型的数据，进行安全分享及灵活的资源访问权限管理。通过使用百度云存储服务，用户可以轻松地开发出扩展性强、稳定性好、安全快速的分布式网络服务；通过使用云存储服务提供的 API、SDK 及管理平台，用户可以迅速开发出适合各种业务的网络程序。百度云存储支持任何类型的数据，支持签名认证及 ACL 权限设置，可以进行资源访问控制，用户可以通过管理控制台直接进行页面上传、下载或通过 REST API、Shell Tool、SDK Curl 等方式实现上传、下载。百度提供的云存储服务具有以下优势：

（1）容量大。支持 0～2TB 容量的单文件上传、下载，可实现任何网络环境中的数据需求。

（2）稳定可靠。多机房部署保证数据访问稳定，三份冗余存储，确保服务稳定性达到 99.999%以上，可用性达到 99.9%。

（3）安全性强。资源用户隔离，加上签名认证和 ACL 权限设置确保资源访问控制，并确保存储及访问安全。

（4）易用性强。简单的 REST API、多语言 SDK、Shell Tool、Curl 等工具可极大地提高开发效率。

（5）适应性广。分片上传和断点下载功能可适应复杂网络环境。

（6）可扩展。30%冗余机制，系统支持自动扩容，无须人工干预，用户可根据实际需求动态修改存储方案。

3. Dropbox

Dropbox 是一款非常实用的网络文件同步工具，它通过云计算技术实现实时同步本地文件到云端，用户可以存储并共享文件和文件夹。它支持在多台计算机的多种操作中自动同步，并可当作大容量的网络硬盘使用。目前，Dropbox 提供免费和收费服务，Dropbox 为不同操作系统提供客户端软件并有网页客户端。

Dropbox 支持文件的批量拖曳上传，单文件上限容量为 300MB。如果用客户端上传，则无单文件上限容量限制，免费账户总容量最大达 18.8B，但若流量超标整个账户的外链流量就会被取消。用户可以通过邀请来增加容量，并且支持多种文件外链。用户可以通过 Dropbox 客户端，把任意文件放入指定文件夹，然后就会被同步到云及该用户其他装有 Dropbox 客户端的计算机中。

4. Google Drive

Google Drive 为用户提供 5GB 容量的免费存储空间。用户可以通过统一的 Google 账户进行登录。Google Drive 服务有本地客户端版本，也有网络界面版本，后者与 Google Docs 界面相似，会针对 Google Apps 用户推出特殊服务，并配上特殊域名，还会向第三方提供 API 接口，允许用户从其他程序上将内容存储到 Google Drive 中。

Google Drive 对 Google Docs 进行了深度整合。在 Google Drive 中可以打开并查看任何文件。就像 Google 的其他网络服务一样，用户无须在自己的计算机上安装任何插件，通过一个浏览器就可以像在本地一样查看它们。借助 Google 的搜索技术，Google Drive 提供的快速搜索功能可以提供比本地办公软件更精准的搜索服务。

6.6.4 云教育

教育是一个国家的头等大事，它与每个人都息息相关，同时也是保持国家可持续发展与创新的基础，是整个社会关注的焦点。随着计算机技术的发展，教育科研领域的信息化建设发生了巨大变化，云计算在教育科研领域信息化建设中的优势也日益明显。

传统的课堂授课，采取的是教师口述并通过板书配合讲解的方式。这种方式比较枯燥，学生不能对教学内容形成直观的感受。近年来，为了达到更好的教学效果，利用多媒体授课已经成为比较普遍的授课方式，这样可以增强教学的互动性，激发学生的兴趣和想象力。多媒体教学内容的共享需要高效、普遍的信息化基础设施，但是，教育资源分布不均衡的现状不能保证大范围共享多媒体教育内容，因此，教育行业采用集中式的信息化基础设施，通过网络远程访问，实现优质教学资源的共享和新型教学方式的推广。云平台能够为教育的信息化建设提供技术支撑。通过云计算搭建教育云平台，是教育信息化建设的重要方向。

教育云可以将整个教育行业的信息都放到云端，实现信息共享。从基础教育到高等教育，从政府的教育管理部门到企业的职业培训，从各个图书馆的资源到学生，各个参与教育的个人或团体都可以通过云终端获取或共享自己所需要的信息。

目前，在世界高等教育信息化实践中，已经有一些机构和个人有选择地使用云服务，其中使用最多的是 E-mail 云端化和利用云端平台服务、计算服务等辅助科学研究。在澳大利亚和新西兰，大约 75%的高校已将学生 E-mail 服务移至云端。出于对数据安全、隐私保护、业务连贯性等潜在风险的考虑，新西兰大部分高校尚未将其他服务云端化。2010 年，麦考瑞大学成为澳大利亚第一所将研究、教学、行政工作人员 E-mail 服务全部外包给云服务提供商的高校。英国很多高校也将学生的 E-mail 服务外包给云服务提供商，并且有更多高校在考虑这一做法。加拿大高等教育的"云端化"进程则相对缓慢，因为该国对境外个人信息管理有严格立法，这限制了高等教育机构对境外云服务提供商的选择。

加拿大大学 CIO 委员会（CUCCIO）正在积极工作，力求在加拿大立法框架内通过隐私评估方案保障与云服务商协商合作。在美国，Kuali 基金会发起诸如 Kuali Ready 等开源项目，面向多所高校提供云服务。2010 年，NSF 和微软公司宣布将选出一批研究人员和研究团体，允许他们免费访问 Windows Azure 的云计算资源。在英国，组卡尔斯大学的 Paul Wasson 教授和他的团队基于 JISC 资助的项目研究经验，开发了基于云计算技术的平台 e-Science Central，支持跨学科的研究活动。除此之外，Google、微软、IBM 等云服务提供商也在积极寻求与高校或专业组织合作，以推广其服务。一些教师和学生也以个人方式选择 gmai、Google Docs、Eucalyptus 等云端服务，辅助日常存储、编辑及科学研究工作。

在我国，根据国家"十二五"规划课题之一"素质教育云平台"的要求，由亚洲教育网进行研发并开始使用的"智慧云人人通"平台，搭建了一个教育社区平台，利用"公有云+私有云"的构架，实现优质教育资源的共建共享，消除信息孤岛。该平台使落后地区可以通过互联网获取国内外优质教育资源，实现教育均衡和教育公平。同时，以最基础的班级为单位，将考勤、消费、评价、成绩等数据源源不断地上传至平台，形成学生个人和班级成长档案，为教育部门、学校和用户教育教学管理提供科学的动态分析。

6.7 任务实践：HDFS 应用服务

6.7.1 任务 1：环境准备

安装 VMware Workstation、MobaXterm 软件。

下载部署好的虚拟机。

6.7.2 任务 2：连接虚拟机

（1）打开 VMware Workstation，启动预先部署好的虚拟机 node1、node2、node3，这里，虚拟机只需挂起，无须登录，如图 6.7 所示。

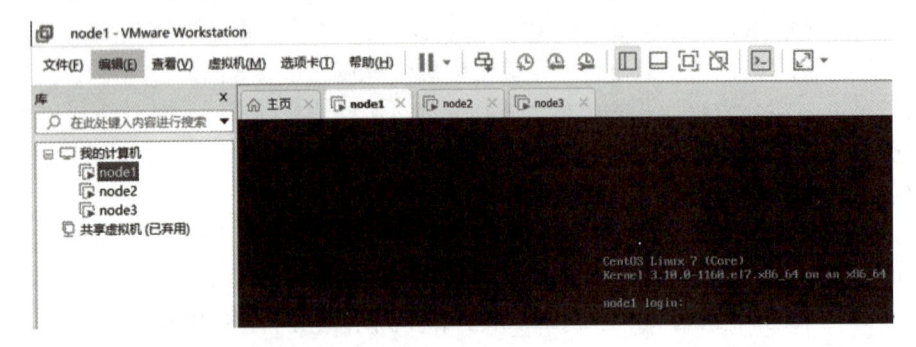

图 6.7　挂起虚拟机

（2）单击"编辑"按钮，然后单击虚拟网络编辑器，将子网 IP 和子网掩码修改为与图 6.8（a）中的一样，其他修改如图 6.8（b）所示。

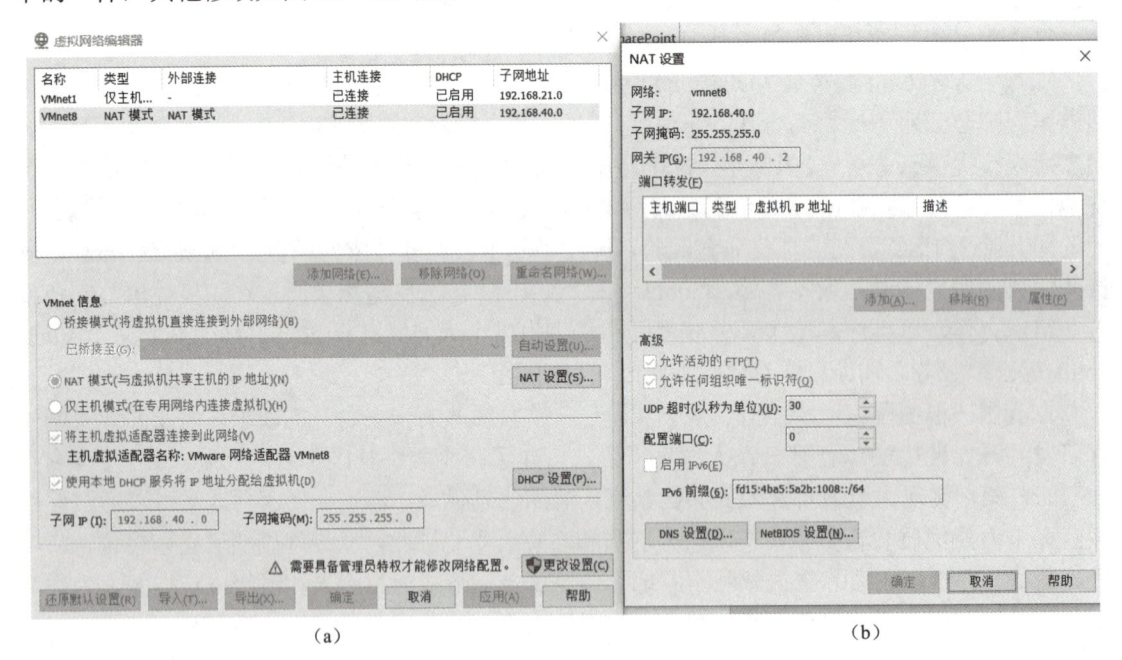

(a)　　　　　　　　　　　　　　　(b)

图 6.8　修改虚拟机网络设置

（3）打开 MobaXterm，单击上方导航栏中的"Session"按钮，如图 6.9 所示。在出现的"Session settings"界面中单击"SSH"按钮，在"Remote host"中输入"192.168.40.80"，在"Specify username"中输入"hadoop"，单击"OK"按钮，如图 6.10 所示。

图 6.9 导航栏

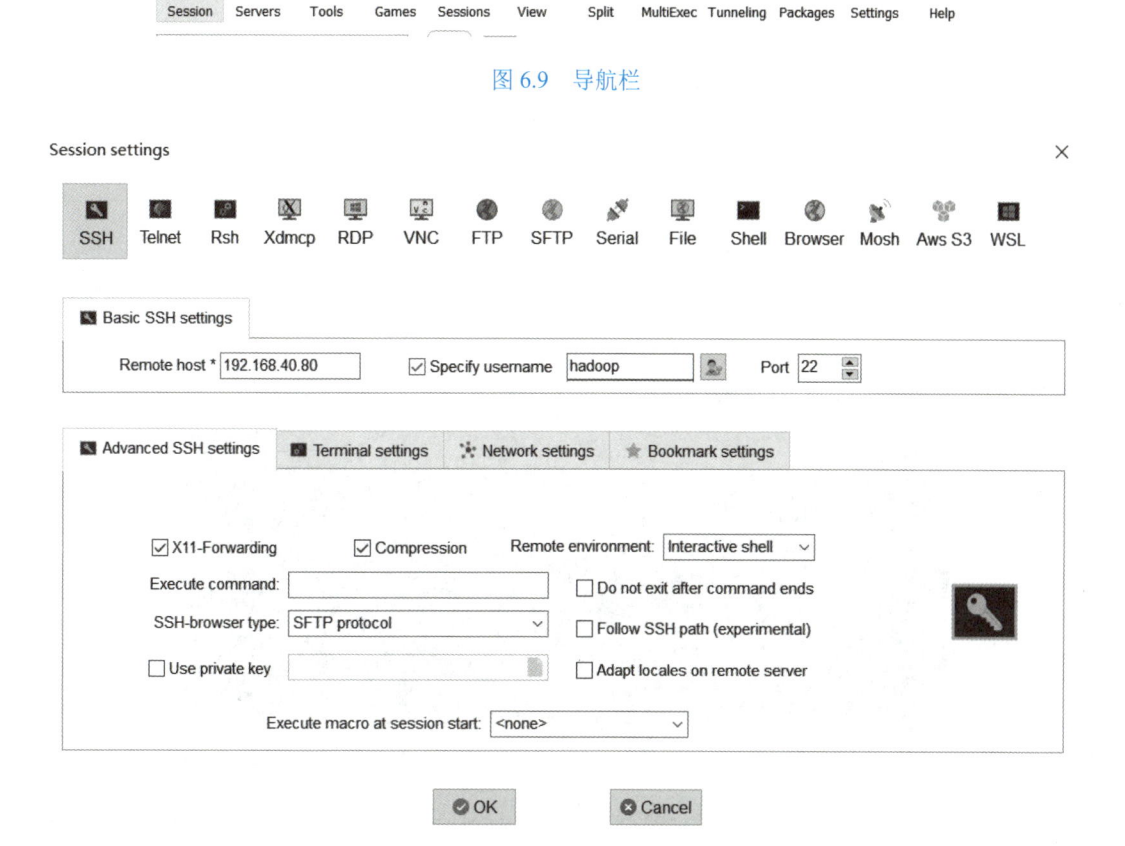

图 6.10 "Session settings"界面

（4）需要建立三个 Session，其中"Remote host"分别为 192.168.40.80、192.168.40.81、192.168.40.82，"Specify username"均为 hadoop，完成建立后，可以在左侧"User sessions"列表中查看，如图 6.11 所示。

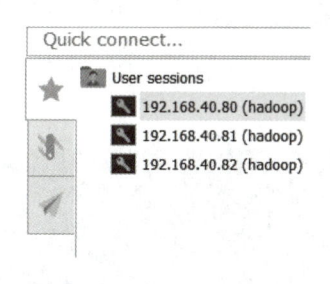

图 6.11 "User sessions"列表

（5）输入密码以连接虚拟机，密码为 123456，注意三台虚拟机都要连接，输入密码时不会显示密码，如图 6.12 所示。

（6）确认后弹出提示对话框，询问是否保存密码，单击"No"按钮即不保存密码，如图 6.13 所示。

图 6.12　输入密码

图 6.13　提示对话框

(7) 登录成功界面如图 6.14 所示。

图 6.14　登录成功界面

至此，成功连接虚拟机，在这里，输入命令进行操作与在 VMware Workstation 中操作效果是一样的。

6.7.3　任务 3：启动集群

(1) 在 node1 中输入集群启动命令 "start-all.sh"，如图 6.15 所示。

图 6.15　输入集群启动命令

(2) 集群启动过程如图 6.16 所示。

图 6.16　集群启动过程

（3）在 node1、node2、node3 中分别输入命令“jps”，即可查看相关启动进程，如图 6.17～图 6.19 所示。

```
[hadoop@node1 ~]$ jps
2564 Jps
1862 DataNode
2280 NodeManager
2122 ResourceManager
1724 NameNode
```

图 6.17　查看 node1 启动进程

```
[hadoop@node2 ~]$ jps
1911 Jps
1755 NodeManager
1630 DataNode
```

图 6.18　查看 node2 启动进程

```
[hadoop@node3 ~]$ jps
1634 DataNode
1747 SecondaryNameNode
2003 Jps
1834 NodeManager
```

图 6.19　查看 node3 启动进程

至此，成功启动集群。

6.7.4　任务 4：通过浏览器访问 Hadoop

（1）打开浏览器，在地址栏中输入“192.168.40.80:50070”，进入 Hadoop 界面，如图 6.20 所示。

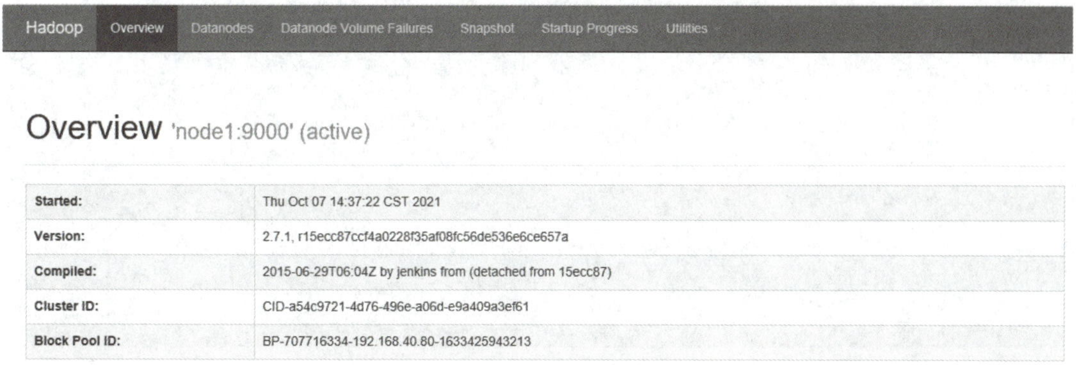

图 6.20　Hadoop 界面

（2）浏览已存在的文件夹，如图 6.21 所示。

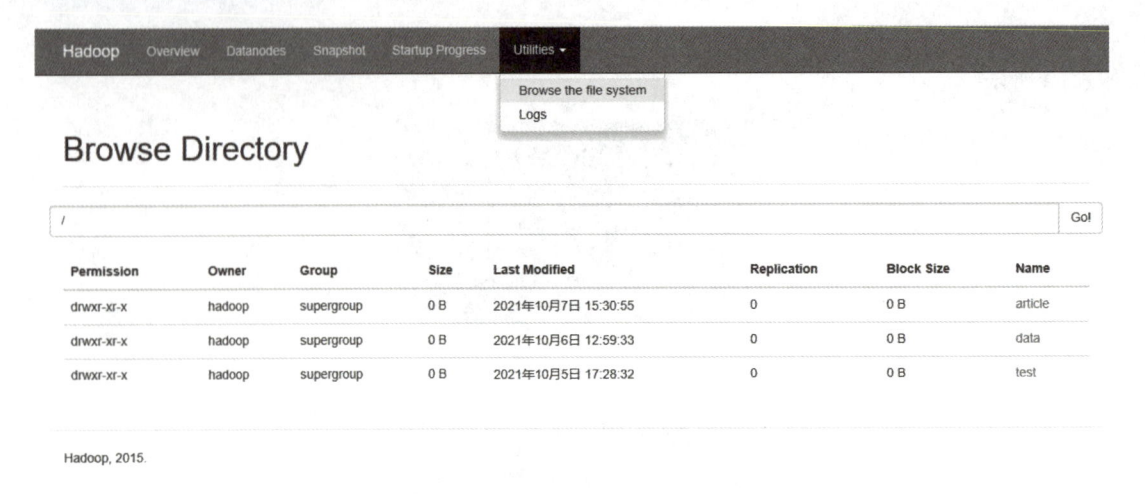

图 6.21　已存在的文件夹

6.7.5　任务 5：系统检查

Hadoop 提供的文件系统检查工具叫作 fsck。如果其参数为文件路径，则检查该路径下所有文件的状态，如果其参数为/，则检查整个系统文件。

示例一：检查整个文件系统。

（1）在 node1 中输入检查整个文件系统命令"hadoop fsck /"，如图 6.22 所示。

图 6.22　输入检查整个文件系统命令

（2）检查整个文件系统，其状态如图 6.23 所示。

图 6.23　整个文件系统状态

示例二：检查 article 文件夹。

（1）在 node1 中输入检查 article 文件夹命令"hadoop fsck /article"，如图 6.24 所示。

```
[hadoop@node1 ~]$ hadoop fsck /article
```

图 6.24　输入检查 article 文件夹命令

（2）检查 article 文件夹，其状态如图 6.25 所示。

```
Connecting to namenode via http://node1:50070/fsck?ugi=hadoop&path=%2Farticle
FSCK started by hadoop (auth:SIMPLE) from /192.168.40.128 for path /article at Thu Oct 07 18:56:39 CST
 2021
...Status: HEALTHY
 Total size:    3217 B
 Total dirs:    1
 Total files:   3
 Total symlinks:        0
 Total blocks (validated):      3 (avg. block size 1072 B)
 Minimally replicated blocks:   3 (100.0 %)
 Over-replicated blocks:        0 (0.0 %)
 Under-replicated blocks:       0 (0.0 %)
 Mis-replicated blocks:         0 (0.0 %)
 Default replication factor:    2
 Average block replication:     2.0
 Corrupt blocks:                0
 Missing replicas:              0 (0.0 %)
 Number of data-nodes:          3
 Number of racks:               1
FSCK ended at Thu Oct 07 18:56:39 CST 2021 in 1 milliseconds


The filesystem under path '/article' is HEALTHY
```

图 6.25　article 文件夹状态

6.7.6　任务 6：HDFS 基本功能实践

在使用 HDFS 进行操作演示之前，需要先将所使用的 jar 包及演示文件上传到虚拟机中，jar 包是对实现相关功能的代码封装。示例中使用的 jar 包为 FileTest.jar，可以实现上传文件，浏览文件和目录，打开文件、下载文件和删除文件的功能；演示文件名为 article2.txt 和 article3.txt，如图 6.26 所示。注意，需要在 jar 包所处位置输入命令。

图 6.26　jar 包和演示文件

示例一：使用 HDFS 上传文件。
将 article2.txt 和 article3.txt 上传至文件系统的 article 文件夹中。
（1）输入上传 article2.txt 命令 "hadoop jar FileTest.jar HDFSFileUpload /home/hadoop/

article2.txt /article/article2.txt",如图 6.27 所示。

```
[hadoop@node1 ~]$ hadoop jar FileTest.jar HDFSFileUpload /home/hadoop/article2.txt /article/article2.txt
```

图 6.27 输入上传 article2.txt 命令

(2)输入上传 article3.txt 命令"hadoop jar FileTest.jar HDFSFileUpload /home/hadoop/article3.txt /article/article3.txt",如图 6.28 所示。

```
[hadoop@node1 ~]$ hadoop jar FileTest.jar HDFSFileUpload /home/hadoop/article3.txt /article/article3.txt
```

图 6.28 输入上传 article3.txt 命令

(3)在 Hadoop 的 article 文件夹中查看上传文件结果,如图 6.29 所示。

Browse Directory

Permission	Owner	Group	Size	Last Modified	Replication	Block Size	Name
-rw-r--r--	hadoop	supergroup	2.67 KB	2021年10月6日 13:17:48	2	128 MB	article1.txt
-rw-r--r--	hadoop	supergroup	427 B	2021年10月7日 19:08:46	2	64 MB	article2.txt
-rw-r--r--	hadoop	supergroup	51 B	2021年10月7日 19:11:40	2	64 MB	article3.txt

图 6.29 上传文件结果

示例二:使用 HDFS 浏览文件。

使用 HDFS 浏览文件系统的 article 文件夹中的 article3.txt 文件。

(1)输入浏览 article3.txt 文件命令"hadoop jar FileTest.jar HDFSFileShow /article/article3.txt",如图 6.30 所示。

```
[hadoop@node1 ~]$ hadoop jar FileTest.jar HDFSFileShow /article/article3.txt
```

图 6.30 输入浏览 article3.txt 文件命令

(2)查看 article3.txt 文件属性,如图 6.31 所示。

```
文件路径:/article/article3.txt
是否是目录:false
文件大小:51
修改日期:2021-10-07 19:11:40
文件副本个数:2
文件拥有者:hadoop
文件用户组:supergroup
文件权限:rw-r--r--
```

图 6.31 article3.txt 文件属性

示例三:使用 HDFS 浏览文件夹。

使用 HDFS 浏览文件系统的 article 文件夹。

(1)输入浏览 article 文件夹命令"hadoop jar FileTest.jar HDFSFolderShow /article",如图 6.32 所示。

```
[hadoop@node1 ~]$ hadoop jar FileTest.jar HDFSFolderShow /article
```

图 6.32　输入浏览 article 文件夹命令

（2）查看浏览 article 文件夹结果，如图 6.33 所示为 article 文件夹中的所有文件属性。

```
文件路径:/article/article1.txt
是否是目录:false
文件大小:2739
修改日期:2021-10-06 13: 17: 48
文件副本个数:2
文件拥有者:hadoop
文件用户组:supergroup
文件权限:rw-r--r--
-----------------------------------
文件路径:/article/article2.txt
是否是目录:false
文件大小:427
修改日期:2021-10-07 19: 08: 46
文件副本个数:2
文件拥有者:hadoop
文件用户组:supergroup
文件权限:rw-r--r--
-----------------------------------
文件路径:/article/article3.txt
是否是目录:false
文件大小:51
修改日期:2021-10-07 19: 11: 40
文件副本个数:2
文件拥有者:hadoop
文件用户组:supergroup
```

图 6.33　article 文件夹中的所有文件属性

示例四：使用 HDFS 打开文件。

使用 HDFS 打开 article 文件夹中的 article3.txt 文件。

（1）输入打开 article3.txt 文件命令 "hadoop jar FileTest.jar HDFSFileCat /article/article3.txt"，如图 6.34 所示。

```
[hadoop@node1 ~]$ hadoop jar FileTest.jar HDFSFileCat /article/article3.txt
```

图 6.34　输入打开 article3.txt 文件命令

（2）查看 article3.txt 中的文本内容，如图 6.35 所示。

```
这是一段关于打开article3.txt的文本内容
```

图 6.35　article3.txt 中的文本内容

示例五：使用 HDFS 下载文件。

使用 HDFS 下载 article 文件夹中的 article3.txt 文件至虚拟机/home/hadoop/download/。

（1）虚拟机目标文件夹即 download 文件夹中没有任何文件，如图 6.36 所示。

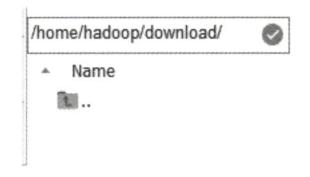

图 6.36　download 文件夹

（2）输入下载 article3.txt 文件命令"hadoop jar FileTest.jar HDFSFileDownload /article/article3.txt/home/hadoop/download/article3.txt"，如图 6.37 所示。

```
[hadoop@node1 ~]$ hadoop jar FileTest.jar HDFSFileDownload /article/article3.txt /home/hadoop/download/article3.txt
```

图 6.37　输入下载 article3.txt 文件命令

（3）刷新页面，可以看到 article3.txt 文件下载成功，其已下载到 download 文件夹中，如图 6.38 所示。

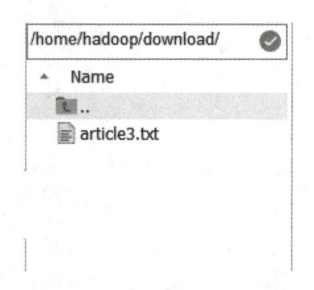

图 6.38　article3.txt 文件下载成功

（4）打开该文件，查看其文本内容是否正确，如图 6.39 所示。

```
[hadoop@node1 ~]$ cd /home/hadoop/download
[hadoop@node1 download]$ ls
article3.txt
[hadoop@node1 download]$ cat article3.txt
这是一段关于打开article3.txt的文本内容[hadoop@node1 download]$
```

图 6.39　article3.txt 文本内容

示例六：使用 HDFS 删除文件。

使用 HDFS 删除 article 文件夹中的 article3.txt 文件。

（1）查看 article 文件夹，发现 article3.txt 文件已在 article 文件夹中，如图 6.40 所示。

Browse Directory

Permission	Owner	Group	Size	Last Modified	Replication	Block Size	Name
-rw-r--r--	hadoop	supergroup	2.67 KB	2021年10月6日 13:17:48	2	128 MB	article1.txt
-rw-r--r--	hadoop	supergroup	427 B	2021年10月7日 19:08:46	2	64 MB	article2.txt
-rw-r--r--	hadoop	supergroup	51 B	2021年10月7日 19:11:40	2	64 MB	article3.txt

图 6.40　article 文件夹

（2）输入删除 article3.txt 文件命令"hadoop jar FileTest.jar HDFSFileDelete /article/article3.txt"，如图 6.41 所示。

```
[hadoop@node1 ~]$ hadoop jar FileTest.jar HDFSFileDelete /article/article3.txt
```

图 6.41　输入删除 article3.txt 文件命令

（3）单击该文件，提示该文件不存在，如图 6.42 所示。

Path does not exist on HDFS or WebHDFS is disabled. Please check your path or enable WebHDFS

图 6.42　文件不存在提示

（4）刷新页面，发现该文件已删除，如图 6.43 所示为删除 article3.txt 后的 article 文件夹。

Browse Directory

/article

Permission	Owner	Group	Size	Last Modified	Replication	Block Size	Name
-rw-r--r--	hadoop	supergroup	2.67 KB	2021年10月6日 13:17:48	2	128 MB	article1.txt
-rw-r--r--	hadoop	supergroup	427 B	2021年10月7日 19:08:46	2	64 MB	article2.txt

图 6.43　删除 article3.txt 后的 article 文件夹

示例七：关闭集群。

如果不对文件进行操作，则关闭集群。

（1）输入关闭集群命令 "stop-all.sh"，如图 6.44 所示。

```
[hadoop@node1 ~]$ stop-all.sh
```

图 6.44　输入关闭集群命令

（2）集群关闭过程如图 6.45 所示。

```
This script is Deprecated. Instead use stop-dfs.sh and stop-yarn.sh
Stopping namenodes on [node1]
node1: stopping namenode
node2: stopping datanode
node1: stopping datanode
node3: stopping datanode
Stopping secondary namenodes [node3]
node3: stopping secondarynamenode
stopping yarn daemons
stopping resourcemanager
node3: stopping nodemanager
node2: stopping nodemanager
node1: stopping nodemanager
no proxyserver to stop
```

图 6.45　集群关闭过程

（3）在 node1、node2、node3 中分别输入命令 "jps"，即可查看相关进程，如图 6.46～图 6.48 所示。

```
[hadoop@node1 ~]$ jps
6375 Jps
```

图 6.46　node1 关闭集群后存在的进程

图 6.47　node2 关闭集群后存在的进程

图 6.48　node3 关闭集群后存在的进程

至此，成功关闭集群。

习　题

一、选择题

1. 云计算是对（　　）技术的发展与运用。
   A．并行计算　　　B．网格计算　　　C．分布式计算　　　D．三个选项都是
2. 将平台作为服务的云计算服务类型是（　　）。
   A．IaaS　　　　　　　　　　　　　B．PaaS
   C．SaaS　　　　　　　　　　　　　D．三个选项都不是
3. 将基础设施作为服务的云计算服务类型是 IaaS，其中的基础设施包括（　　）。
   A．CPU 资源　　B．内存资源　　　C．应用程序　　　D．存储资源
   E．网络资源
4. 下列关于虚拟化的描述，不正确的是（　　）。
   A．虚拟化是指计算机元件在虚拟的基础上而不是真实的基础上运行
   B．虚拟化技术可以扩展硬件的容量，简化软件的重新配置过程
   C．虚拟化技术不能将多个物理服务器虚拟成一个服务器
   D．CPU 的虚拟化技术可以单 CPU 模拟多 CPU 运行，允许一个平台同时运行多个操作系统
5. （　　）公司为最大的云计算使用者。
   A．Salesforce　　B．Microsoft　　　C．Giwell　　　　D．Google

二、判断题

1. 所谓云计算就是一种计算平台或应用模式。（　　）
2. 云计算可以有效地进行资源整合，解决资源闲置问题，提高资源利用率。（　　）
3. 云计算服务可信性依赖于计算平台的安全性。（　　）
4. 互联网就是一个超大云。（　　）

三、思考题

1. 简述云计算的三种服务类型，并对每种类型进行举例说明。
2. 什么是虚拟化技术？

第 7 章

数字媒体

学习目标

- ✧ 了解数字媒体和数字媒体技术的概念
- ✧ 了解数字媒体技术的发展趋势
- ✧ 了解数字图像处理过程
- ✧ 了解数字声音的特点，熟悉处理、存储和传输声音的数字化过程
- ✧ 了解数字视频的特点，熟悉数字视频处理过程
- ✧ 了解 HTML5 应用的新特性，掌握 HTML5 应用的制作和发布
- ✧ 了解数字媒体技术对中国传统文化传播途径的影响

引导案例

2015—2019 年，自媒体行业持续保持高速增长，复合增长率高达 52.31%。高增长背后的重要因素除了大数据及云计算技术所提供的用户画像分析及内容的精准投放，还有数字媒体技术推动的传统媒体到新媒体的内容升级。

本章将全面系统地介绍数字媒体技术的概念、原理及其典型的技术、方法和系统。

7.1 数字媒体基础知识

7.1.1 数字媒体简述

在人类社会中，信息的表现形式多种多样。用计算机记录和传播信息的一个重要特征是，信息的最小单元是二进制的比特（bit），任何在计算机中存储和传播的信息都可分解为 0 或 1 的排列组合。因此，把通过计算机存储、处理和传播的信息媒体称为数字媒体（Digital Media）。

以数字媒体、网络技术与文化产业相融合而产生的数字媒体产业，正在世界各地高速成长。数字媒体产业的迅猛发展，得益于数字媒体技术的不断突破。数字媒体技术是融合了数字信息处理技术、计算机技术、数字通信和网络技术等的交叉学科和技术领域。

数字媒体技术是通过现代计算和通信手段，综合处理文字、声音、图形、图像等信息，使抽象的信息变成可感知、可管理和可交互的一种技术。

数字媒体技术主要研究与数字媒体信息的获取、处理、存储、传播、管理、安全、输出等相关的理论、方法、技术与系统。由此可见，数字媒体技术是包括计算机技术、通信技术和信息处理技术等的综合应用技术，其所涉及的关键技术及内容主要包括数字信息的获取与输出技术、数字信息存储技术、数字信息处理技术、数字传播技术、数字信息管理与安全等。其他数字媒体技术还包括在这些关键技术基础上的综合技术，例如，基于数字传输技术和数字压缩处理技术的广泛应用于数字媒体网络传输的流媒体技术，基于计算机图形技术的广泛应用于数字娱乐产业的计算机动画技术，以及基于人机交互、计算机图形和显示等技术的广泛应用于娱乐、广播、展示和教育等领域的虚拟现实技术等。

数字媒体是一个应用领域很广的新兴学科，是以信息科学和数字技术为主导，以大众传播理论为依据，以现代艺术为指导，将信息传播技术应用到文化、艺术、商业、教育和管理领域的科学与艺术高度融合的综合交叉学科。数字媒体包括文字、图形、图像、音频、视频及计算机动画等形式，其传播形式和传播内容都采用数字化过程，即信息的采集、存取、加工和分发的数字化过程。在当今无处不数字的读屏时代，数字媒体是信息社会非常广泛的信息载体，已渗透到人们工作、学习和生活的方方面面。图 7.1 所示为数字媒体的部分应用。

图 7.1 数字媒体的部分应用

数字媒体的出现极大地丰富了我国传统文化的传播途径，使文化传播跨越了时空的限制，让整个文化传播系统发生了革命性的转变。最明显的特点就是对文化传播平台与渠道的拓展，除此之外，还让传统文化的传播变得更为迅速，并超越地域的限制，发展出更多的传播方式，促进了文化内涵的丰富和融合。

7.1.2 数字媒体的特性

数字媒体的应用不局限于媒体行业，它已广泛应用于零售业的市场推广、一对一销售，医疗行业的诊断图像管理，制造业的资料管理，政府机构的视频监督管理，教育行业的多媒体教学和远程教学，电信行业中无线内容的分发，金融行业的客户服务，以及家庭生活中的娱乐和游戏等领域。数字媒体技术是实现媒体的表示、记录、处理、存储、传输、显示、管理等环节的硬件和软件技术。数字媒体具有数字化、交互性、集成性、艺术性和趣味性等特性，如图7.2所示。

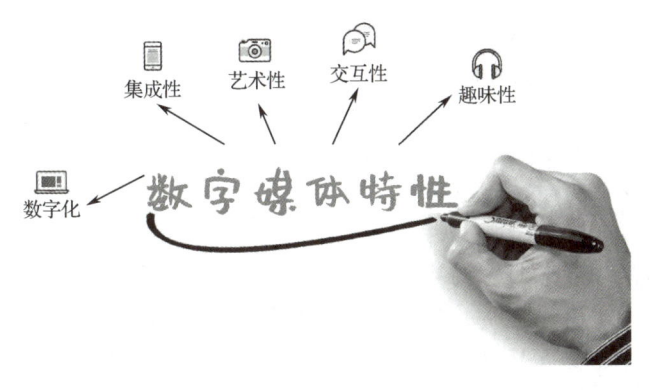

图 7.2　数字媒体的特性

1. 数字化

数字媒体技术相对于传统媒体技术，信息的采集、制作、传播、存储、管理和载体都是以数字化的形式存在的。信息模拟和数字转换的过程大大缩减，效率提高，弥补了过去传统媒体技术信息处理困难和效率低下的问题。

2. 交互性

在传统媒体中，人们获取信息资源时是单方向的，即受众无法有效地传达自己对信息资源的意见和感受。在数字媒体技术中，人们在接收信息的同时可以通过评论、留言、弹幕等形式对所接收的信息进行实时反馈，信息的传播者可以第一时间了解受众的意见。交互性的特点使人们有了使用和控制数字媒体信息的手段，并借助这种交互式的沟通达到交流、咨询和学习的目的，也为数字媒体的应用开辟了广阔领域。

交互性是数字媒体技术的关键特性，它向用户提供更加有效的控制和使用信息的手段，可以增加对信息的注意和理解，延长信息的保留时间，使人们获取信息和使用信息的方式由被动变为主动。

3. 集成性

数字媒体技术是建立在数字化处理基础上，结合文字、图像、图形、影像、声音、动画等媒体的一种应用。对于数字媒体信息的多样化，数字媒体技术把各种媒体有机地集成在一起。数字媒体的集成性主要表现在两个方面，即数字媒体信息载体的集成和处理这些数字媒体信息设备的集成。数字媒体信息载体的集成是指将文字、图像、图形、声音、影视、动画等信息集成在一起综合处理，它包括信息的多通道统一获取、数字媒体信息的统一存储与组织、数字媒体信息表现合成等方面；数字媒体信息设备的集成包括计算机系统、存储设备、音响设备、影视设备等的集成，是指将各种媒体在各种设备上有机地组织在一起，形成数字媒体系统，从而实现声、文、图、像的一体化处理。

4. 艺术性

计算机的发展与普及使信息技术离开了纯粹技术的需要，数字媒体传播需要信息技术与人文艺术的融合。数字时代的到来给艺术带来了重新定义的可能性，艺术家们开始尝试使用具有数字时代特性的产物来创作，录像艺术、数码艺术、电子艺术、网络艺术等新的艺术形式相继出现，数字媒体艺术俨然成为当代艺术的新主流之一，占据各种艺术展览的重要位置。数字媒体因为其技术特性和艺术表现特性，使其在艺术表现上具有巨大优势。

5. 趣味性

数字媒体技术的数字化和交互性特征决定了它的趣味性。开发者利用数字媒体技术对信息进行处理，使信息更加形象、直观和便捷，数字游戏、数字视频、数字电视等形式的娱乐空间，给人们的日常生活增加了很多趣味和娱乐选择。

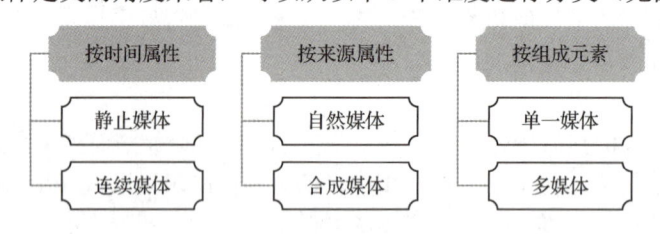

7.1.3 数字媒体的分类

数字媒体的分类形式多样，人们从不同角度对数字媒体进行不同种类的划分。从实体角度看，数字媒体包括文字、数字图片、数字音频、数字视频、数字动画；从载体角度看，数字媒体包括数字图书及报刊、数字广播、数字电视、数字电影、计算机及网络；从传播要素看，数字媒体包括数字媒体内容、数字媒体机构、数字存储媒体、数字传输媒体、数字接收媒体。一般将数字存储媒体、数字传输媒体、数字接收媒体统称为数字媒介，数字媒体机构称为数字传媒，数字媒体内容称为数字信息。

如果从数字媒体定义的角度来看，可以从以下 3 个维度进行分类（见图 7.3）。

图 7.3 数字媒体的分类

1. 按时间属性

数字媒体按时间属性可分成静止媒体（still media）和连续媒体（continues media）。静止媒体是指内容不会随时间而变化的数字媒体，如文本和图片；连续媒体是指内容随时间而变化的数字媒体，如音频、视频、虚拟图像等。

2. 按来源属性

数字媒体按来源属性可分成自然媒体（natural media）和合成媒体（synthetic media）。自然媒体是指客观世界存在的景物和声音等，经过专门的设备进行数字化和编码处理后得到的数字媒体，如数码相机拍的照片、数字摄像机拍的影像、MP3 数字音乐、数字电影、数字电视等。

合成媒体是指以计算机为工具，采用特定符号、语言或算法表示的，由计算机生成（合成）的文本、音乐、语音、图像和动画等，如用 3D 制作软件制作出来的动画角色。

3. 按组成元素

数字媒体按组成元素可以分成单一媒体（single media）和多媒体（multi media）。顾名思义，单一媒体就是指单一信息载体组成的载体；多媒体（multi media）就是指多种信息载体的表现形式和传递方式。简单来讲，数字媒体一般就是指多媒体，是由数字技术支持的信息传输载体，其表现形式更复杂，更具视觉冲击力，更具有互动特性。

7.1.4 数字媒体的发展历程

很难令人相信的是，在 1986 年，全世界以数字作为媒介进行存储的数据仅占总媒体存储容量的 1%，而在 2007 年，这个数字上升到 94%，由此可见数字媒体技术的飞速发展。

数字媒体技术是一门跨学科的综合技术，其发展历程离不开计算机与计算机网络的发展。数字媒体的发展得益于不同介质信息数字化的发展，同时也使不同媒体的信息实现了数字化的转换，使不同介质的融合也成为可能。数字媒体离不开各种多媒体软件的支持。多媒体软件不断地从专业化向业余化、平民化转变，操作越来越简单，从而降低了不同介质之间的技术门槛，也使不同信息的交流汇总变得更加容易。

数字媒体的发展给传统的平面媒体带来技术上的变革，也对其形态、传播方式、传播理念产生了重要影响。

1. 图形化计算机

1984 年，苹果公司推出的 Macintosh（见图 7.4）是第一款面向大众市场的搭载图形界面操作系统的个人计算机，也是具备多媒体功能的计算机。从此，人们开始在计算机中大量地使用图像、声音等多媒体信息，各种数据、信息的存储方式也由传统的实体书、报纸、杂志等平面媒体，以及图片、录音带等模拟介质走向计算机程序（软件）、数字影像、数字视频、互联网网页、数据和数据库、数字音频、电子书等数字化平台。

2. 万维网

1989 年，英国科学家蒂姆·伯纳斯·李（见图 7.5）发明了万维网（World Wide Web），该网于 1991 年 8 月 6 日正式启用，世界上第一个网站上线。

图 7.4　Macintosh

图 7.5　蒂姆·伯纳斯·李

万维网是文件、图片、多媒体和其他资源的全球集合，在逻辑上通过超链接互相连接，并使用统一资源标志符标识，统一资源标志符提供了一个全球命名标识系统，象征性地标识服务、网页服务器、数据库，以及提供的文件和资源。

使用浏览器软件，用户能够通过嵌入文件的超链接在网页与网页之间浏览，这些网页包括图像、声音、文字、视频、多媒体和交互式内容，相较于传统印刷媒体、书籍、百科全书和传统图书馆，用户更容易即时访问大量多样的信息，万维网对于数字媒体的传播起到了至关重要的作用。

3. Adobe 公司

Adobe 公司是一家总部位于美国圣何塞的计算机软件公司。公司由约翰·沃诺克（John Warnock）和查尔斯·格什克（Charles Geschke）创建于 1982 年 12 月，公司在数码成像、设计和文档技术方面树立了杰出的典范，使数以百万计的人们体会到视觉信息交流的强大魅力。今天，几乎每幅我们所看到的图像，都是通过 Adobe 软件创建或修改的。图 7.6 所示为 Adobe 全家桶。

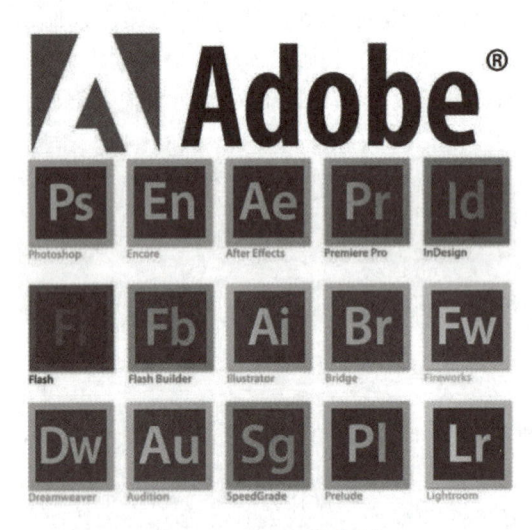

图 7.6　Adobe 全家桶

4. 发展趋势

自 20 世纪 80 年代以来，计算机的产业化，个人计算机的普及，网络技术、通信技术的快速发展，为多媒体集成技术奠定了基础。尤其是这一时期高性能的微处理器、精简指令系统计算机的推出，Cache、宽频总线的应用等硬件的发展，为多媒体技术的发展奠定了硬件基础，同时并行技术和图形处理技术极大地拓宽了计算机的应用领域。计算机图形学快速发展，在图形处理方面取得了突破性的发展，交互性能好、易于操作、可视化强的二维/三维图形图像处理软件走向市场。

20 世纪 90 年代以来，随着声音、图像、视频信息的采集、量化、编码、压缩和解压缩技术的改进，随着光盘等海量存储技术的发展，计算机的 CPU 和内存性能在不断提高。通信技术的发展、计算机网络的出现、Internet 的普及，标志着人类社会已经开始全面进入数字化时代。多媒体改善了人类信息的交流，缩短了人类传递信息的路径。应用多媒体技术是 20 世纪 90 年代计算机应用的时代特征，也是计算机的又一次革命。在这一时期，人工智能研究出复杂的数学工具，用来解决特定的分支问题，并取得显著成果。人工智能在知识表示、知识获取、自动推理、自然语言理解和处理、计算机视觉、机器翻译等方面越来越深入和实用。计算机网络迅速发展，宽带网的使用大大扩展了数据的传输范围，使实时计算机协同工作、视频传输成为可能。数据压缩、大容量存储设备的应用，尤其是海量存储设备的产业化、规模化生产，使许多涉及大数据存储和管理的多媒体应用成为可能。

多媒体技术的迅速发展给传统计算机带来了方向性的变革，对大众传媒产生了深远影响。同时，多媒体计算机也加速了计算机进入家庭和社会各领域的进程，给人们的工作、生活和娱乐带来了深刻的变革。多媒体技术的未来将是激动人心的，会以意想不到的方式进入人们生活的各个方面，并越来越简单化、高速化、智能化。

5. 虚拟现实技术

虚拟现实技术是当今多媒体技术研究中的热点之一，如图 7.7 所示。它综合计算机图形学、人机交互技术、传感技术、人工智能等领域的最新成果，用于生成一个具有逼真的三维视觉、听觉、触觉及嗅觉的模拟现实环境。它是由计算机硬件、软件及各种传感器构成的三维信息的人工环境，即虚拟环境，是可实现和不可实现的物理上、功能上的事物和环境，用户在这种环境中，就可与之交互。例如，美国在训练航天飞行员时，总是让他们进入一个特定的环境中，在那里完全模拟太空的情况，让飞行员接触太空环境的各种声音、景象，以便能够在遇到实际情况时做出正确的判断。沉浸（Immersion）、交互（Interaction）和构想（Imagination）是虚拟现实的基本特征。虚拟现实在娱乐、医疗、工程和建筑、教育和培训、军事模拟、科学和金融可视化等方面获得了应用，有很大的发展空间。

图 7.7　虚拟现实技术

6. 融媒体

融媒体是充分利用媒介载体，把广播、电视、报纸等既有共同点又存在互补性的不同媒体，在人力、内容、宣传等方面进行全面整合，实现"资源通融、内容兼融、宣传互融、利益共融"的新型媒体宣传理念，即建立在现代网络技术上、融合多种媒体形态的新型媒体的总称，如图 7.8 所示。如《人民日报》、新华网等，它们对读者来说，已不再是一张平面的纸，而是一个平台，通过这个平台，读者可以获取版面之外的更多信息，并且可以进行互动。从另一方面来说，融媒体是融合了新老媒体优势的更完美的一种传播形态。

图 7.8　融媒体

7.1.5 数字媒体的关键技术

数字媒体所包含的技术范围很广，应用的技术很新，研究的内容很深，是多个学科和多个技术的交叉。其关键技术如下。

1. 数字媒体信息获取与输出技术

数字媒体信息的获取是数字媒体信息处理的基础，其关键技术主要包括声音和图像等信息获取技术、人机交互技术等，其技术基础是现代传感技术。目前，传感技术发展的趋势是应用微电子技术、超高精密加工，以及超导、光导与粉末等新材料，使新型传感器具有集成化、多功能化和智能化的特点。

输出技术则是实现将数字媒体信息转化为人们所能进行感知的信息的技术，其应用目的主要是利用更人性化、更丰富甚至可交互的界面将数字媒体的内容进行展示。涉及的主要技术包括声音系统技术、显示技术、硬复制技术及三维显示技术等。

2. 数字媒体存储技术

由于数字媒体信息的数据量大多非常大，并具有并发性和实时性，它对计算速度、性能及数据存储的要求非常高，因此，数字媒体存储技术要考虑存储介质和存储策略等问题。数字媒体存储技术对存储容量、传输速度等性能指标的高标准要求，促进了数字媒体存储媒介及相关控制技术、接口标准、机械结构等的飞速发展，高存储容量和高速存储新产品不断涌现，并得到广泛应用，进一步促进了数字媒体技术及其应用的发展。目前，在数字媒体领域中占主流地位的存储技术主要是磁存储技术、光存储技术和半导体存储技术。

3. 数字媒体信息处理技术

数字媒体信息处理技术是数字媒体应用的关键，主要包括模拟信息的数字化、高效的压缩编码技术，以及数字信息的特征提取、分类与识别等技术。在数字媒体中，最具代表性和复杂性的是声音与图像信息，相关的数字媒体信息处理技术的研究也以数字音频处理技术和数字图像处理技术为主体。

4. 数字媒体传播技术

数字媒体传播技术为数字媒体传播与信息交流提供了高速、高效的网络平台，也是数字煤体所具备的最显著的特征。数字媒体传播技术全面应用和综合了现代通信技术和计算机网络技术，在数字媒体传播中，信息按比特存放在数字仓库中（计算机硬盘或光盘内），传播者和受众之间能通过计算机网络进行实时通信和交换。这种实时的互动性使反馈变得轻而易举，同时信源和信宿的角色可以随时转换。

7.2 数字图像

7.2.1 Photoshop

Adobe Photoshop 简称 PS，是由 Adobe 公司开发和发行的图像处理软件，如图 7.9 所示。Photoshop 主要处理由像素构成的数字图像。使用其众多的编修与绘图工具，可以有效地进行图片编辑工作。Photoshop 有很多功能，在图像、图形、文字、视频、出版等方面都有涉及，是目前市面上主流的数字图像处理软件。

图 7.9　Adobe Photoshop

7.2.2　图像文件的基本操作

1. 新建图像文档

打开 Photoshop 软件，可以直接单击左侧的"新建"按钮，也可以在"文件"菜单中选择"新建"命令，打开新建文档窗口，如图 7.10 所示。在新建文档窗口的右侧，可以对文件的信息进行预设。第一行是文件名预设，在其中输入"案例 1"，将其宽度设置为 1920，高度设置为 1080，在宽度旁边是单位预设，选择"像素"单位。将分辨率设置为 72，分辨率单位为"像素/英寸"，将颜色模式设置为"RGB 颜色""8 位"，单击"创建"按钮。

图 7.10　新建文档窗口

2. Photoshop 界面介绍

Photoshop 界面（见图 7.11）分为以下几部分。
（1）菜单栏：许多属性和窗口可以从菜单栏调出。

（2）属性栏：针对每种工具的属性。

（3）工具栏：常用工具，如移动工具、裁剪工具。

（4）控制面板：图层面板、颜色面板等。

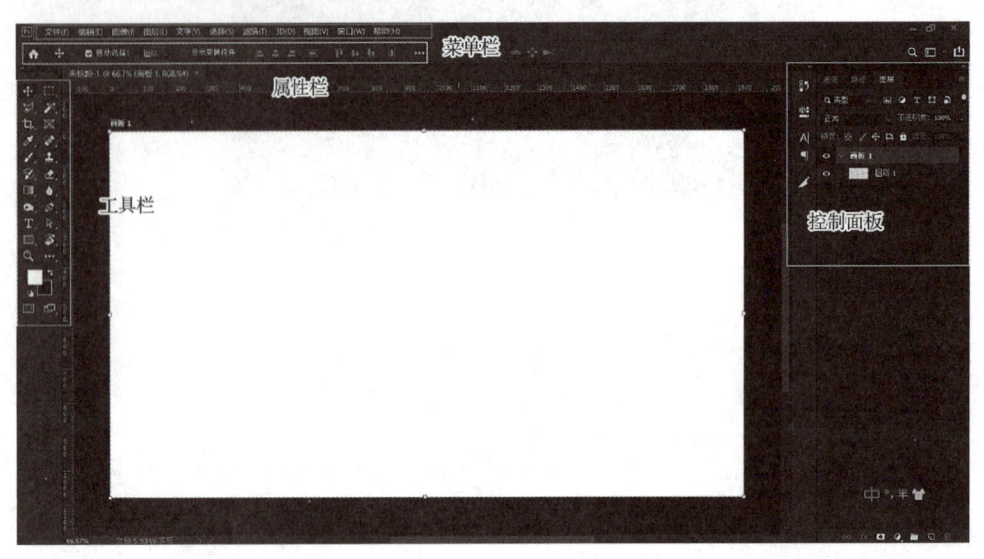

图 7.11　Photoshop 界面

3. 导出图片

（1）选择"文件"菜单中的"导出"→"快速导出为 PNG"命令。

（2）在弹出的对话框中，可以设置文件的格式、图像大小、画布大小等。

（3）单击"全部导出"按钮，在弹出的"存储为"对话框中选择图片导出位置，修改图片名称，单击"保存"按钮，如图 7.12 所示，即可导出图片。

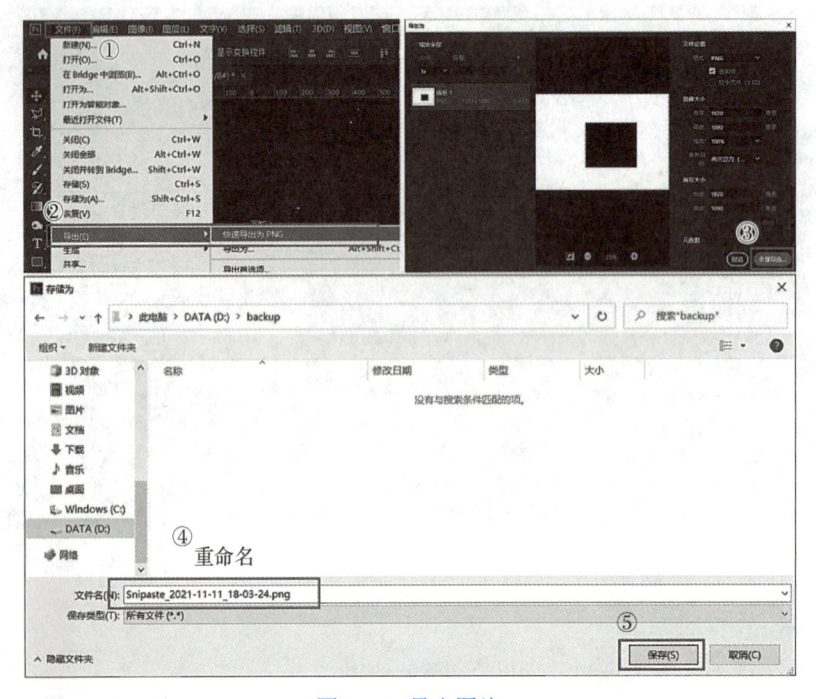

图 7.12　导出图片

4. 保存工程文件

（1）选择"文件"菜单中的"存储"命令。

（2）在弹出的对话框中选择文件的保存位置，修改文件名称，单击"保存"按钮，如图7.13所示，即可保存文件。

图7.13　保存工程文件

7.2.3　选区的编辑

1. 选框工具

在工具栏中的第二个工具处右击，在弹出的快捷菜单中选择"矩形选框工具"，如图7.14所示。

2. 选择区域

使用矩形选框工具在画布上拖曳，可以形成虚线围成的选区，如图7.15所示。

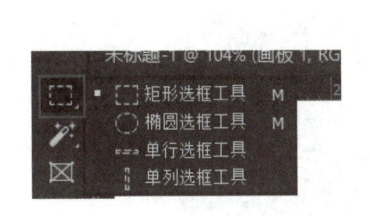

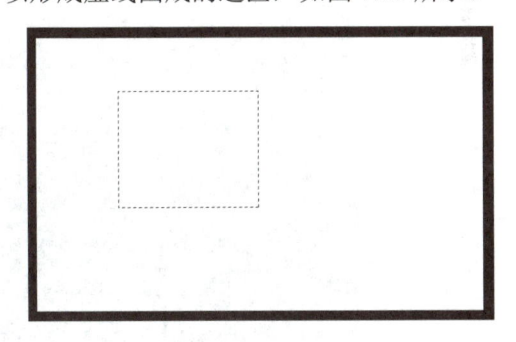

图7.14　选择"矩形选框工具"　　　　图7.15　形成虚线围成的选区

3. 填充颜色

（1）确定选区后，选择"编辑"菜单中的"填充"命令。

（2）在弹出的"填充"对话框中，在内容下拉框中选择"颜色"。

（3）在弹出的"拾色器（填充颜色）"对话框中，在左侧的颜色区域中选择颜色，然后单击右侧的"确定"按钮，返回"填充"对话框，单击"确定"按钮，如图7.16所示。

（4）此时，选区被选取的颜色所填充。

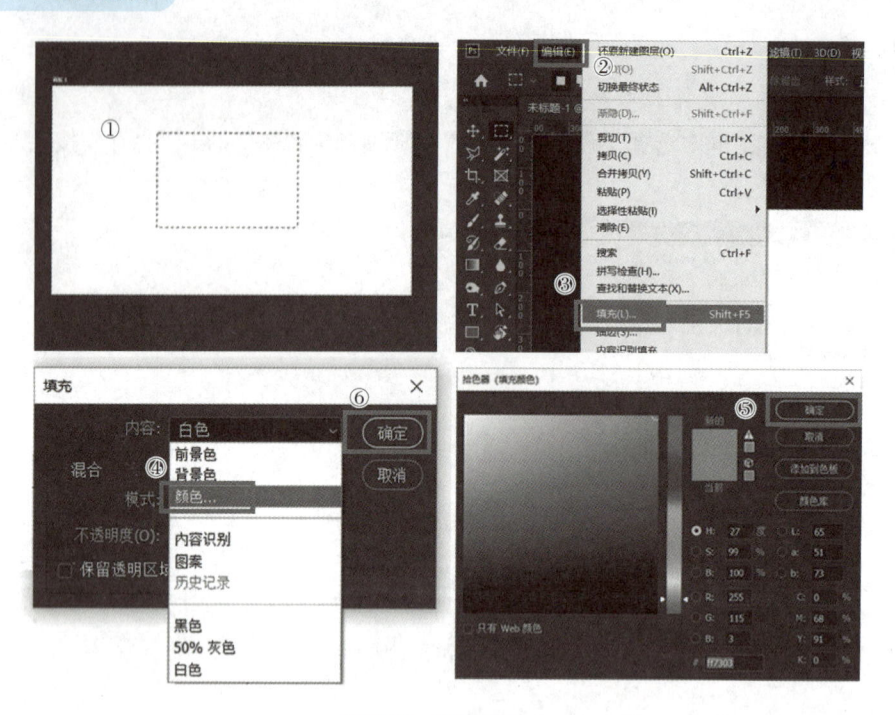

图 7.16 填充颜色

7.2.4 图层的使用

1. 新建图层

（1）找到 Photoshop 右侧控制面板中的图层面板。

（2）单击图层面板下方的"新建图层"按钮，新建图层 1，如图 7.17 所示。

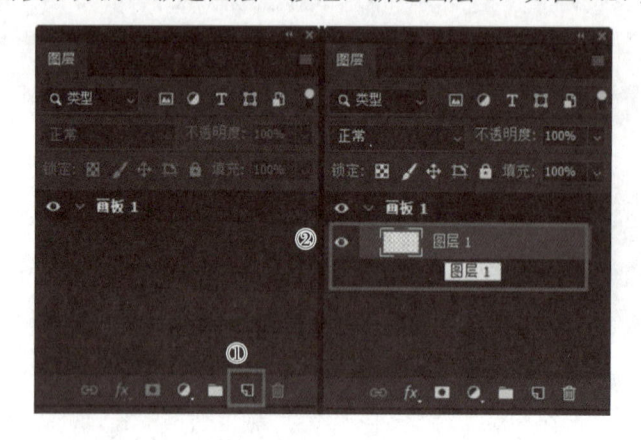

图 7.17 新建图层

2. 编辑图层

（1）在工具栏中单击"画笔工具"按钮。

（2）选择新建的图层 1，在该图层上进行绘制，如图 7.18 所示。

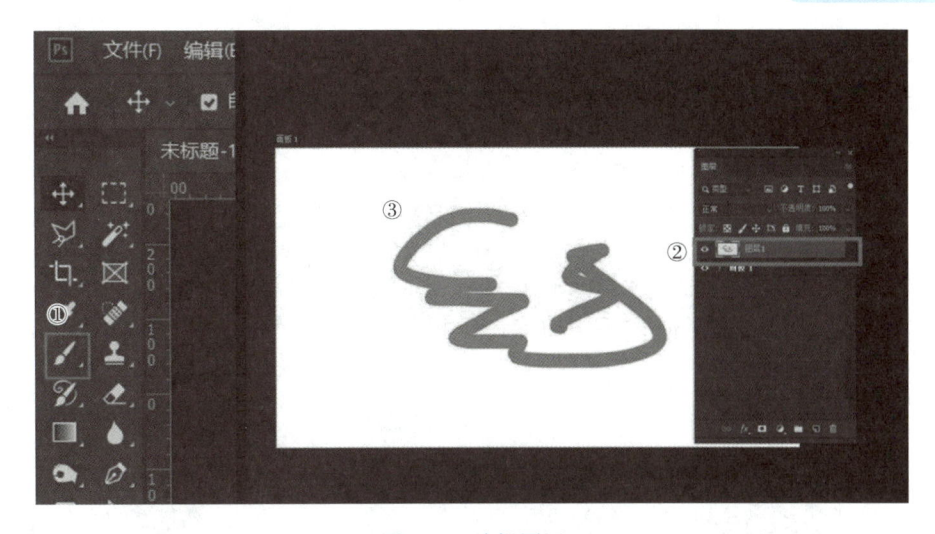

图 7.18 编辑图层

3. 隐藏图层

在每个图层的左侧有眼睛样式的图标,单击该图标即可隐藏图层,如图 7.19 所示。

图 7.19 隐藏图层

4. 删除图层

选中图层,单击右下角垃圾桶样式的图标,如图 7.20(a)所示,在弹出的对话框中单击"是"按钮,如图 7.20(b)所示。

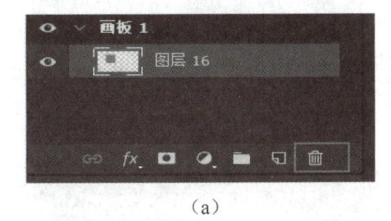

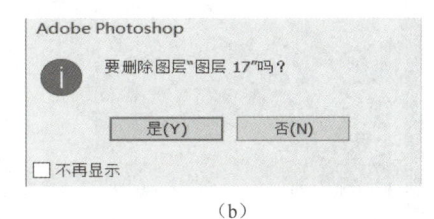

(a)　　　　　　　　　　　　　　(b)

图 7.20 删除图层

7.2.5　图像的色彩调整

（1）直接将选中的图片拖入 Photoshop 界面，即可完成图片的导入，如图 7.21 所示。

图 7.21　导入图片

（2）选中图层，选择"图像"菜单中的"调整"→"色相/饱和度"命令，如图 7.22 所示。

（3）弹出"色相/饱和度"对话框，如图 7.23 所示，此时图片的颜色偏黄，色彩不明亮，应该将色相数值调大，直接在色条上拖动三角块即可，如图 7.24 所示。

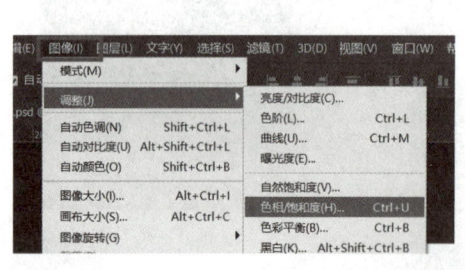

图 7.22　选择"调整"→"色相/饱和度"命令　　　图 7.23　"色相/饱和度"对话框

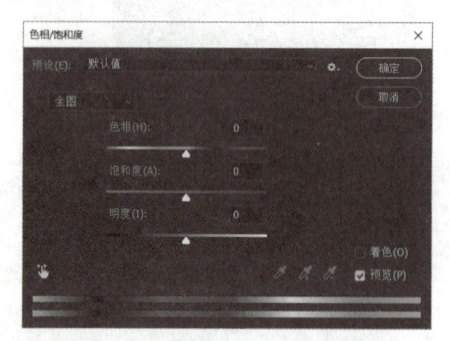

（a）调整前

图 7.24　调整色相数值

(a)调整后

图 7.24　调整色相数值（续）

7.2.6　滤镜

（1）选择图层，然后选择"滤镜"菜单中的"滤镜库"命令，如图 7.25 所示。

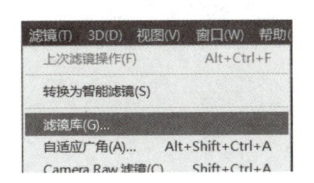

图 7.25　选择"滤镜库"命令

（2）弹出滤镜库对话框，如图 7.26 所示。在该对话框中选择"艺术效果"→"干画笔"，如图 7.27 所示。将右侧画笔大小调大，将画笔细节调小，如图 7.28 所示，单击"确定"按钮。

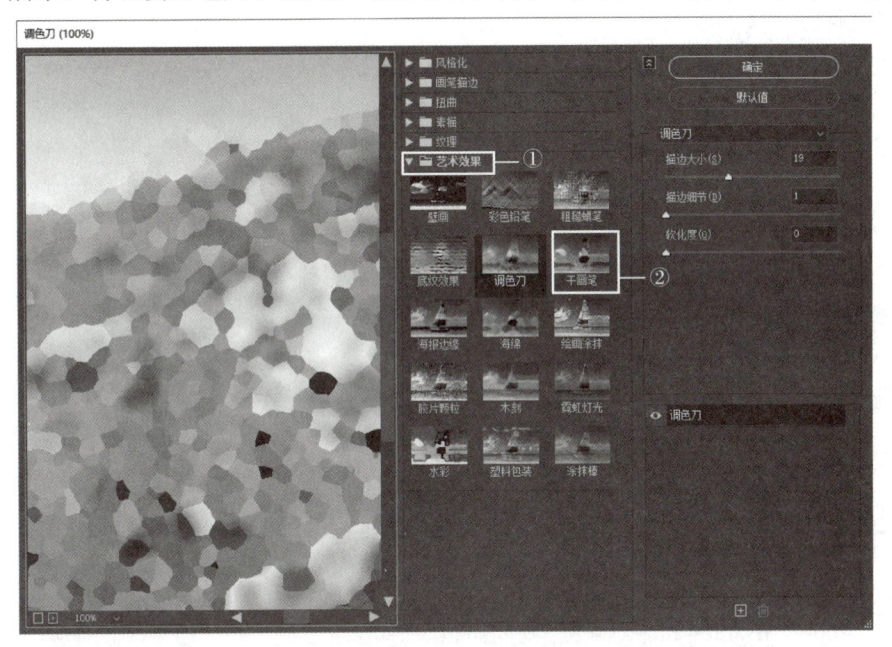

图 7.26　滤镜库对话框

（3）照片变成彩绘效果，如图 7.29 所示。

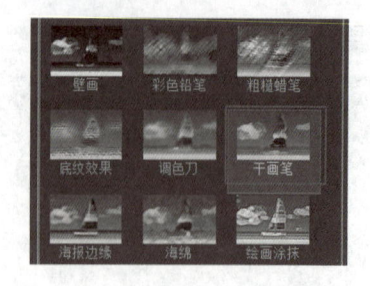

图 7.27 选择画笔　　　　　图 7.28 调整画笔

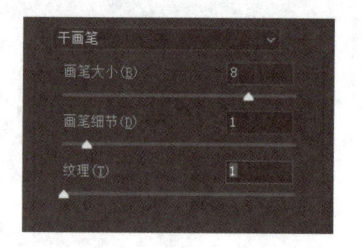

图 7.29 彩绘效果

7.3 数字声音

7.3.1 音频处理软件

1. Adobe Audition

Adobe Audition 简称 Au，原名为 Cool Edit Pro，是由 Adobe 公司开发的一个专业音频编辑和混合环境。Adobe Audition 专为在照相室或用广播设备和后期制作设备工作的音频和视频专业人员设计，可提供先进的音频混合、编辑、控制和效果处理功能。

其能混合 128 个声道，可编辑单个音频文件，创建回路并可使用 45 种以上的数字信号处理效果。它是一个完善的多声道录音室，可提供灵活的工作流程且使用简便。

2. Audacity

Audacity 是一个跨平台的声音编辑软件，用于录音和编辑音频，是自由、开放源代码的软件，可在 Mac OS X、Microsoft Windows、GNU/Linux 和其他操作系统上运行并支持多语用户界面。

7.3.2 音频处理

打开 Adobe Audition，导入音频文件（见图 7.30）。

（1）在 Adobe Audition 的左上角有文件面板，单击该面板中的"文件"图标。

（2）打开文件窗口，选择两个音频文件，单击"打开"按钮。

（3）Adobe Audition 会将同时打开的两个音频文件导入编辑器。

建立多轨会话（见图 7.31）。

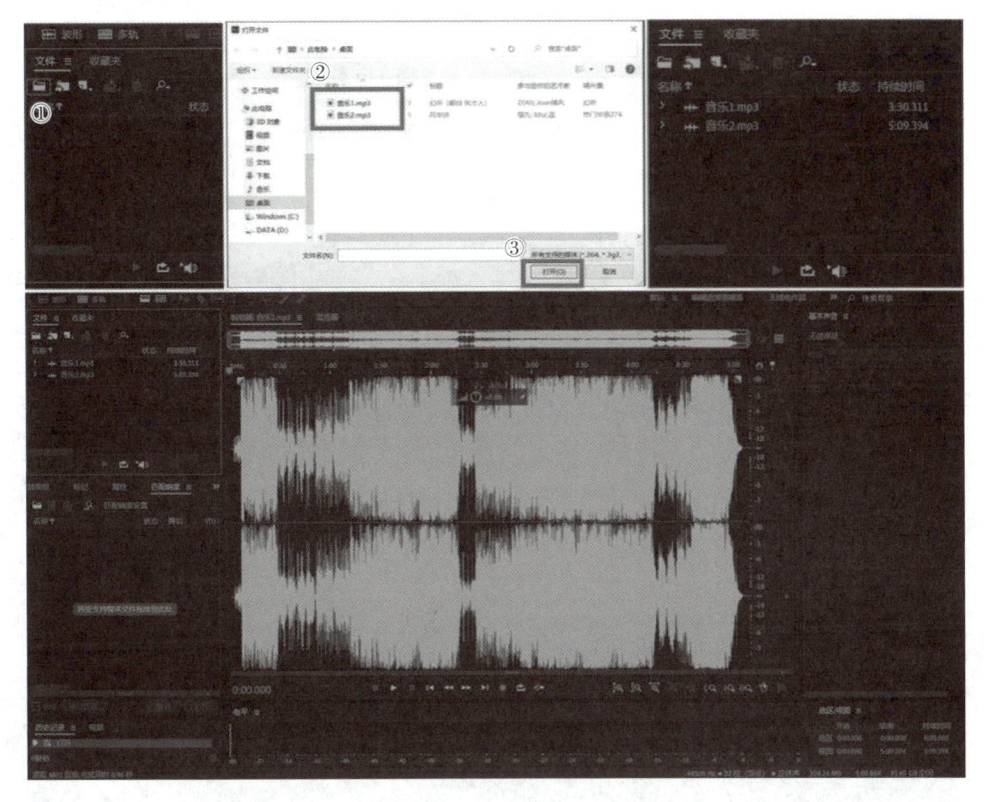

图 7.30 导入音频文件

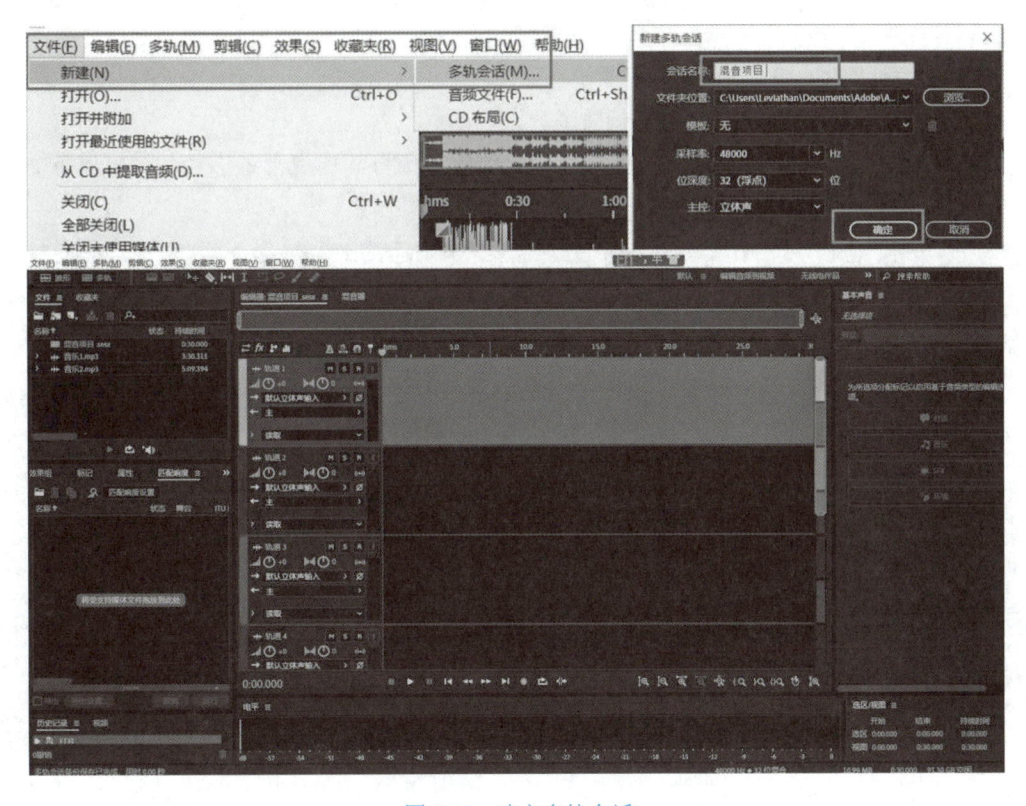

图 7.31 建立多轨会话

（1）选择"文件"菜单中的"新建"→"多轨会话"命令。

（2）在弹出的对话框中修改多轨会话名称和会话的保存位置。

（3）单击"确定"按钮，多轨会话建立完毕。

将两个音频文件放入不同的音频轨道，如图 7.32 所示：单击文件面板中的相关音乐并拖曳到音频轨道，弹出警告对话框，单击"确定"按钮。

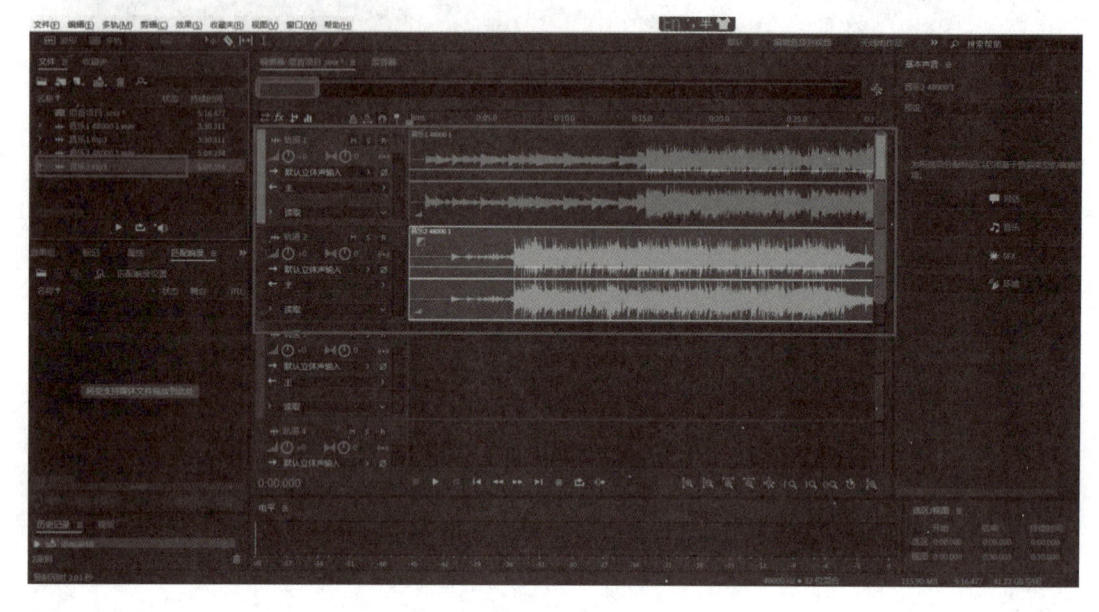

图 7.32　放入轨道

使用放大镜缩小音频轨道。

（1）找到工作界面上方的透明音频轨道。

（2）单击透明音频轨道右侧，鼠标光标变成放大镜，将其拖曳至最右侧，编辑器下方能看见整段音频，使音频轨道缩小，如图 7.33 所示。

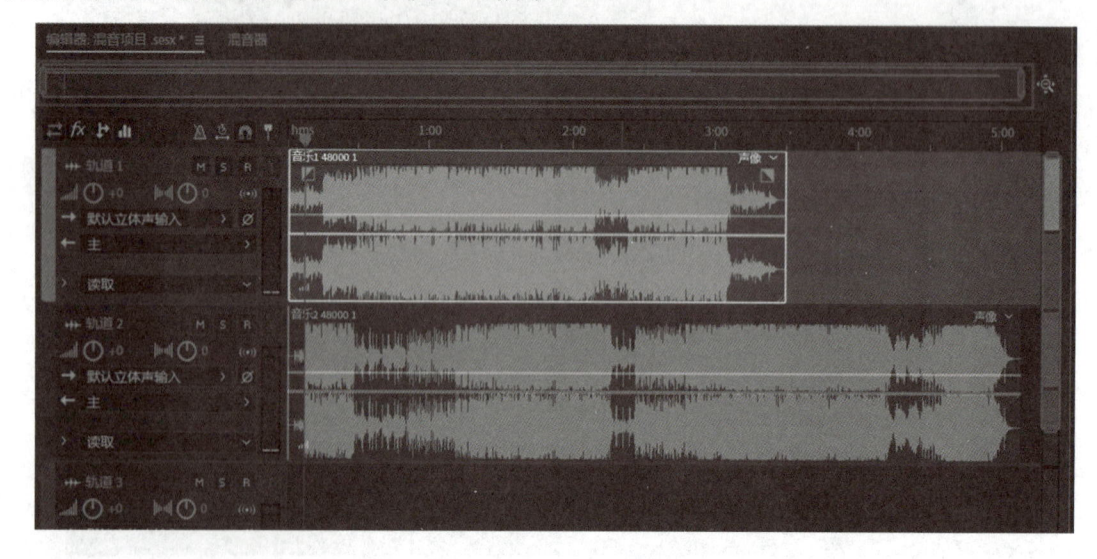

图 7.33　缩小音频轨道

修剪音频文件（见图 7.34）。

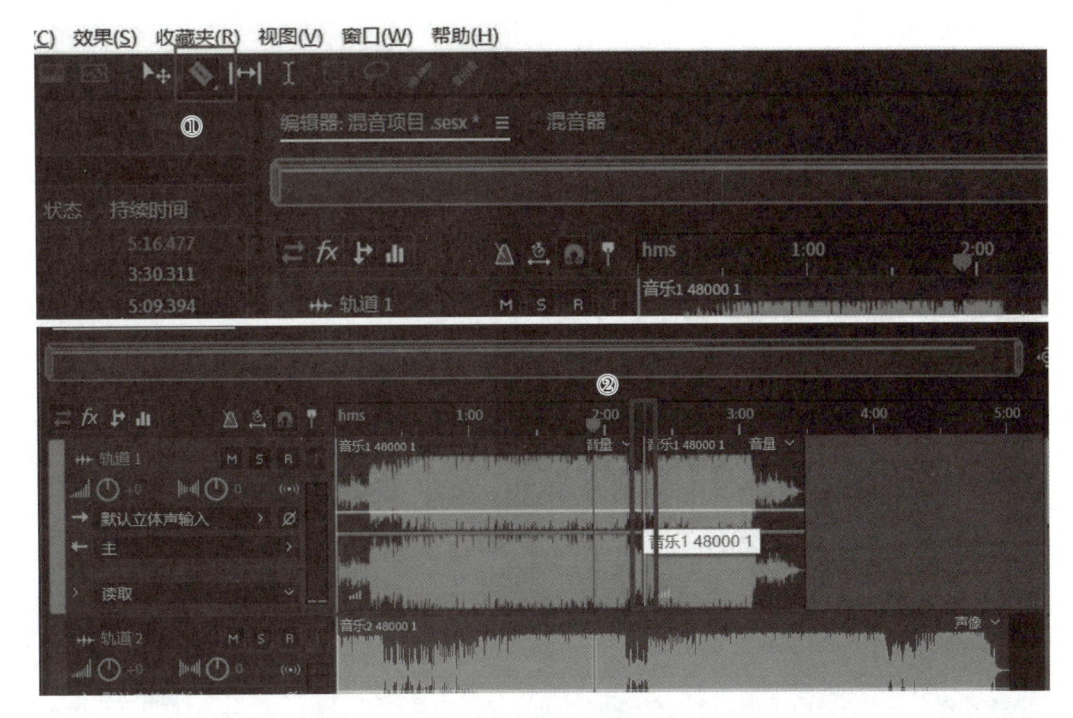

图 7.34　修剪音频文件

（1）单击音乐 1，其变成白边高亮的选中状态。
（2）找到界面上方的工具栏，单击像刀片一样的剪辑工具图标。
（3）单击需要剪断的地方。

删除音频段落（见图 7.35）。

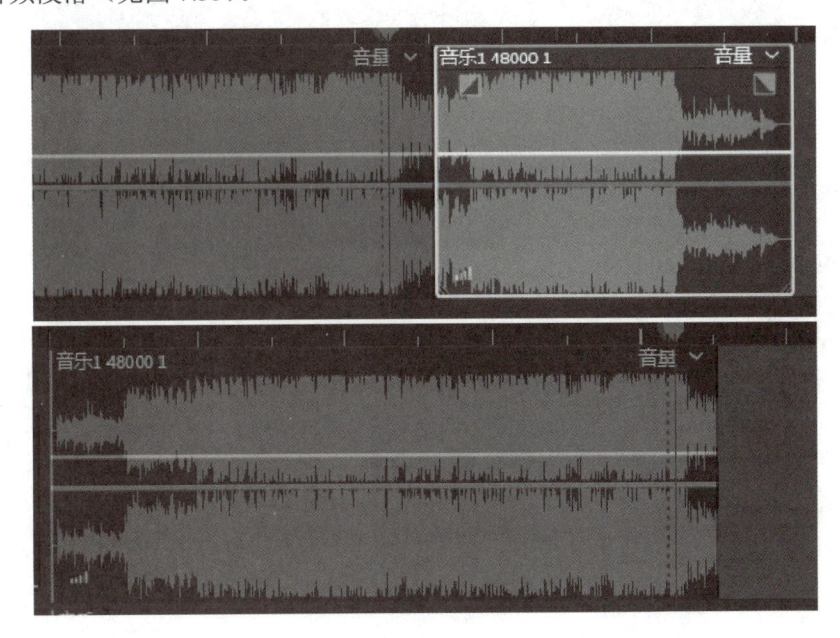

图 7.35　删除音频段落

此时，音乐 1 分成两段，单击后半段，按 Delete 键即可将其删除。
使用剪辑工具对音乐 2 进行剪辑（见图 7.36）。

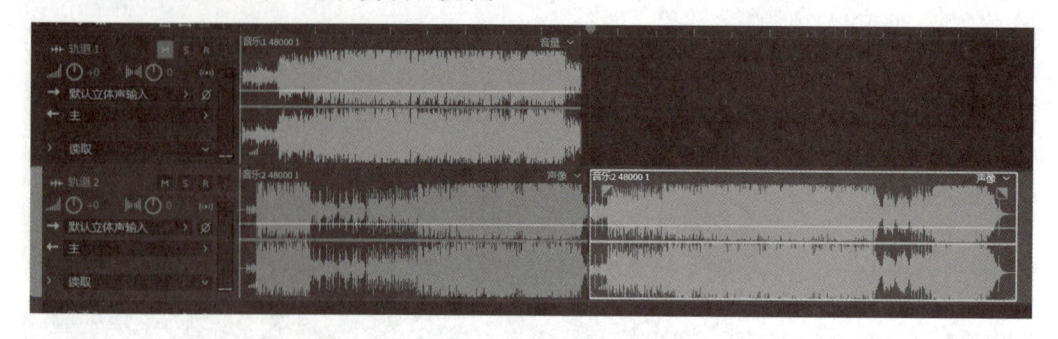

图 7.36　剪辑音乐 2

删除音乐 2 的前半段（见图 7.37）。

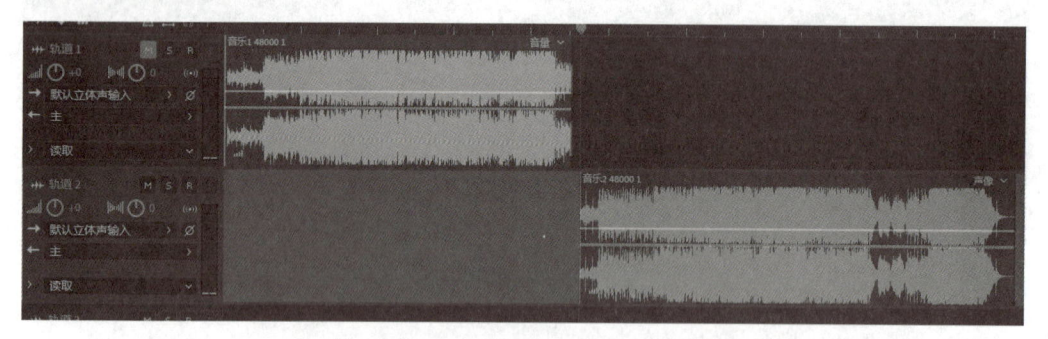

图 7.37　删除音乐 2 的前半段

将鼠标指针放到音乐 2 上，向左移动，让其与音乐 1 重合，如图 7.38 所示。

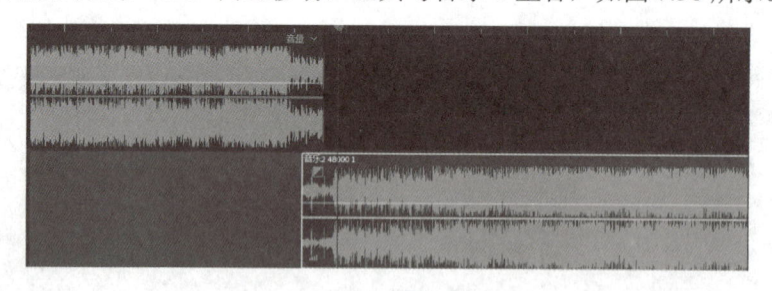

图 7.38　调整音频

调整过渡渐变效果（见图 7.39）。

（1）将鼠标指针放到音乐 2 左上角的黑白方块上，向下或向右拖曳，根据黄色曲线的变化来调整淡入的线性值。

（2）选中音乐 1，用同样的方法调整淡出的线性值。

导出音乐（见图 7.40）。

（1）选择"文件"菜单中的"导出"→"多轨混音""→整个会话"命令。

（2）在弹出的对话框中设置导出的文件名、保存位置和导出的音频格式，设置完毕单击"确定"按钮。

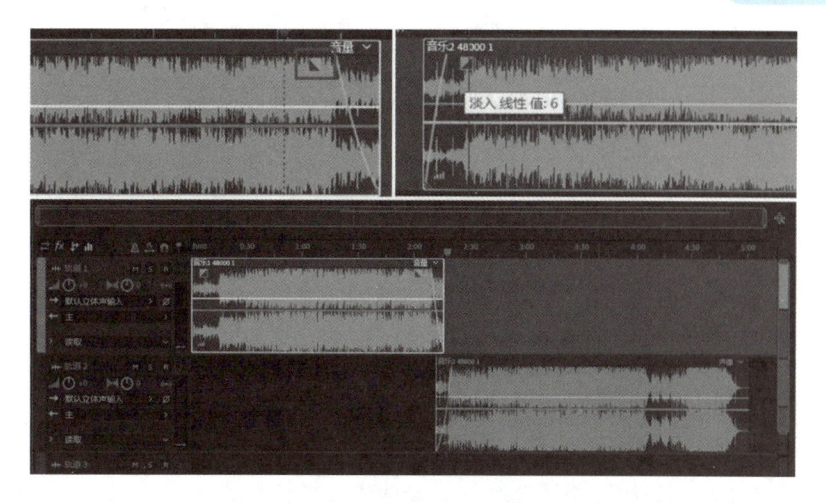

图 7.39　调整过渡渐变效果

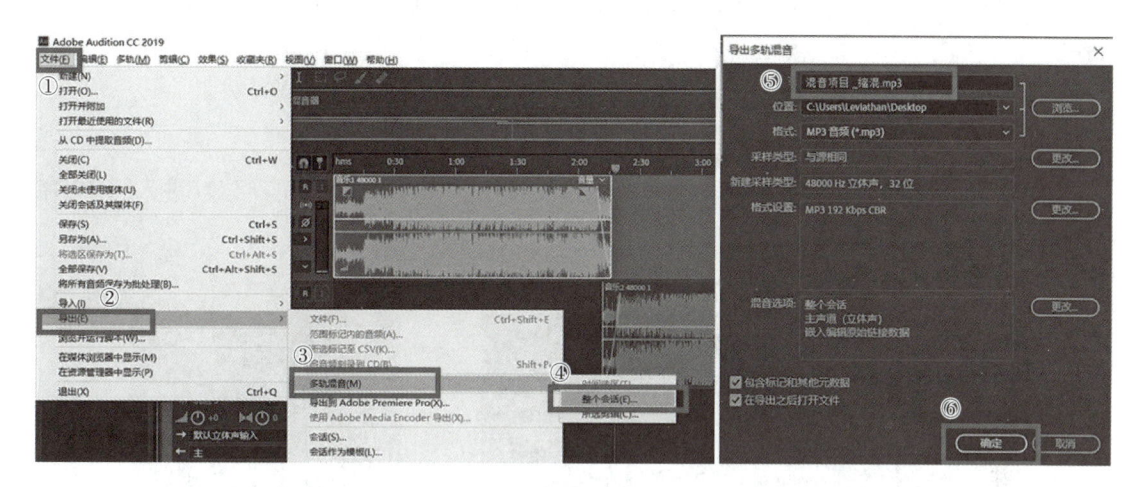

图 7.40　导出音乐

7.4　数字视频

7.4.1　视频处理软件

1. Corel Video Studio

Corel Video Studio 是 Corel 公司制作的一款功能强大的视频编辑软件，具有图像抓取和编修功能，可以抓取、转换 MV、DV、V8、TV 和实时记录抓取画面文件，并提供超过 100 种的编制功能与效果，可导出多种常见的视频格式。

2. Adobe Premiere Pro

Adobe Premiere Pro 简称 Pr，是由 Adobe 公司开发的一款视频编辑软件，如图 7.41 所示。它有较好的兼容性，且可以与 Adobe 公司推出的其他软件相互协作。这款软件广泛应用于广告制作和电视节目制作中。

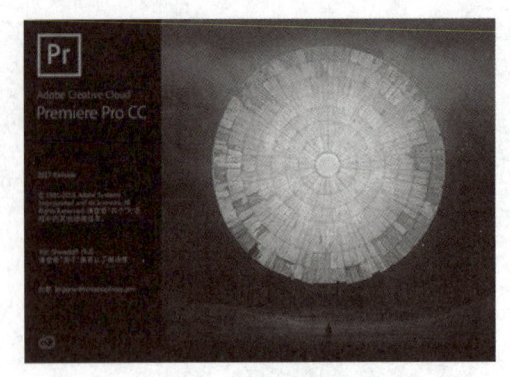

图 7.41　Adobe Premiere Pro

3. 剪映

剪映是一款手机视频编辑工具，具有全面的剪辑功能，支持变速，有多种滤镜和美颜效果，并且有丰富的曲库资源。自 2021 年 2 月起，剪映支持在手机移动端、iPad 端、Mac 端、Windows 计算机全终端使用。

7.4.2　视频处理

（1）打开移动端剪映软件，单击"开始创作"按钮，如图 7.42（a）所示，进入照片和视频选择界面，如图 7.42（b）所示。

（2）选择视频后，单击"添加"按钮，如图 7.43 所示。

(a)　　　　　(b)

图 7.42　开始创作　　　　　图 7.43　添加视频

（3）将鼠标指针拖到需要剪辑的位置，单击左下角的"剪辑"按钮，如图 7.44（a）所示；开启剪辑功能，单击视频下方的菱形按钮，如图 7.44（b）所示，添加关键帧，然后单击左下角的"分割"按钮，如图 7.44（c）所示。

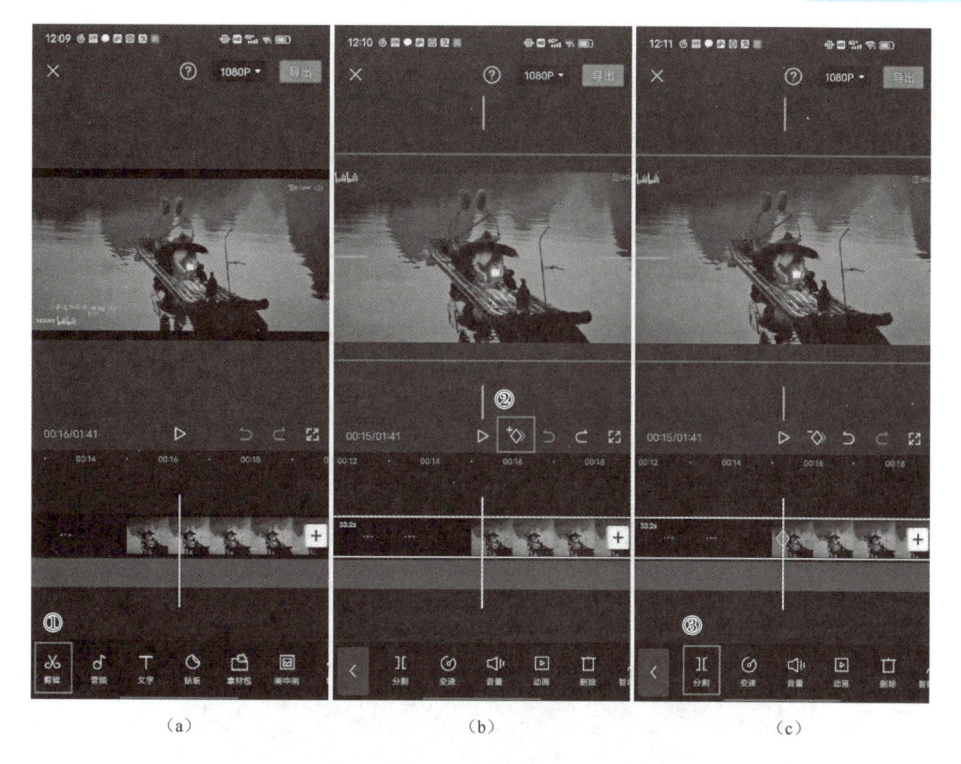

图 7.44　分割视频

（4）分割完自动退出剪辑功能，如图 7.45（a）所示，选中前半段视频，单击右下角的"删除"按钮，如图 7.45（b）所示，将其删除，如图 7.45（c）所示。

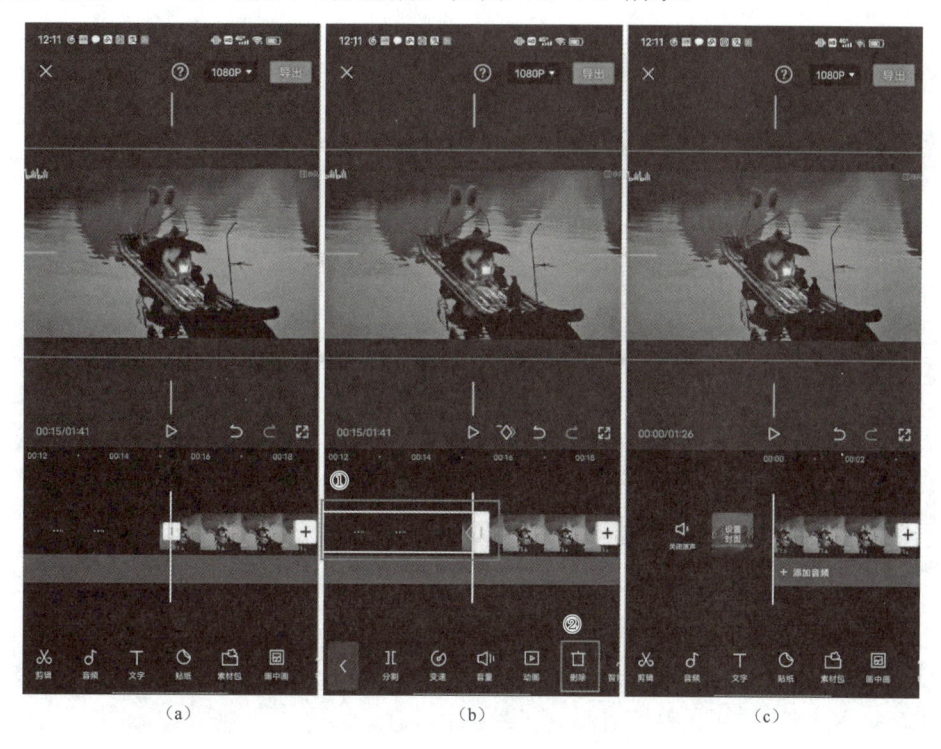

图 7.45　删除多余部分

信息技术（拓展模块）

（5）将鼠标指针拖到需要剪辑的位置，单击左下角的"剪辑"按钮，对另外两段视频进行剪辑，如图7.46所示。

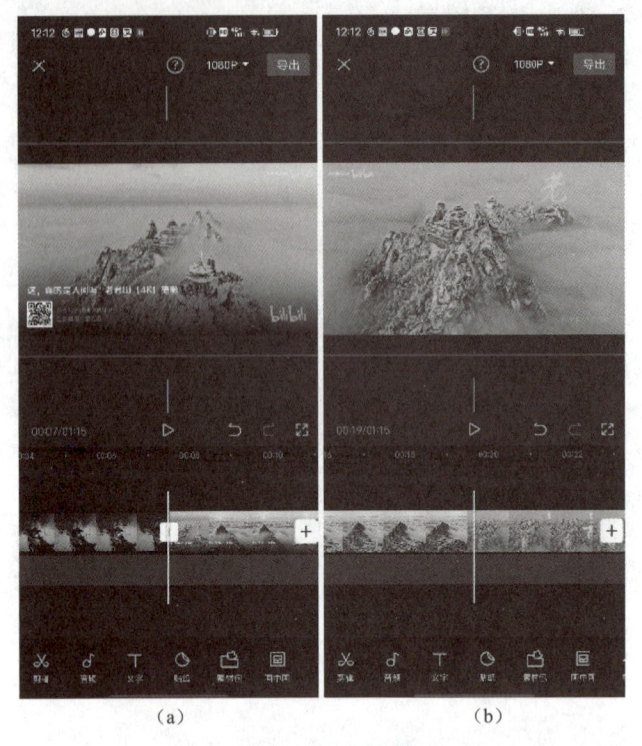

(a) (b)

图7.46 剪辑视频

（6）单击视频轨道中间的白色关键帧，添加转场特效，如图7.47所示。

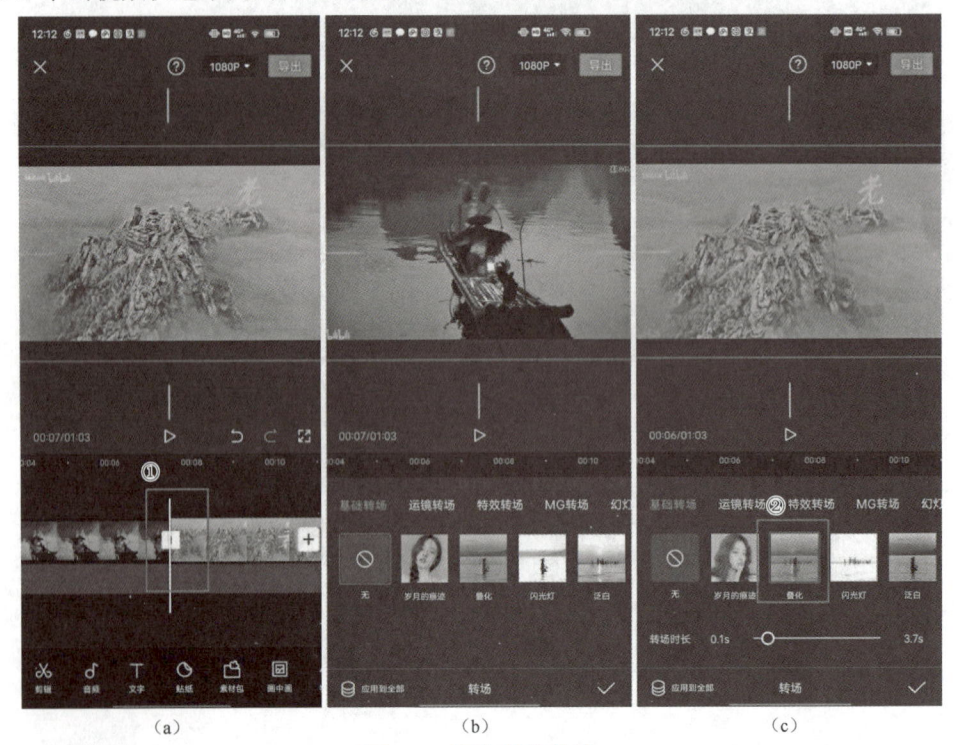

(a) (b) (c)

图7.47 添加转场特效

(7)单击"设置封面"按钮,添加封面文字,如图7.48所示。

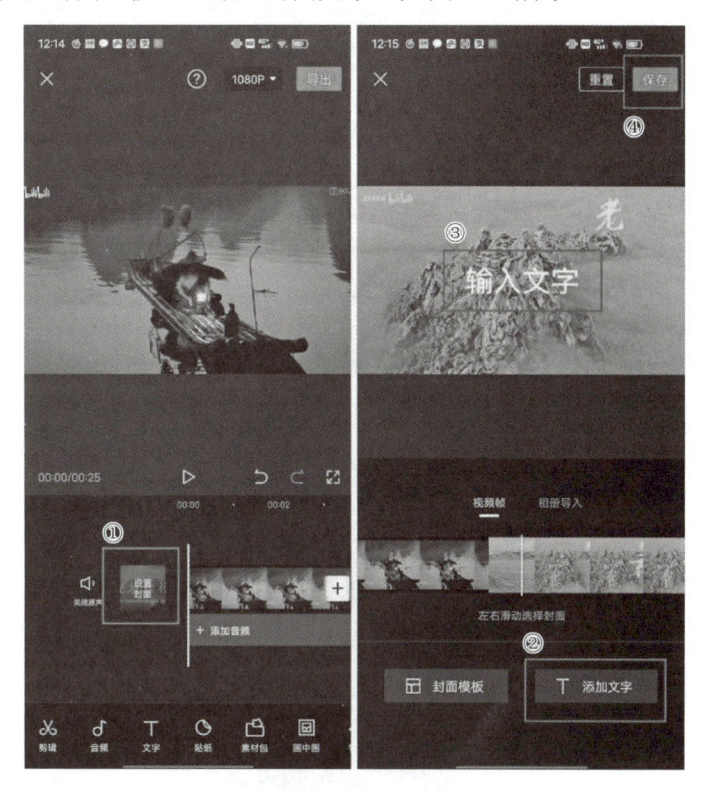

图7.48 添加封面文字

(8)添加完毕,单击"导出"按钮,如图7.49所示。

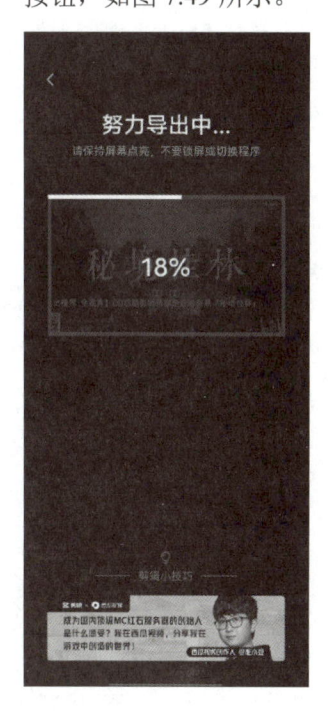

图7.49 导出视频

7.5 任务实践：HTML5 网页应用

7.5.1 任务 1：HTML5 基础

1. HTML 简介

HTML（Hyper Text Markup Language）是超文本标记语言。HTML 是由 Web 的发明者 Tim Berners-Lee 于 1990 年创立的一种标记语言，它是标准通用化标记语言 SGML 的应用。用 HTML 编写的超文本文档称为 HTML 文档，它能独立于各种操作系统平台（如 UNIX、Windows 等）。使用 HTML，将所要表达的信息按某种规则写成 HTML 文件，通过专用的浏览器来识别，并将这些 HTML 文件"翻译"成可以识别的信息，即现在所见到的网页。

2. 新建 HTML 页面

双击 HBuilder X 图标，如图 7.50 所示。

图 7.50 HBuilder X 图标

选择"文件"菜单中的"新建"→"7.html 文件"命令，如图 7.51 所示。

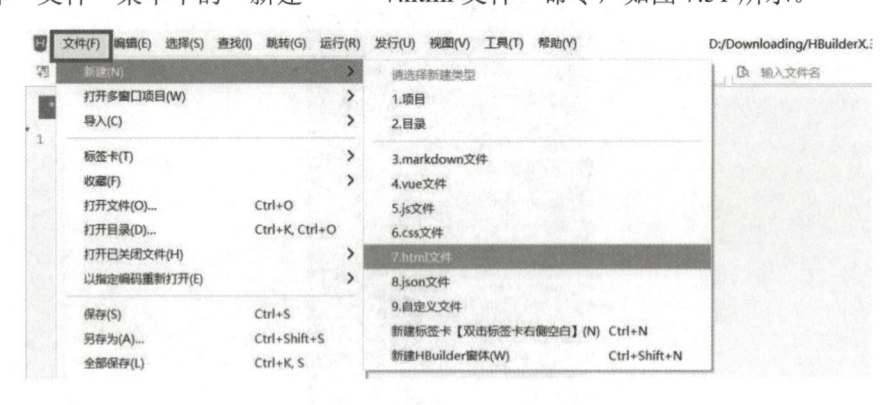

图 7.51 新建 HTML 文件

在弹出的对话框中设置新建 HTML 文件信息（见图 7.52）。

（1）将文件命名为"new_file.html"。

（2）选择文件的保存位置，单击右侧的"浏览"按钮，在弹出的窗口中，单击右侧的"桌面"，然后单击下方的"选择文件夹"，将文件保存在桌面上。

（3）返回该对话框，勾选"default"复选框，单击"创建"按钮。

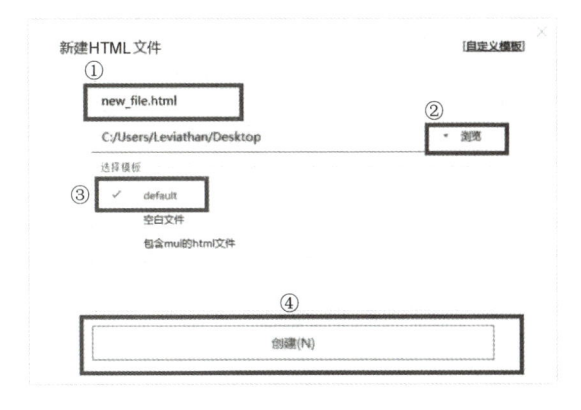

图 7.52　设置新建 HTML 文件信息

创建完文件后，自动生成 HTML 文件的基本构成，如图 7.53 所示。

```
1  <!DOCTYPE html>
2  <html>
3      <head>
4          <meta charset="utf-8" />
5          <title></title>
6      </head>
7      <body>
8          <title></title>
9      </body>
10 </html>
11
```

图 7.53　HTML 文件的基本构成

（1）<!DOCTYPE html>：不属于 HTML 文件的标记，是 HTML5 的文档声明，告诉浏览器文档类型。

（2）<html>：HTML 标签。我们编写的所有内容都要写在以<html>开头、</html>结尾的中间部分。

（3）<head>：头标签，文件所有头部元素的容器。在<head>中，可以用<style>写标签样式，用<script>应用脚本等。

（4）<body>：定义文档的主体部分。<body>标签的内容是用户能够看到的部分，包括文本、图像、视频等。

7.5.2　任务 2：HTML 文本标记

（1）在新建的 HTML 文件中找到<body>标记，在其中写入"<h1>HTML 文本标记</h1>"，如图 7.54 所示。

（2）选择"文件"菜单中的"保存"命令，如图 7.55 所示，将我们编写的内容保存在文件中。

（3）找到该文件的存放位置，双击该文件即可用浏览器将其打开，如图 7.56 所示。

```
<!DOCTYPE html>
<html>
    <head>
        <meta charset="utf-8">
        <title></title>
    </head>
    <body>
        <h1>HTML文本标记</h1>
    </body>
</html>
```

图 7.54　写入"<h1>HTML 文本标记</h1>"

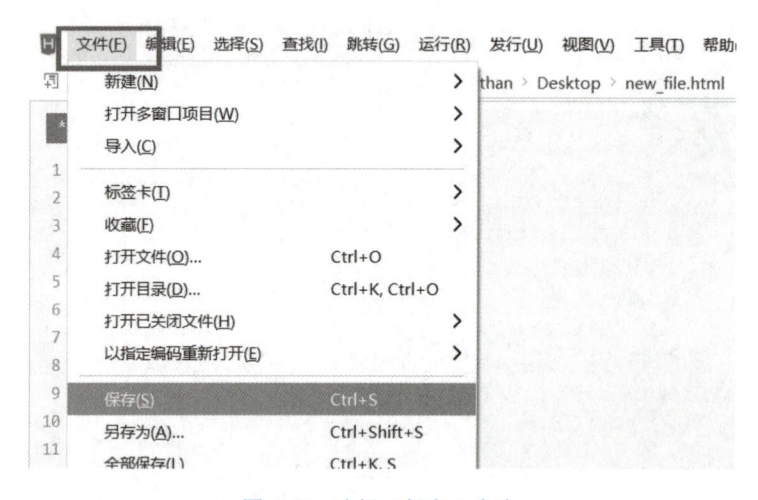

图 7.55　选择"保存"命令

图 7.56　打开文件

7.5.3　任务 3：HTML 图像标记

（1）在新建的 HTML 文件中，找到<body>标记，在其中写入"<img/>"，如图 7.57 所示。

（2）找到一张图片，将其放在 HTML 文件的同一文件夹下，在<img/>标记的 img 后面空一个空格，写入图片链接地址，以及在属性后面加上图片文件名"图片 1.jpg"，如图 7.58 所示。

```
 1  <!DOCTYPE html>
 2  <html>
 3      <head>
 4          <meta charset="utf-8" />
 5          <title></title>
 6      </head>
 7      <body>
 8          <img/>
 9      </body>
10  </html>
11
```

图 7.57　写入"<img/>"

```
 1  <!DOCTYPE html>
 2  <html>
 3      <head>
 4          <meta charset="utf-8" />
 5          <title></title>
 6      </head>
 7      <body>
 8          <img src="./图片1.jpg" />
 9      </body>
10  </html>
11
```

图 7.58　写入图片链接地址

（3）保存文件，双击即可打开该文件，如图 7.59 所示。

图 7.59　打开文件

7.5.4 任务 4：HTML 音视频标记

（1）在新建的 HTML 文件中，找到<body>标记，在其中写入"<video></video>"，如图 7.60 所示。

```
1 <!DOCTYPE html>
2 <html>
3     <head>
4         <meta charset="utf-8" />
5         <title></title>
6     </head>
7     <body>
8         <video></video>
9     </body>
10 </html>
```

图 7.60　写入 "<video></video>"

（2）找到一段视频，并将它放在 HTML 文件的同一文件夹下，在< video >标记的 video 后面空一个空格，写入视频链接地址，以及在属性后面加上视频文件名"视频.mp4"，空一格然后写上控制器属性"controls"，如图 7.61 所示，设置该属性后页面中会出现播放器的控制面板。

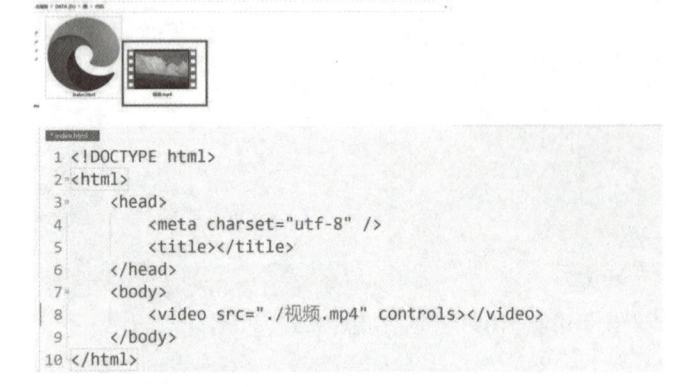

```
1 <!DOCTYPE html>
2 <html>
3     <head>
4         <meta charset="utf-8" />
5         <title></title>
6     </head>
7     <body>
8         <video src="./视频.mp4" controls></video>
9     </body>
10 </html>
```

图 7.61　写入视频链接地址

（3）保存文件，双击即可打开该文件，如图 7.62 所示。

图 7.62　打开文件

习 题

一、选择题

1. 音频剪辑用什么软件？（　　）
   A．Photoshop　　　B．Audition　　　C．HBuilder X　　　D．三个选项都是
2. 下列属于音频文件格式的是（　　）。
   A．mp3　　　　　　　　　　　　　　B．mp4
   C．jpg　　　　　　　　　　　　　　D．三个选项都不是
3. 图像标记是（　　）。
   A．<img />　　　B．<meta>　　　C．<p>　　　　D．<video>
4. 在 HTML 中，<img/>的图片链接用（　　）。
   A．src　　　　　　B．href　　　　　C．srr　　　　　D．http
5. 下列关于 Photoshop 中图层的说法，不正确的是（　　）。
   A．使用文本工具添加文本时，可以自动添加一个图层
   B．拖入图像时，不会自动添加新图层
   C．图层可以隐藏和复制
   D．可以通过图层面板上的"新建"按钮添加新图层

二、判断题

1. <body>标签写在<html>标签外面。　　　　　　　　　　　　　　　　（　　）
2. Photoshop 的工程文件是 psd 文件。　　　　　　　　　　　　　　　　（　　）
3. 滤镜库在菜单栏的"图像"菜单里。　　　　　　　　　　　　　　　　（　　）

三、思考题

1. HTML 的基本构成中有哪些标记？
2. 数字媒体是什么？

第 8 章

虚拟现实

学习目标

- ✧ 了解虚拟现实技术的基本概念
- ✧ 了解虚拟现实技术的发展历程、应用场景和未来趋势
- ✧ 了解虚拟现实应用开发的流程和相关工具
- ✧ 了解不同虚拟现实引擎开发工具的特点和差异
- ✧ 能使用虚拟现实引擎开发工具完成简单虚拟现实应用程序的开发
- ✧ 了解虚拟现实技术在各行业中的应用

引导案例

2016 年 5 月 30 日上午，中国腹腔镜外科首席专家郑民华教授成功为一名八十多岁的右半结肠癌患者实施肿瘤切除手术，并首次通过虚拟现实（VR）技术对手术全程进行了直播。在 VR 技术的支撑下，实施手术的腹腔镜画面和手术台无影灯下的操作画面，同步清晰呈现在手机屏幕上。通过观看直播，如同站在手术台前零距离观摩专家的每一步操作。

本章将带你了解 21 世纪的关键技术——虚拟现实，走进由计算机创造的虚拟世界。

8.1 虚拟现实基础知识

8.1.1 虚拟现实简述

虚拟现实（Virtual Reality，VR）是一种由计算机生成的 3D 模拟环境，该环境允许用户进入并与其进行交互来模拟一种现实环境的体验。用户可以不同程度地沉浸在计算机生成的虚拟世界中，可能是不同形式的现实模拟，也可能是复杂逻辑的数据模拟。图 8.1 所示为电影《黑客帝国》中的虚拟世界。虚拟现实是多媒体和 3D 图形技术的更高发展，是一种全新的人机交互接口，是一种基于信息的沉浸式交互体验。

图 8.1　电影《黑客帝国》中的虚拟世界

虚拟现实技术不同于传统的模拟技术，它是将模拟环境、视景系统和仿真系统合三为一，并使用头戴式显示器、运动捕捉数据服、数据手套、力矩球等传感装置，使操作者与虚拟环境联结在一起。操作者通过传感器装置与虚拟环境交互作用，可获得视觉、听觉、触觉等感知，并按照自己的意愿来改变"不如意"的虚拟环境。图 8.2 所示为虚拟现实的使用场景。例如，计算机虚拟的环境是一座楼房，内有各种设备、物品，操作者如同身临其境，可以通过各种传感装置在屋内行走、查看、开门、关门、搬动物品，还可以随意改动对房屋设计上的不满意之处。显然，利用这种虚拟现实技术进行建筑、机械、兵器等设计修改，实施技术操作训练和军事演习活动要容易得多，也便宜得多。

图 8.2　虚拟现实的使用场景

虚拟现实世界，最重要的特点就是逼真感与交互性。参与者置身于虚拟世界中，环境、人像都犹如在真实环境中，其中的各种物体及现象都在相互作用着。环境中的物体和特性，按照自然规律发展和变化，而人在其中有视觉、听觉、触觉、味觉和嗅觉等感觉。虚拟现实技术可以创造形形色色的、神话般的人造现实环境，其形象逼真，令人有身临其境的感觉，并且与虚拟的环境可进行交互作用，足以达到以假乱真的程度。

虚拟现实是近几年来国内外科技界关注的一个热点，其发展也日新月异。在国内科技界，VR 技术正逐渐受到人们重视。虚拟现实技术经过 20 多年的研究探索，于 20 世纪 80 年代末走出实验室，开始进入实用化阶段。目前，已在娱乐、医疗、工程和建筑、教育和培训、军事模拟、科学、金融可视化等方面得到应用，并取得显著的综合效益。在 21 世纪，人类将进入虚拟现实的崭新技术时代。

8.1.2 虚拟现实发展史

1. 第一台 VR 设备

20 世纪五六十年代，美国摄影师莫顿·海利希（Morton Heilig）发明了世界上第一台 VR 设备——Sensorama 仿真模拟器，如图 8.3 所示，由此拉开了 VR 行业的帷幕。

图 8.3　Sensorama 仿真模拟器

Sensorama 仿真模拟器由 3D 显示器、3D 立体声音响、风扇、震动座椅及气味发生器等部分组成。在虚拟现实技术诞生之初，人们对虚拟现实的模拟就已经不仅仅局限于视觉，而是追求视觉、听觉、触觉、嗅觉等全方位的沉浸式模拟体验。但由于技术限制，Sensorama 仿真模拟器只能播放事先拍好的视频，用户无法与之交互，只能被动接收。

2. 第一台头戴式显示器

1960 年，莫顿·海利希又发明了世界上第一台头戴式显示器——Telesphere Mask，如图 8.4 所示，从外观上看，它与现代 VR 眼镜非常相似，提供了宽广的视野和立体声。但它并不支持运动追踪，也就是说，当戴着眼镜向左或向右看时，眼镜里的景象并不会改变。

3. "达摩克利斯之剑"

1968 年，著名计算机科学家、计算机图形学之父伊凡·苏泽兰（Ivan Sutherland）发明了最接近现代 VR 设备概念的头戴式显示器——Sutherland，如图 8.5 所示。由于其质量太大以至于只能依靠器械悬于头顶，被人们戏称为"达摩克利斯之剑"。

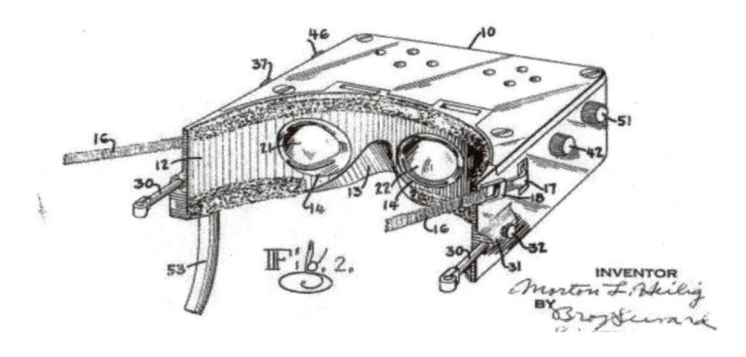

图 8.4　Telesphere Mask

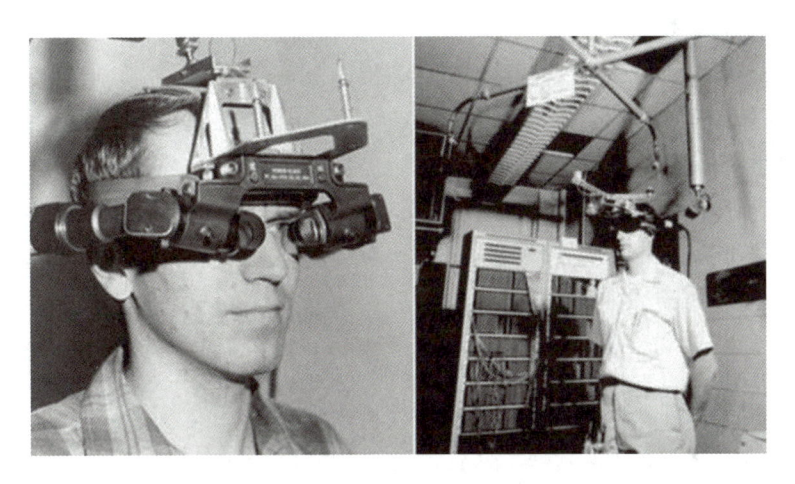

图 8.5　Sutherland

伊凡·苏泽兰在这台设备上通过超声与机械轴技术的结合使用，初步实现了运动检测功能。当使用者的头部运动时，吊臂关节的移动会传输到计算机，计算机就相应地计算出新的图形并显示。

Sutherland 的诞生，标志着由头戴式显示设备与头部位置追踪组成的虚拟现实系统的诞生，为现今的虚拟现实技术奠定了坚实基础，伊凡·苏泽兰也因此被称为虚拟现实之父。

4. 第一次 VR 热潮

20 世纪 90 年代，虚拟现实技术已经趋于成熟，但受硬件技术限制，此时的 VR 头盔往往是概念性产品且有许多缺陷，如外形沉重、功能单一、价格昂贵等。虽然硬件机能受限，但此时虚拟现实技术正处于期望膨胀期，以游戏、电影为代表的娱乐行业开始对 VR 技术进行大规模应用与创新，诞生了大量 VR 产品，图 8.6 所示为任天堂 VR 游戏机——Virtual Boy。这些产品上市后，由于其技术不成熟，迅速在市场上销声匿迹，制造者也认清了理想与现实的巨大差距，开始偃旗息鼓，等待虚拟现实技术的进一步发展。

5. 重启 VR

2012 年，帕尔默·洛基在众筹平台网站 Kickstarter 发起了 VR 眼镜——Oculus Rift（见图 8.7）的众筹研发活动，该活动筹集了近 250 万美元，后来被 Facebook 公司以近 20 亿美元的天价收购。Oculus Rift 的成功标志着 VR 热潮再一次来临，是过去 VR 商业失败与现代 VR 革命之间的明显分界线。

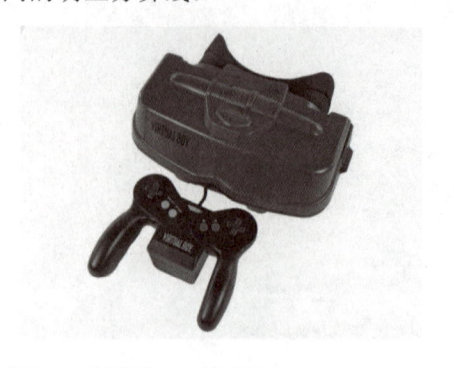

图 8.6　任天堂 VR 游戏机——Virtual Boy

图 8.7　VR 眼镜——Oculus Rift

6. 技术成熟度曲线

对于大部分新技术，从其概念出现到最终在市场上普及，都会经历一个起伏的阶段，并且这个阶段都遵循一个统一规律。业内，用于描述这个过程的模型被称为技术成熟度曲线。虚拟现实技术成熟度曲线如图 8.8 所示。

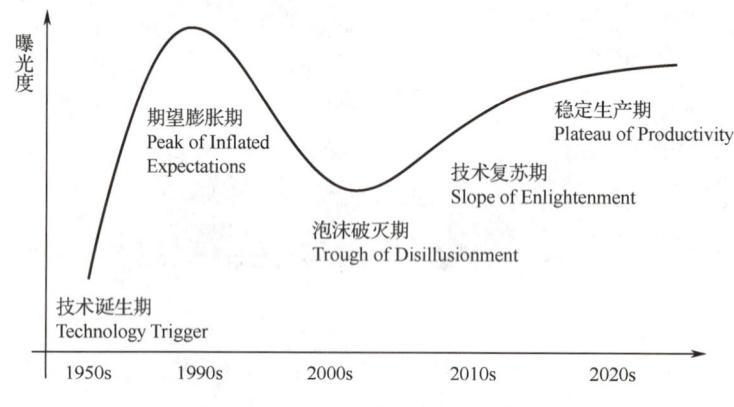

图 8.8　虚拟现实技术成熟度曲线

该模型将一项技术的发展分为五个阶段，并对每个阶段的边界及特征进行了明确定义。

（1）第一阶段：技术诞生期。

新技术被提出，相关产品出现并逐步进入大众视野，但产品可行性还没有被证实。

（2）第二阶段：期望膨胀期。

技术初步成型，媒体大肆报道，各大厂商大量生产相关产品，试图抢占先机，但往往盲目乐观，忽视新技术的不足，不切实际地宣传新技术的前景。

（3）第三阶段：泡沫破灭期。

技术缺陷暴露，各种负面评价出现，媒体的兴趣下降，企业开始收紧投资，市场趋于冷淡，行业前景不明。

（4）第四阶段：技术复苏期。

大众重新认识，技术的特征被正确地看待。厂商开始吸取之前的教训，缓慢地对新技术进行改进，稳步提升，行业前景明确。

（5）第五阶段：稳定生产期。

技术体系完备且标准化，产品生态及产业链蓬勃发展，行业应用稳定，进入实质性普及生产阶段。

VR 发展至今才初露锋芒，但是前景不可估量。凭借其多样性和改造性强的特点，今后可以运用到各个具有特色的行业中，如游戏、教育、房地产、影视娱乐、医疗等。相信在未来的生活现实中，VR 产业能给大家带来全新的体验与感受。

8.1.3 虚拟现实的特点

虚拟现实技术是一种可以创建和体验虚拟世界的计算机仿真系统。它通过交互式的三维动态视景和实体行为的系统仿真，感知使用者的状态和操作，并以某种方式替换或增强其感官反馈，从而使用户沉浸到计算机生成的模拟环境中。

虚拟现实主要有以下四大特性（见图 8.9）。

图 8.9 虚拟现实四大特性

1. 沉浸性

沉浸性是虚拟现实技术最主要的特征，就是让用户成为并感受到自己是计算机系统所创造环境中的一部分。虚拟现实技术的沉浸性取决于用户的感知系统，当使用者感知到虚拟世界的刺激时，包括触觉、味觉、嗅觉、运动感知等，便会产生思维共鸣，造成心理沉浸，感觉如同进入真实世界。

2. 交互性

交互性是指用户对模拟环境内物体的可操作程度和从环境得到反馈的自然程度。使用者进入虚拟空间，相应的技术让使用者与环境产生相互作用，当使用者进行某种操作时，周围的环境也会做出某种反应。如果使用者接触到虚拟空间中的物体，那么使用者手上应该能够感受到，若使用者对物体有所动作，物体的位置和状态也应改变。

3. 多感知性

多感知性表示计算机技术应该拥有很多感知方式，如听觉、触觉、嗅觉等。理想的虚拟现实技术应该具有一切人所具有的感知功能。由于相关技术，特别是传感技术的限制，目前大多数虚拟现实技术所具有的感知功能仅限于视觉、听觉、触觉、运动等。

4. 自主性

自主性是指虚拟环境中物体依据物理定律动作的程度。如在虚拟现实应用中，使用者在虚拟现实中推动了一个物体，而这个物体会根据使用者推动力的大小实现真实环境中的力学反馈，即远离、掉落等真实反馈。

8.1.4 虚拟现实系统的构成

一套典型的虚拟现实系统通常由输出系统、输入系统和模拟系统组成，同时加上反馈循环，可给予用户更好的体验，如图 8.10 所示。

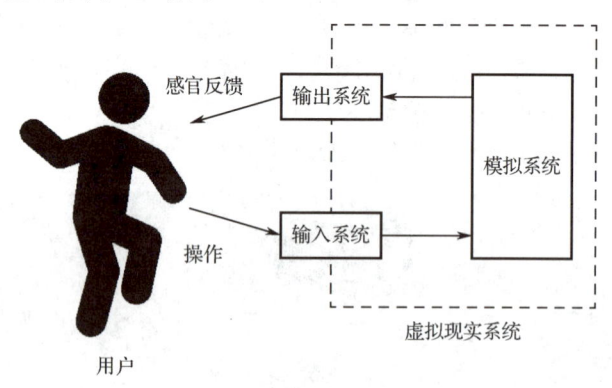

图 8.10 虚拟现实系统的构成

1. 输出系统

对用户而言，输出系统是模拟自然界的感官输入的系统。换句话说，这个过程就是由计算机系统向用户感官传递信息的过程。通常通过手机、计算机、电视接收到的大多是视觉和听觉信息。而在理想化的虚拟现实系统中，为尽可能产生现实感，还可能接收到嗅觉、味觉、触觉，甚至更深入的前庭感觉、深部感觉等信息。

2. 输入系统

在传统的家用计算机中，常用的输入设备主要是鼠标和键盘，除此之外，可能还有绘图板、游戏手柄等。在虚拟现实中，同样需要输入，不同的是，我们必须尽可能地考虑自然界中身体的要素，如位置测量、手势输入、语音识别等。

3. 模拟系统

模拟系统是实现 VR 技术应用的关键，其主要负责完成虚拟世界中对象的几何模型、物理模型、行为模型，以及三维场景等部分的计算与绘制。在虚拟现实系统中，要尽可能地做到更符合现实自然的逻辑，才是一款优秀的虚拟现实系统。

4. 反馈循环

反馈循环是虚拟现实系统中的一个关键要素。一个好的虚拟现实系统，应当对用户的行为进行分析计算，并对系统中的物体、环境等元素做出相应的动态修改，模拟真实环境下的变化，最终提供给用户正确的反馈，以提高虚拟世界的真实性。

如图 8.11 所示，系统通过 VR 交互设备捕捉用户的物理行为，使用户的运动可以直接与虚拟现实系统进行交互。同时，还可以通过测量和分析用户的生理信号对用户的心理情感状态进行计算分析，从而适当地调整虚拟现实系统，给予用户更好的正反馈。

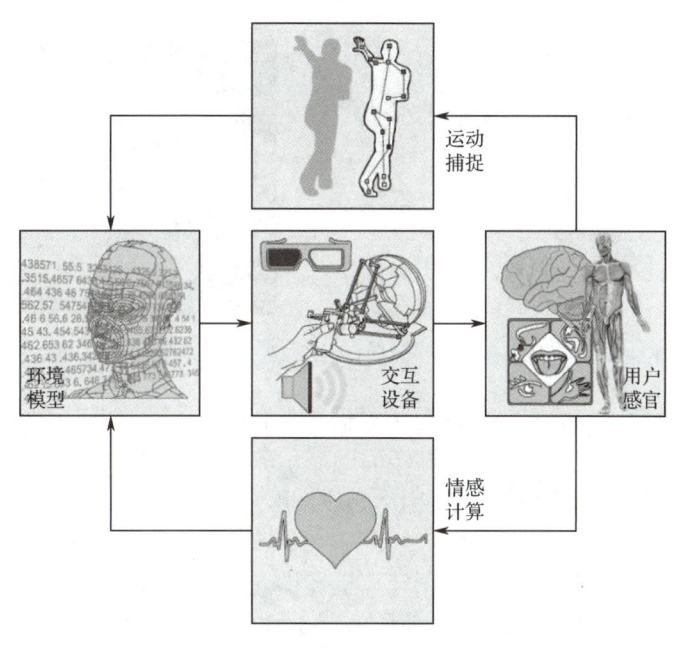

图 8.11　虚拟现实系统中的反馈循环

8.2 虚拟现实应用开发流程和工具

8.2.1 VR 内容显示设备

1. 移动式头显

移动式头显是最简单，并且价格最低的一类 VR 设备，是我们平时很容易接触到的。其核心部件就是两个透镜，它们的作用就是放大显示画面，让人有一种身临其境的感觉。其外壳材料甚至可以用硬纸板来代替。通过简单的折叠就能变身成为 VR 头显设备。如图 8.12 所示为 Google cardboard2 移动式头显。

这类产品技术含量低，其原理是将手机屏幕上的内容通过光学透镜投放，设备本身只提供显示功能，所有运算依旧在手机中进行。虽然目前手机性能有大幅度提高，但是用于实现 VR 中普遍需要的海量三角形渲染和复杂光照效果计算还是比较吃力的，其使用效果有分辨率低、视场角小、延迟率高等缺点，无论是显示效果还是追踪效果都比较差。虽然可以借助手机自带的陀螺仪、重力感应等传感器实现一定程度的交互，但仍然难以带给用户沉浸式的体验。由于其有价格低廉的优点，所以这类 VR 设备往往被用来观看一些低质量的 VR 影片。

2. 一体式头显

一体式头显是指本身包含运行存储能力、显示能力和定位能力的 VR 设备。如图 8.13 所示为联想 Mirage VR S3 一体式头显。正如它的名字一样，一体式头显就是将屏幕整合到移动式头显中，相当于标配了一部手机在头显设备里，该手机只能用于 VR 显示，不能单独作为手机来使用。

201

图 8.12　Google cardboard2 移动式头显　　图 8.13　联想 Mirage VR S3 一体式头显

与移动式头显相比，一体式头显摆脱了手机的限制，部分针对 VR 而特别设计的显示屏幕效果也好于品质参差不齐的手机。但是其实际的显示效果和移动式头显并不能拉开差距，部分产品的显示效果与采用顶级屏幕的手机相比，还略逊一筹。

3. 外接式头显

外接式头显本身只是显示器，画面由计算机提供，追踪主要由基站加上头盔内的陀螺仪和重力传感器辅助定位。如图 8.14 所示为惠普 Reverb G2 cardboard2 外接式头显。这是目前市面上技术含量最高、沉浸感最强、使用体验最佳的产品类型。

单从外观上来看，外接式头显与一体式头显没有太大的区别，同样配备了透镜和显示屏。它们的不同之处就在于，必须通过外接信号的输入才能完成内容的显示。也就是说，这些设备本身不具有显示内容的功能，必须依靠外界其他主机的配合才能达到效果。

正是由于这样的特性，使得这类头显设备价格最为昂贵。除了要花费高价来购买头显设备，还必须有匹配的外设主机。外设主机提供强大性能支持的同时，也保证了画面的精细度和观看时的流畅度，能够提供更令用户满意的沉浸感。

目前无线视频传输和数据传输的效果还不够理想，多数情况下头盔和 PC 之间需要通过数据线连接，给体验者带来了极大的活动限制和对沉浸感的破坏。

4. VR 显示设备参数

（1）分辨率。

由于 VR 显示设备屏幕距离眼睛很近，如果屏幕的分辨率较低，用户就会清晰地看到屏幕上的像素点，即出现纱窗效应，纱窗效应的意思就是屏幕中的图像看起来有很多小格子，就像隔着纱窗看东西一样，如图 8.15 所示。

图 8.14　惠普 Reverb G2 cardboard2 外接式头显　　图 8.15　出现纱窗效应

要使 VR 设备的显示效果达到"视网膜"级别，即肉眼不能感知像素点的存在，则需要双目分辨率达到 12450×6840 或更高（介于 8k 和 16k 之间）。

显示设备分辨率的重要性不言而喻，如果一款 VR 头显的画面颗粒感严重，那么即使沉浸感强、交互性好，用户体验也会不佳。

（2）视场角。

视场角又称 FOV，即视野范围，如图 8.16 所示。简单来说，视场角就是指在不转动头部、只转动眼球的情况下所能看到的范围，人类正常为 120°。对外接式头显和一体式头显来说，最佳的视场角为 120°，移动式头显不存在视场角的概念，用户能看到多少完全是由连接的手机屏幕决定的。

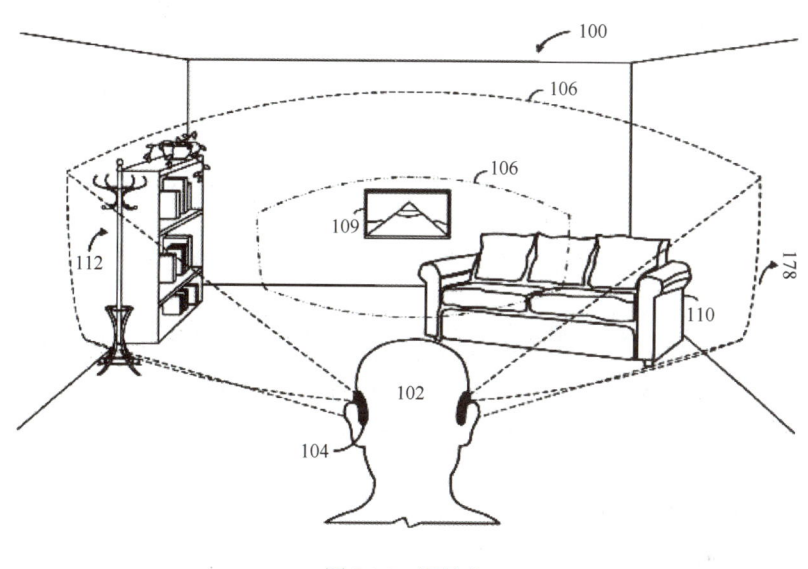

图 8.16 视场角

（3）延迟。

延迟容易导致晕动症的产生，许多人使用 VR 会感觉眩晕。

虽然不同个体对产生晕眩的延迟阈值不同，但普遍认为，20ms 的整体延迟是 VR 头显眩晕感的及格线。

从技术上看，影响 VR 头显延迟的原因主要有以下 3 个方面：

① VR 头显本身传感器的延迟。好的传感器拥有更高的采样频率和精度，延迟也更低。

② VR 头显显示屏材质的延迟。现在的头显屏幕主要有 LCD 屏幕和 OLED 屏幕，OLED 屏幕的延迟只有 LCD 屏幕的十分之一。

③ VR 连接主体的图像处理速度。计算机、手机或一体机的性能越强，应用的延迟越低。

（4）刷新率。

刷新率是指屏幕每秒画面被刷新的次数。尽管 24fps 已经能提供连续的画面，60fps 对于绝大多数人来说已经足够流畅，但对于 VR 来说，要产生足够的沉浸感，这些刷新率远远不够。

理论上人眼最大可以感知 1000fps 的画面。对于未经训练的人来说，150～240fps 的画面已经显得足够真实。

8.2.2 VR 辅助设备

1. 动作感应手柄

在 VR 的虚拟环境中，通常需要捕捉三维空间中的六个自由度以提供更好的输入体验，即沿 x、y、z 三个直角坐标轴方向的移动自由度和围绕这三个坐标轴的转动自由度。因此，动作感应手柄（见图 8.17）一般会在传统手柄的基础上，通过惯性传感系统加上光学追踪系统或磁场感应来提供六自由度的动作跟踪。

图 8.17 动作感应手柄

2. 全方位跑步机

VR 构建的虚拟场景通常十分庞大，如果要在虚拟世界中模拟走路、跑动等效果，那么由于现实中场地的局限，显然无法进行大规模运动。因此，全方位跑步机（见图 8.18）作为解决方案被提出。其通过低摩擦力底盘，辅以身体固定器，让人可以相对固定地"走""跑""跳"，以提供"无限"的活动空间。

目前，全方位跑步机价格高昂，移动精度不高，且需要用户消耗大量体力，仍然难以普及。

3. 数据手套

数据手套（见图 8.19）是一种多模式的虚拟现实硬件，其直接目的是实时获取人手部的动作姿态，以便在虚拟环境中再现人手动作，达到理想的人机交互目的。通过软件编程，可以做虚拟场景中的抓取、移动、旋转物体等动作，也可以利用它的多模式性，用作一种控制场景漫游的工具。数据手套的出现，为虚拟现实系统提供了一种全新的交互手段，产品已经能够检测手指的弯曲度，并利用磁定位传感器来精确地定位手在三维空间中的位置。这种结合手指弯曲度测试和空间定位测试的数据手套被称为"真实手套"，可以为用户提供一种非常真实、自然的三维交互手段。

图 8.18 全方位跑步机　　　　图 8.19 数据手套

4. 力反馈设备

VR 和其他环境最大的不同是带来了一个世界，使用者第一次进入虚拟世界。在 VR 世界中，他们会像在真实世界一样，用真实的动作去解决问题。而在现实中，人的肢体动作都是通过环境的触觉反馈来实现操作的，无论是趴在桌子上还是拿起物品、移动物品，我们都是通过触觉来实现操作的。

触觉是一种在环境条件约束下实现高效操作的必要手段。而在虚拟世界中，要同样让使用者的操作自然、高效，就同样必须实现在约束条件下的触觉。在虚拟环境下的触觉实现手段就是针对用户行为的力反馈技术。

力反馈技术是一种新型的人机交互技术，它允许用户借助力反馈设备触碰、操纵计算机生成的虚拟环境中的物体，并感知物体的运动和相应的力反馈信息，实现人机力觉交互。如图8.20所示为利用力反馈技术进行远程手术。力反馈技术结合其他虚拟现实技术，使用户在交互过程中不仅能够通过视觉、听觉通道获取信息，还能够通过触觉通道感受模拟现实世界中力觉交互的"触感"。因此，力反馈技术的引入，使交互体验更加自然、真实。

5. 动作捕捉系统

为实现人与虚拟环境及系统的交互，通过确定参与者的头部、手、身体等的位置与方向，准确地跟踪测量参与者的动作，将这些动作实时检测出来，以便将这些数据反馈给显示和控制系统，提供更好的交互体验。目前，主流的动作捕捉系统分为以下三大类。

（1）基于计算机视觉的动作捕捉系统。

该类动作捕捉系统基于计算机视觉原理，由多个高速相机通过从不同角度对目标特征点的监视和跟踪来进行动作捕捉。理论上对空间中的任意一点，只要它能同时为两部相机所见，就可以确定这一时刻该点在空间中的位置。当相机以足够高的速率连续拍摄时，从图像序列中就可以得到该点的运动轨迹。这类系统采集传感器通常都是光学相机，基于二维图像特征或三维形状特征提取的关节信息作为探测目标。

基于计算机视觉的动作捕捉系统（见图8.21）进行人体动作捕捉和识别，可以利用少量的摄像机对监测区域的多目标进行监控，精度较高；同时，被监测对象不需要穿戴任何设备，约束性小。

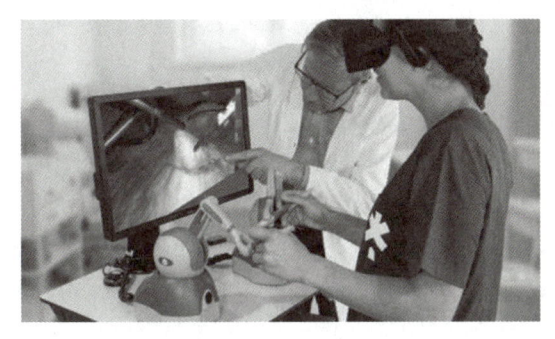

图 8.20　利用力反馈技术进行远程手术　　　　图 8.21　基于计算机视觉的动作捕捉系统

然而，采用视觉进行人体姿态捕捉会受到外界环境的很大影响，如光照条件、背景、遮挡物和摄像机质量等，在火灾现场、矿井内等非可视环境中，该方法完全失效。另外，由于视觉域的限制，使用者的运动空间被限制在摄像机的视觉范围内，降低了实用性。

（2）基于马克点的光学动作捕捉系统。

该类系统的原理是在运动物体关键部位（如人体的关节处等）粘贴马克点，多个动作捕捉相机从不同角度实时探测马克点，将数据实时传输至数据处理工作站，根据三角测量原理精确地计算马克点的空间坐标，再从生物运动学原理出发解算出骨骼的6自由度运动。根据标记点发光技术不同，分为主动式光学动作捕捉系统和被动式光学动作捕捉系统。

基于马克点的光学动作捕捉系统采集的信号量大，空间解算算法复杂，其实时性与数据处理单元的运算速度和解算算法的复杂度有关。该系统在捕捉对象运动时，肢体会遮挡标记点。另外，对光学装置的标定工作程序复杂，这些因素导致精度变低，而价格相对昂贵。

基于马克点的光学动作捕捉系统可以实现同时捕捉多目标，如图 8.22 所示。在捕捉多目标时，目标间若产生遮挡，将影响捕捉系统精度甚至会丢失捕捉目标。

（3）基于惯性传感器的动作捕捉系统。

基于惯性传感器的动作捕捉系统需要在身体的重要节点佩戴集成加速度计、陀螺仪和磁力计等惯性传感器设备，然后通过算法实现对动作的捕捉。该系统由惯性器件和数据处理单元组成，数据处理单元利用惯性器件采集到的运动学信息，通过惯性导航原理即可完成运动目标的姿态角度测量。如图 8.23 所示为惯性动作捕捉服。

图 8.22　基于马克点的光学动作捕捉系统　　　图 8.23　惯性动作捕捉服

基于惯性传感器的动作捕捉系统采集到的信号量小，便于实时完成姿态跟踪任务，解算得到的姿态信息范围大、灵敏度高、动态性能好，且惯性传感器体积小、便于佩戴、价格低廉。与上面提到的两种动作捕捉系统相比，基于惯性传感器的动作捕捉系统不会受到光照、背景等外界环境的干扰，并克服了摄像机监测区域受限的缺点，可以实现多目标捕捉。

由于测量噪声和游走误差等因素的影响，惯性传感器无法长时间对人体姿态进行精确的跟踪。

6. 声音设备

VR 声音设备包含三维立体声和语音识别。

由于 VR 系统提供的是一个三维立体视觉，因此，借助三维虚拟声音可以衬托视觉效果，使人们对虚拟体验的真实感增强，即使闭上眼睛，也知道声音来自哪里。三维声音是由计算机生成的、能由人工设定声源在空间中的三维位置的一种合成声音，是一种非传统意义上的立体声。它能够使听者感觉到声音来自围绕双耳的一个球形空间中的任何地方，即声音可能来自头的上方、后方或前方。

VR 语音识别系统让计算机具备人类的听觉功能，使人机以语言这种人类最自然的方式进行信息交换。使用 VR 系统的目的是模拟真实世界，如果用户在这个虚拟世界中畅游时突然出现一些图形类的指示，则会干扰用户在 VR 世界中的沉浸式体验。因此，使用语音交互会更加自然，并且它是无处不在、无时不有的，用户不需要移动头部和寻找它们，在任何方位、任何角落都能和它们交流。

8.2.3　VR 应用开发流程

VR 应用在开发制作上的差异，远远没有很多人想象的那么大，更多的是设计上的思路转变。想要开发 VR 应用，前提是能够开发一个 3D 应用，VR 只是体验上的增强。在 3D 应用的基础上，考虑 VR 应用的交互方式，结合成熟的开发工具，便能快速开发出一款 VR 应用。

一套完整的 VR 应用开发流程主要包括以下几个阶段（见图 8.24）。

需求分析 → 功能设计 → 3D建模 → 程序开发 → 测试 → 交付 → 维护

图 8.24　VR 应用开发流程

1. 需求分析

通过对客户业务的了解和与客户对流程的讨论，对需求进行基本分析建模，了解客户真正需要的是什么。

2. 功能设计

通过分析需求信息，对系统的外部条件和内部业务需求进行抽象建模、详细设计，与传统应用开发流程不同的是，要注意对 VR 特有的交互模式进行特殊设计。

3. 3D 建模

采用人工建模、全景拍摄、三维扫描等方式，创建应用中所需的三维素材，同时要考虑三维模型在 VR 系统特定条件下的优化。

4. 程序开发

使用 3D 引擎等工具进行程序开发，遵循前期设计，导入 3D 素材，创建 3D 场景，编写逻辑代码，最终生成应用程序。在该阶段，需要对 VR 应用独有的交互逻辑进行开发。

5. 测试

对应用程序进行测试，除了传统的软件测试方法，还应当测试应用程序对不同 VR 设备的适配性。

6. 交付

对完成测试的系统进行检查、审查和评审，客户通过实际操作确定系统是否达到要求，验收通过的系统可以向客户交付。

7. 维护

针对系统运营过程中发现的问题进行改正性维护，或者根据用户出现的新需求，对系统进行改善性维护，对系统运行环境的改变进行适应性维护。

8.2.4　VR 应用开发工具

1. 建模软件

（1）3DS MAX。

3D Studio Max 简称 3D MAX 或 3DS MAX，如图 8.25 所示，是 Discreet 公司开发的（后

被 Autodesk 公司兼并）基于 PC 系统的三维动画渲染和制作软件。其前身是基于 DOS 操作系统的 3D Studio 系列软件，广泛应用于广告、影视、工业设计、建筑设计、三维动画、多媒体制作、游戏，以及工程可视化等领域。3DS MAX 有许多优势，例如：

① 性价比高。

3DS MAX 有非常好的性价比，其所提供的强大功能远远超过自身低廉的价格，它对硬件系统的要求相对来说也很低，一般普通配置就可以满足学习需要。

② 入门门槛低，上手容易。

初学者比较关心的问题是 3DS MAX 是否容易上手，3DS MAX 的制作流程十分简洁高效，可以使初学者很快上手，只要初学者的操作思路清晰，上手是非常容易的，在后续的高版本中操作也十分简便，操作的优化有利于初学者学习。

③ 用户广泛，交流便利。

3DS MAX 在国内拥有很多使用者，为了便于使用者之间交流，网络上的教程也很多。随着互联网的普及，关于 3DS MAX 论坛在国内相当火爆。

（2）Maya。

Maya 软件是 Autodesk 旗下的著名三维建模和动画软件，如图 8.26 所示。Maya 可以大大提高电影、电视、游戏等领域开发、设计和创作的工作效率，同时改善多边形建模，通过新的运算法则提高性能，多线程支持可以充分利用多核心处理器的优势，新的 HLSL 着色工具和硬件着色 API 可以大大增强新一代主机游戏的外观。

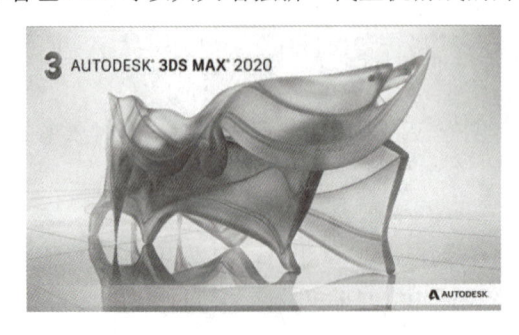

图 8.25　3DS MAX　　　　　　　　　图 8.26　Maya

国外绝大多数视觉设计领域都在使用 Maya，在国内该软件的使用也越来越普及。由于 Maya 软件功能强大、体系完善，因此，国内很多三维动画制作人员都开始使用 Maya，并且很多公司都开始利用 Maya 作为其主要的创作工具。在很多大城市、经济发达地区，Maya 已成为三维动画软件的主流。

2. 3D 引擎

（1）Unity。

Unity 是实时 3D 互动内容创作和运营平台，如图 8.27 所示。包括游戏开发、美术、建筑、汽车设计、影视在内的所有创作者，都借助 Unity 将创意变成现实。Unity 平台提供一套完善的软件解决方案，可用于创作、运营和变现任何实时互动的 2D 和 3D 内容，支持的平台包括手机、平板电脑、PC、游戏主机、增强现实和虚拟现实设备。

全平台（包括 PC/主机/移动设备）所有游戏中超过一半都是使用 Unity 创作的；在 Apple 应用商店和 Google Play 上排名靠前的 1000 款游戏中，53%都是用 Unity 创作的。Unity 提供易用实时平台，开发者可以在平台上构建各种 AR 和 VR 互动体验。

Unity 不止在游戏领域火爆，在影视动画、教育、工程领域也相当火爆。

（2）Unreal。

Unreal 是 UNREAL ENGINE（虚幻引擎）的简写，由 Epic 开发，是世界知名的授权非常广的游戏引擎之一，如图 8.28 所示，占全球商用游戏引擎 80%的市场份额。自 1998 年诞生至今，经过不断发展，虚幻引擎已成为整个游戏界运用范围广、整体运用程度高、次世代画面标准高的一款游戏引擎。虚幻引擎采用即时光迹追踪、HDR 光照、虚拟位移等新技术，能够每秒实时进行两亿个多边形运算。在美国和欧洲，虚幻引擎主要用于主机游戏的开发，在亚洲，则主要用于次世代网游的开发。

图 8.27　Unity

图 8.28　Unreal

8.3　任务实践：虚拟现实应用程序开发

8.3.1　任务 1：Unity 安装

（1）进入 Unity 官网，如图 8.29 所示。

图 8.29　Unity 官网

（2）单击右上角的"下载 Unity"按钮，进入下载界面，如图 8.30 所示。

图 8.30　下载界面

（3）在该界面选择最新版本，以 Windows 操作系统为例，单击"下载(Win)"按钮，在弹出的下拉列表中选择第一个选项，如图 8.31 所示。

（4）进入 Unity ID 的注册界面，如图 8.32 所示，选择创建 Unity ID 链接，通过邮箱注册 ID。

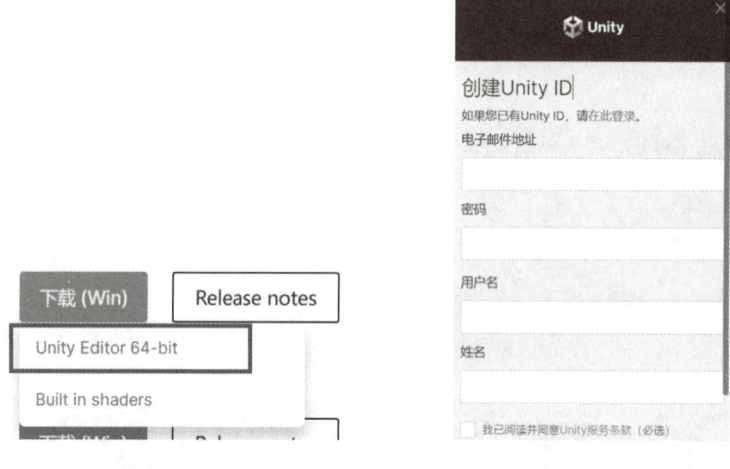

图 8.31　"下载(Win)"下拉列表　　　　图 8.32　注册界面

（5）打开 Unity 发送的激活邮件，单击"继续"按钮，完成激活，如图 8.33 所示。

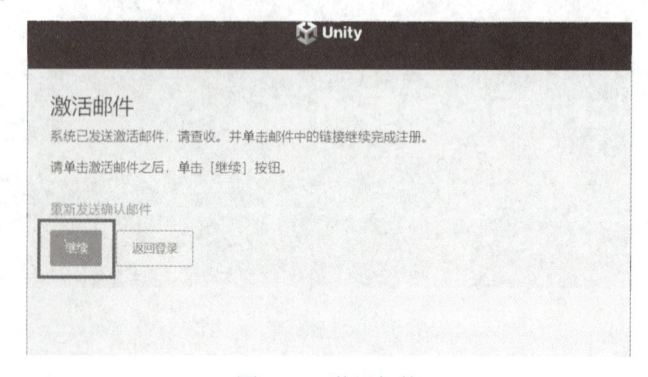

图 8.33　激活邮件

（6）返回 Unity 官网，在出现的更新业务窗口中更新业务信息，如图 8.34 所示。

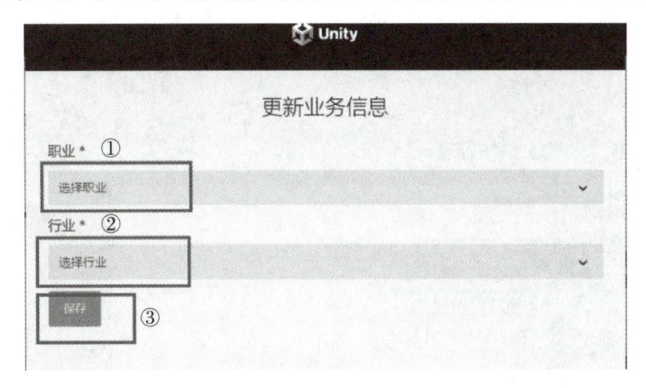

图 8.34　更新业务信息

（7）再次单击"下载(Win)"按钮，下载完毕并双击，在弹出的对话框中进行安装，如图 8.35 所示。

（8）安装完成后在桌面上找到 Unity 图标并双击，如图 8.36 所示。

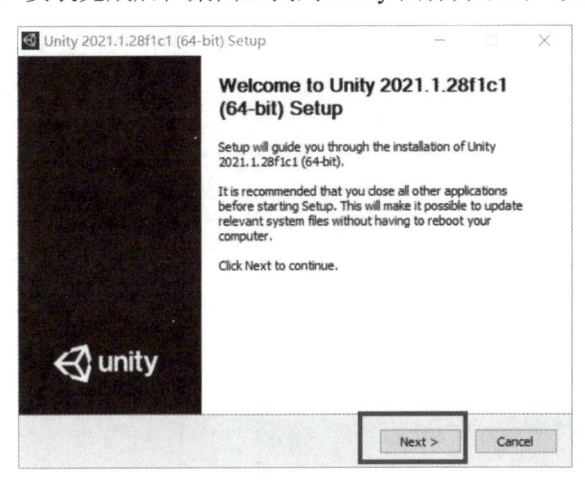

图 8.35　安装对话框　　　　　　　　　　图 8.36　Unity 图标

（9）在出现的界面中单击右上角的用户头像，登录账户，如图 8.37 所示。

图 8.37　登录账户

（10）登录完成后，单击"激活新许可证"按钮，在弹出的对话框中选中"Unity 个人版"和"我不以专业身份使用 Unity"单选按钮，单击"完成"按钮，如图 8.38 所示。

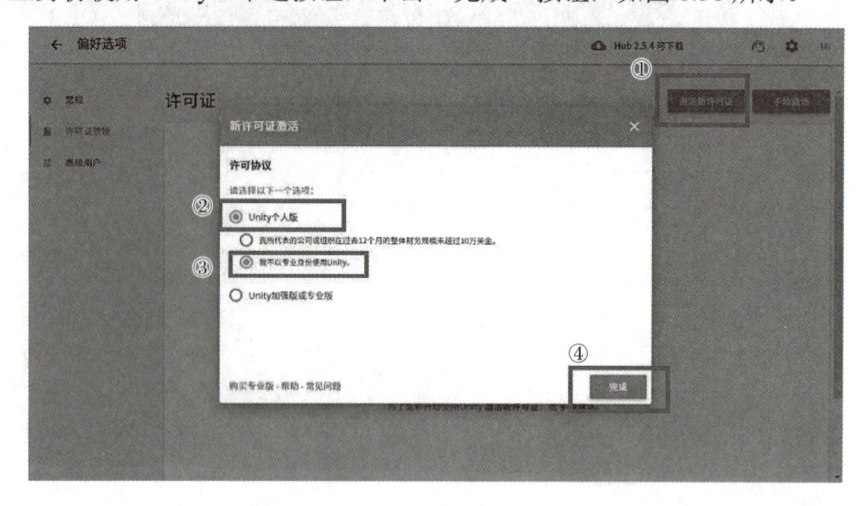

图 8.38 激活许可证

（11）单击右上角的"新建"按钮，在弹出的对话框中选择"3D"模板，给项目命名并选择保存位置，单击"创建"按钮，如图 8.39 所示。

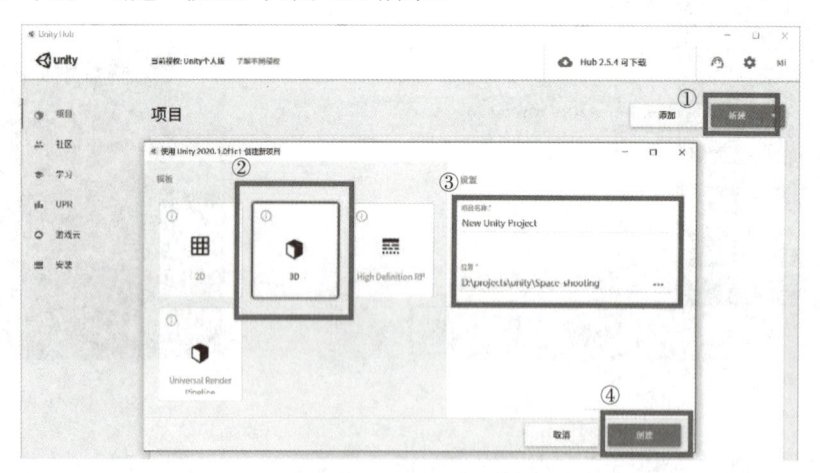

图 8.39 新建项目

8.3.2 任务 2：Unity 基础

加载完成后，进入 Unity 编辑器工作主界面，如图 8.40 所示。

（1）工具栏：在主界面的左侧，主要包括对 Scene 视图里模型的控制变换工具；中间有对 Game 视图进行播放、暂停和步进的按钮；右侧的"Account"按钮用于访问账户，"Layout"按钮用于更改视图排列。

（2）Scene 视图：场景（Scene）视角用于设置场景及放置模型。

（3）摄像机：在 Scene 视图中的摄像机主要用于渲染 Game 视图所呈现的内容。

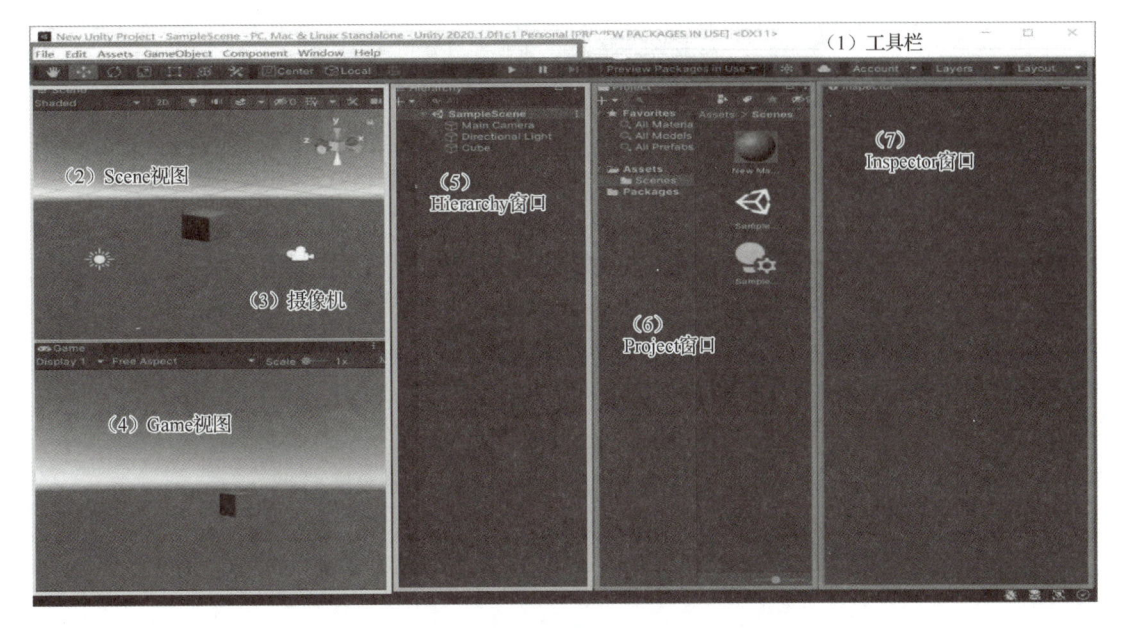

图 8.40　Unity 编辑器工作主界面

（4）Game 视图：从摄像机中渲染 Game 视图。这个视图代表最终发布产品中用户所看到的界面。

（5）Hierarchy 窗口：显示 Scene 视图中的每个游戏对象，如模型、摄像机等，也可以对每个对象进行分组和删除。

（6）Project 窗口：显示与项目相关的所有文件，如人物模型、材质球、代码文件。

（7）Inspector 窗口：可对当前所选对象或材质进行查看和属性编辑。

8.3.3　任务 3：Unity 案例搭建及演示

在 Hierarchy 窗口中右击，在弹出的快捷菜单中选择"3D Object"→"Cube"命令，生成一个正方体（cube），生成的正方体也可以在左侧的 Scene 视图和 Game 视图中看到，如图 8.41 所示。

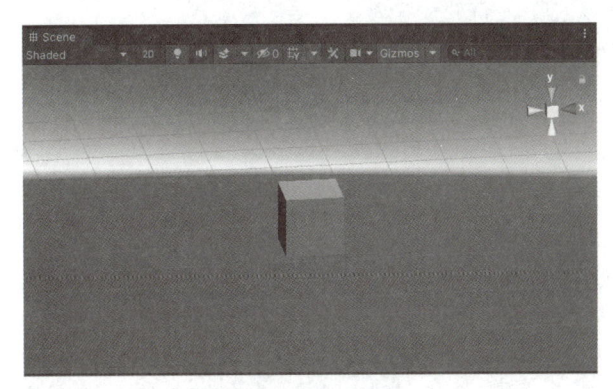

图 8.41　创建正方体

1. 移动正方体

（1）单击工具栏中的"移动"按钮，如图 8.42 所示。

图 8.42 单击"移动"按钮

（2）单击 Scene 视图中的正方体，正方体出现三个方向的箭头，用鼠标指针拖动箭头就可以使正方体移动，如图 8.43 所示，随着拖动箭头，在 Game 视图中可以看到摄像机角度的变化。

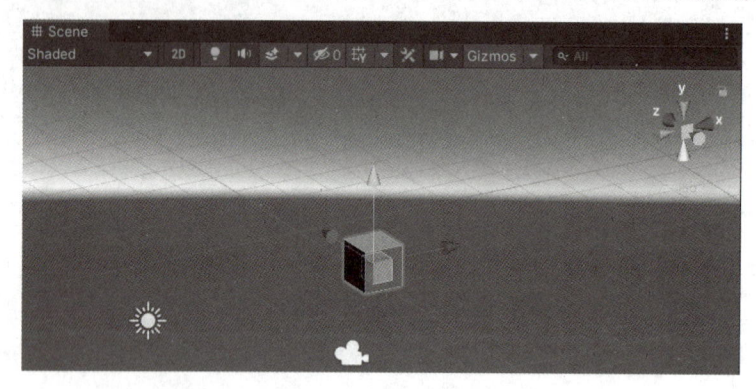

图 8.43 移动正方体

2. 上色

（1）在 Project 窗口中选择"Assets"资源文件夹下的"Scenes"文件夹，如图 8.44 所示。

（2）在右侧的文件夹区域右击，在弹出的快捷菜单中选择"Create"→"Material"命令，如图 8.45 所示，创建一个材质球。

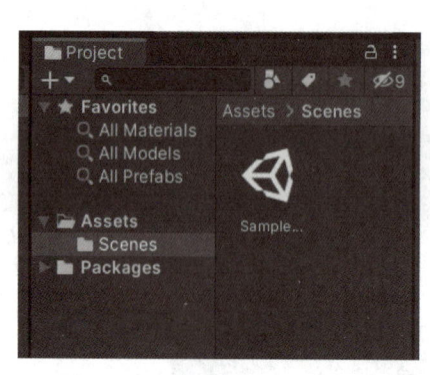

图 8.44 选择"Scenes"文件夹 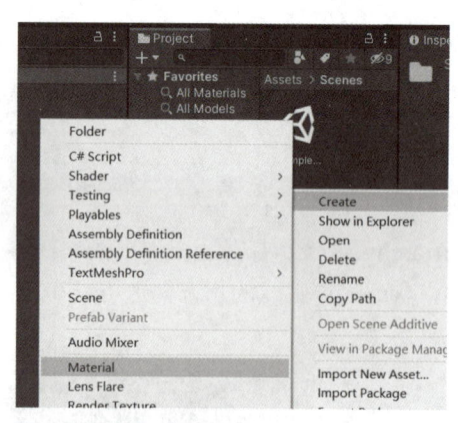　　　　图 8.45 选择"Create"→"Material"命令

（3）在出现的 Inspector 窗口中，对材质球的属性进行设置，如图 8.46 所示。

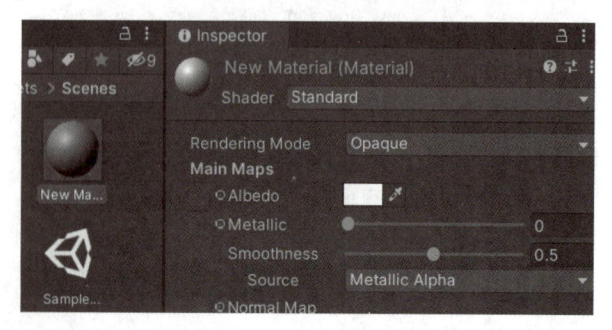

图 8.46 设置材质球的属性

（4）在出现的 Inspector 窗口中找到"Main Maps"，在"Albedo"右侧单击白色选区，如图 8.47 所示。

图 8.47　单击白色选区

（5）在出现的 Color 窗口中选择绿色，如图 8.48 所示。

图 8.48　选择绿色

（6）单击 Project 窗口中的绿色材质球，用鼠标指针将其拖动到 Scene 视图中的正方体上，正方体即可变成绿色，如图 8.49 所示。

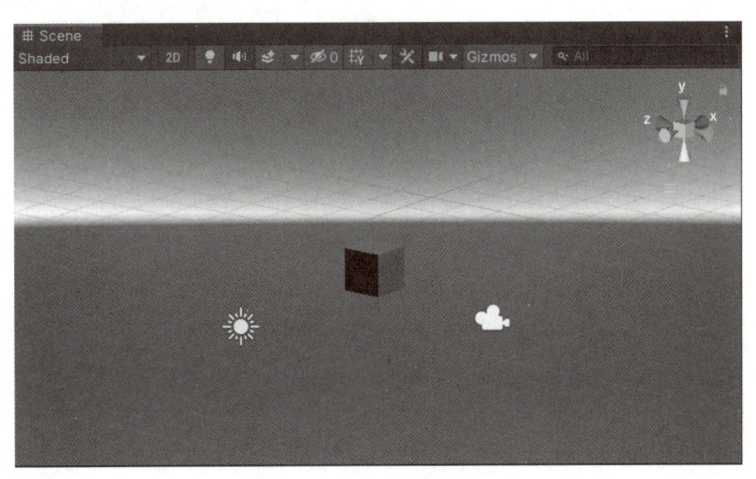

图 8.49　应用绿色材质球

习　题

一、选择题

1. 在虚拟现实世界中，最重要的是逼真感和（　　）性。

　　A. 真实　　　　　B. 交互　　　　　C. 操作　　　　　D. 三个选项都是

2. 世界上第一台 VR 设备的发明者是（　　）。
   A．丹尼斯•里奇　　　　　　　　　B．乔治•史蒂文森
   C．莫顿•海利希　　　　　　　　　D．三个选项都不是
3. 第一次 VR 热潮的时间是（　　）。
   A．20 世纪 90 年代　　　　　　　　B．20 世纪 80 年代
   C．20 世纪 70 年代　　　　　　　　D．20 世纪 60 年代
4. HMD（Head Mounted Display）即头盔式显示器，其主要组成是（　　）。
   A．显示元件　　B．光学系统　　C．触觉元件　　D．听觉系统

二、判断题
1. 头盔式显示器属于视觉感知设备中的一种。　　　　　　　　　　　　（　　）
2. 机械跟踪器是常见的跟踪设备。　　　　　　　　　　　　　　　　　（　　）

三、思考题
1. 什么是虚拟现实技术？
2. 常见的 VR 应用开发工具有哪些？